建·筑·工·程
施工现场速成系列

建筑工程测量
快速上手

殷红花 编著

化学工业出版社
·北京·

内 容 简 介

本书主要介绍了建筑工程施工现场较为常用的几种测量方法，主要几种测量仪器的操作，放线、布点的施工控制测量方法，高程、角度、距离的测量实际操作，以及测量数据的内业计算等内容。全书内容的编写主要针对刚入行的测量技术人员，以贴近现场的实用知识和现场图片，将建筑工程现场测量技术讲述明白，达到快速上手、参考施工的目的。书中在介绍基本测量知识的同时，辅以丰富的现场经验总结和指导，并附有相关仪器操作的视频等内容，让读者能够更为全面地了解现场测量技术。

本书内容简明实用，图文并茂，实用性和实际操作性较强，可作为建筑工程技术人员和管理人员的参考用书，也可作为土建类相关专业大中专院校师生的参考教材。

图书在版编目（CIP）数据

建筑工程测量快速上手/殷红花编著. —北京：化学工业出版社，2022.1
（建筑工程施工现场速成系列）
ISBN 978-7-122-40132-8

Ⅰ.①建… Ⅱ.①殷… Ⅲ.①建筑测量-基本知识
Ⅳ.①TU198

中国版本图书馆 CIP 数据核字（2021）第 215867 号

责任编辑：彭明兰　　　　　　　　　　文字编辑：冯国庆
责任校对：宋　玮　　　　　　　　　　装帧设计：刘丽华

出版发行：化学工业出版社（北京市东城区青年湖南街 13 号　邮政编码 100011）
印　　装：大厂聚鑫印刷有限责任公司
787mm×1092mm　1/16　印张 16　字数 428 千字　2022 年 3 月北京第 1 版第 1 次印刷

购书咨询：010-64518888　　　　　　　售后服务：010-64518899
网　　址：http://www.cip.com.cn
凡购买本书，如有缺损质量问题，本社销售中心负责调换。

定　　价：68.00 元

前言

.
○

作为一个实践性、操作性很强的专业技术领域，建筑工程行业在很多方面需要有理论依据的同时，更需要以实践经验为指导。如果对于现场实际操作缺乏一定的了解，即使理论知识再丰富，进入建筑施工现场后，往往也是"丈二和尚摸不着头脑"，无从下手。尤其对于刚参加工作的新手来说，理论知识与实际施工现场的差异，是阻碍他们快速适应工作岗位的第一道障碍。因此，如何快速了解并"学会"工作，是每个进入建筑行业的新人所必须解决的首要问题。为了解决如何快速上手工作这一问题，我们针对建筑工程领域最关键的几个基础能力和岗位，即图纸识图、现场测量、现场施工、工程造价这四个方面，力求通过简洁的文字、直观的图表，分别将这四个核心岗位应掌握的技能讲述得清楚明白，能够指导初学者顺利适应相关工作岗位。

本书主要介绍了建筑工程施工现场较为常用的几种测量方法，主要几种测量仪器的操作，放线、布点的施工控制测量方法，高程、角度、距离的测量实际操作，以及线路施工测量等内容。全书内容的编写主要针对刚入行的测量技术人员，以贴近现场的实用知识和现场图片，将建筑工程现场测量技术讲述明白，达到快速上手、参考施工的目的。书中在介绍基本测量知识的同时，辅以丰富的现场经验总结和指导，并附有相关仪器操作的视频等内容，让读者能够更为全面地了解现场测量技术。

在本书编写过程中参考了有关文献和一些项目施工管理经验性文件，并且得到了许多专家和相关单位的关心与大力支持，在此表示衷心的感谢。

由于编者水平有限，尽管尽心尽力，反复推敲核实，但难免有疏漏之处，恳请广大读者批评指正，以便做进一步的修改和完善。

编著者
2021 年 10 月

目录

•
○

第一章

测量在施工中的作用

第一节 建筑工程测量的主要作用（附视频）

CAD在测量放线
中的应用1

工程测量学是一门在研究工程建设和自然资源开发各个阶段中所进行的控制测量、地形测绘、施工放样、变形监测及建立相应信息系统的理论和技术的学科。工程测量是直接为各项工程建设服务的。任何土建工程，无论是工业与民用建筑还是城镇建设、道路、桥梁、给排水管线等，从勘测、规划、设计到施工阶段，甚至在使用管理阶段，都需要进行测量工作。

按照工程建设的具体对象来分，工程测量可分为建筑测量、城镇规划测量、道路桥梁测量、给排水工程测量等。

一、建筑工程测量的任务

建筑工程测量属于工程测量学的范畴，是工程测量学在建筑工程建设领域中的具体应用。建筑工程测量的主要任务包括测定和测设两方面。

1. 测定

测定又称测图，是指使用测量仪器和工具，通过测量和计算，并按照一定的测量程序和方法将地面上局部区域的各种人工构筑物（地物）和地面的形状、大小、高低起伏（地貌）的位置按一定的比例尺和特定的符号缩绘成地形图，以供工程建设的规划、设计、施工和管理使用。

2. 测设

测设又称放样，是指使用测量仪器和工具，按照设计要求，采用一定的方法将设计图纸上设计好的建筑物、构筑物的位置测设到实地，作为工程施工的依据。

此外，施工中各工程工序的交接和检查、校核、验收工程质量的施工测量，工程竣工后的竣工测量，监视建筑物或构筑物安全阶段的沉降、位移和倾斜所进行的变形观测等，也是工程测量的主要任务。

二、建筑工程测量的作用

建筑工程测量的作用主要有以下几点。

① 建筑工程测量是建筑施工中一项非常重要的工作，在建筑工程建设中有着广泛的应用，它服务于建筑工程建设的每一个阶段，贯穿于建筑工程的始终。在工程勘测阶段，测绘地形图为规划设计提供各种比例尺的地形图和测绘资料。

② 在工程设计阶段，应用地形图进行总体规划和设计。

③ 在工程施工阶段，要将图纸上设计好的建筑物、构筑物的平面位置和高程按设计要求测设于实地，以此作为施工的依据。

④ 在施工过程中的土方开挖、基础和主体工程的施工测量；在施工中还要经常对施工和安装工作进行检验、校核，以保证所建工程符合设计要求。

⑤ 施工竣工后，还要进行竣工测量，施测竣工图，以供日后改建和维修之用；在工程管理阶段，对建筑和构筑物进行变形观测，以保证工程的安全使用。

由此可见，在工程建设的各个阶段都需要进行测量工作，而且测量的精度和速度直接影响到整个工程的质量与进度。因此，工程技术人员必须掌握工程测量的基本理论、基本知识和基本技能，掌握常用的测量工具的使用方法，初步掌握小地区大比例尺地形图的测绘方法，正确掌握地形图应用的方法，以及具有一般土建工程施工测量的能力。

三、测量工作的要求

测量工作在整个建筑工程建设中起着不可缺少的重要作用，测量速度和质量直接影响工程建设的速度和质量。它是一项非常细致的工作，稍有不慎就会影响工程进度甚至返工浪费。因此，要求工程测量人员必须做到以下几点。

① 树立为建筑工程建设服务的思想，具有对工作负责的精神，坚持严肃认真的科学态度。做到测、算工作步步有校核，确保测量成果的精度。

② 养成不畏劳苦和细致的工作作风。无论是外业观测，还是内业计算，一定要按现行规范规定作业，坚持精度标准，严守岗位责任制，以确保测量成果的质量。

③ 要爱护测量工具，正确使用仪器，并要定期维护和校验仪器。

④ 要认真做好测量记录工作，要做到内容真实、原始，书写清楚、整洁。

⑤ 要做好测量标志的设置和保护工作。

知识拓展

要想尽快掌握测量知识和技能，就必须做到以下几点。

① 知原理：对测量的基本理论、基本原理要切实知晓并清楚。

② 会用仪器：熟悉钢尺、水准仪、经纬仪和平板仪、全站仪的使用。

③ 会测量方法：掌握测量操作技能和方法。

④ 会识图用图：能识读地形图和掌握地形图的应用。

⑤ 会施工测量：重点掌握建筑工程施工测量内容。

第二节 建筑工程测量的原则

一、测量工作的基本原则

1. 从整体到局部、先控制后碎部的原则

在接受一项测量工作之后，首先要进行控制测量。控制测量就是根据整个施工范围的情况，结合对施工放线等的要求，明确测量的范围；根据需要和已知条件，在测区内测定若干个具有控制意义的点的平面坐标和高程，来作为测绘地形图或施工放样的依据。这些控制点连接起来，可以组成矩形、多边形或三角形的控制网，构成闭合的几何图形，具有独立校核外业工作的条件。在控制测量中视范围和要求，为满足精度要求并符合经济原则，可采用逐级、从高精度到低精度的方法进行控制网的布设，这就是"从整体到局部"的原则。

控制网测量完成后，就以控制点为基础，在施工测量中通过控制点进行建筑轴线的测设

等。地形测量、大比例尺地形图测绘、竣工测量也都是以控制点为基础进行的碎部测量，这样不管测区范围多大，都可以统一精度，分区域、分图幅进行测量工作，衔接的基础就是控制点。这就是"先控制后碎部"的原则。

2. 从高级到低级的原则

测量规范规定，测量控制网应由高级向低级分级布设。如平面三角控制网是按一等、二等、三等、四等、一级、二级和图根网的级别布设，一等网的精度最高，图根网的精度最低。控制网的等级越高，网点之间的距离就越大，点的密度也越稀，控制的范围就越大；控制网的等级越低，网点之间的距离就越小，点的密度也越密，控制的范围就越小。

控制测量总是先布设能控制大范围的高级网，再逐级布设次级网加密，通常称这种测量控制网的布设原则为"从高级到低级"。

3. 坚持随时检查的原则

点与点之间的距离、边与边之间夹角的水平角、点与点之间的高差，这些数据是在实地通过仪器、工具测量获得的，这部分工作称为外业。将外业结果进行整理、计算与绘图，这部分工作称为内业。这两项工作都必须细心、严谨地进行，记录员、计算员本人做好检核后必须交观测员或第三人认真进行复查，一切测量工作或测设数据的计算都必须随时检查，不允许存在错误。没有对前阶段工作的检查，就不能进行下一阶段的工作。这是测量工作中必须坚持的重要原则。检查复核包括对精度的评定，计算误差是否在规范的允许范围内。若超限则必须针对情况进行分析并及时返工，即在相应范围内重新测量，直至满足要求为止。

二、测量工作的技术术语

测量工作的技术术语见表1-1。

表 1-1　测量工作的技术术语

名称	主要内容
测量学	测量学是研究地球的形状和大小以及确定地面点位的科学,是研究对地球整体及其表面和外层空间中的各种自然和人造物体上与地理空间分布有关的信息进行采集处理、管理、更新和利用的科学与技术
测绘	测绘是对地球和其他天体空间数据进行采集、分析、管理、分发和显示的综合过程的活动。其内容包括研究测定、描述地球和其他天体的形状、大小、重力场、表面形态以及它们的各种变化,确定自然地理要素和人工设施的空间位置及属性,制成各种地图和建立有关信息系统
测定	测定是指使用测量仪器和工具,通过测量和计算得到一系列的数据,再把地球表面的地物和地貌缩绘成地形图,供规划设计、经济建设、国防建设和科学研究使用
测设	测设是将图上规划设计好的建筑物、构筑物位置在地面上标定出来,作为施工的依据
水准面	处处与重力方向垂直的连续曲面称为水准面。任何自由静止的水面都是水准面
大地水准面	静止的平均海水面,向陆地延伸形成一个闭合的曲面包围整个地球,这个闭合曲面称为大地水准面。大地水准面是测量工作的基准面
高程	由平均海水面起算的地面点高度又称海拔或绝对高程。一般也将地图上标记的地面点高程称标高
方位角	从某点的指北方向线起,顺时针方向至另一目标方向线的水平夹角
测段	两相邻水准点间的水准测线
图根点	直接用于测绘地形图碎部的控制点
测站	在实地测量时设置仪器的地点

续表

名称	主要内容
测量标志	在地面上标定测量控制点(三角点、导线点和水准点等)位置的标石、觇标和其他标记的总称
标石	一般用混凝土或岩石制成,埋于地下(或露出地面),以标定控制点的位置
控制测量	测定控制点平面位置(x,y)和高程(H)的工作,称为控制测量
坐标正算	根据已知点的坐标、已知边长及该边的坐标方位角,计算未知点的坐标,称为坐标正算
坐标反算	根据两个已知点的坐标求算两点间的边长及其方位角,称为坐标反算
碎部测量	利用测量仪器在某一测站点上测绘各种地物、地貌的平面位置和高程的工作
观测条件	测量仪器、观测者和外界环境是引起测量误差的主要原因,因此,把这三方面的因素综合起来称为观测条件
系统误差	在相同的观测条件下,对某量进行一系列观测,如果误差出现的符号和大小均相同或按一定的规律变化,这种误差称为系统误差
偶然误差	在相同的观测条件下对某量进行一系列观测,误差出现的符号和大小都表现出偶然性,即从单个误差来看,在观测前我们不能预知其出现的符号和大小,但就大量误差总体来看,则具有一定的统计规律,这种误差称为偶然误差
粗差	粗差的产生主要是由于工作中的粗心大意或观测方法不当造成的,错误是可以也是必须避免的。含有粗差的观测成果是不合格的,必须采取适当的方法和措施剔除粗差或重新进行观测
真误差	观测值与真值的差值称为真误差,用 Δ 表示。真误差是排除了系统误差,又不存在粗差的偶然误差
多余观测	为了提高观测成果的质量,同时也为了检查和及时发现观测值中的错误,在实际工作中观测值的数量多于待求量的数量
相对误差	绝对误差的绝对值与相应测量结果的比值
中误差	在相同观测条件下的一组真误差平方中数的平方根
允许误差	实际工作中,测量规范要求在观测值中不允许存在较大的误差,故常以两倍或三倍中误差作为偶然误差的允许值,称为允许误差
地物	地物是指地面上有明显轮廓的、自然形成的物体或人工建造的建筑物、构筑物,如房屋、道路、水系等

知识拓展

测量管理制度应包括以下内容:测量管理机构的设置及职责;各级岗位责任制度及职责分工;人员培训及考核制度;测量成果及资料管理制度;自检及验线制度;交接桩及护桩制度;制定仪器定期检定、维护及保管制度;制定仪器的操作规程及安全操作制度。

第三节　建筑工程测量人员的工作内容与职责

一、测量人员的岗位职责

测量人员的岗位职责如下。

① 工作作风:紧密配合施工,坚持实事求是、认真负责的工作作风。

② 学习图纸:测量前需了解设计意图,学习和校核图纸;了解施工部署,制定测量放线方案。

③ 实地检测:会同建设单位一起对红线桩测量控制点进行实地校测。

④ 仪器校核测量：仪器的核定、校正。

⑤ 密切配合：与设计、施工等方面密切配合，并事先做好充分的准备工作，制定切实可行的与施工同步的测量放线方案。

⑥ 放线验线：须在整个施工的各个阶段和各主要部位做好放线、验线工作，并要在审查测量放线方案和指导检查测量放线工作等方面加强工作，避免返工。

⑦ 观测记录：负责垂直观测、沉降观测，并记录整理观测结果（数据和曲线图表）。

⑧ 基线复核：负责及时整理完善基线复核、测量记录等测量资料。

二、施工测量管理人员的工作职责

施工测量管理人员的工作职责见表1-2。

表 1-2　施工测量管理人员的工作职责

职位	主要内容
项目工程师	对工程的测量放线工作负技术责任,审核测量方案,组织工程各部位的验线工作
技术员	领导测量放线工作,组织放线人员学习并校核图纸,编制工程测量放线方案
施工员	对工程的测量放线工作负主要责任,并参加各分项工程的交接检查,负责填写工程预检单并参与签证

🔁 知识拓展

1. 验线部位

要对关键环节和最弱部位进行重点检验，主要包括：

① 定位依据及定位条件；

② 场区平面控制网、主轴线控制桩；

③ 场区高程控制网及±0.000m 高程线；

④ 控制网及定位放线中的最弱部位。

2. 验线方法及误差处理

应根据平差计算结果评定平面控制网和工程定位最弱部分的精度，并实地检验，精度不符合要求时应重新测量。

细部验线时，精度不应低于原测量放线的精度，验线成果与原放线成果之间的误差用下面方法处理。

两者之差若小于 $1/\sqrt{2}$ 倍限差时，表明放线质量较好；若两者之差略小于或等于 $\sqrt{2}$ 倍限差时，表明放线合格，不必改变放线成果；若两者之差超过 $\sqrt{2}$ 倍限差时，原则上不予验收，尤其是要害部位。

第四节　建筑工程测量在施工不同阶段的重点工作

一、施工测量的内容

施工测量的内容可概括为以下 5 点。

① 施工控制：根据勘测设计部门提供的测量控制点，先在整个建筑场区建立统一的施

工控制网（建筑基线、建筑方格网），作为后续建筑物定位放样的依据。

② 施工放样：将设计建筑物的平面位置和高程标定在实地的测量工作。施工放样为后续的工程施工和设备安装提供诸如方向、标高、平面位置等各种施工标志，确保按图施工。

③ 检查验收测量：在各项、各分项、各分部工程施工之后，进行竣工验收测量，检查施工是否符合设计要求，以便随时纠正和修改。

④ 变形测量：对一些大型的重要建筑物进行沉降、倾斜等变形测量（沉降观测、位移观测、倾斜观测、裂缝观测、挠度观测）以确保它们在施工和使用期间的安全。

⑤ 竣工测量：工程竣工后为获得各种建筑物、构筑物及地下管网的平面位置、高程等资料而进行的测量。为建筑物的扩建、管理提供图样和数据资料。

无论测量工作的内容如何变化，测量工作的要素始终是确定点的位置，而确定点位总是离不开角度、距离和高程，这是测量工作的基本要素，也是测量放样工作的三项基本工作。

二、施工测量工作的特点

① 放样工作与测图工作过程相反。测图工作是将地面上的地形测绘到图上，而测设（放样）工作是将图上设计的建筑物或构筑物的平面位置与高程，按设计要求以一定的精度在地面上标示出来，作为施工的依据。同时它也是一项比较繁杂的工作，贯穿整个施工过程，而且还要向两端延伸，前期要延伸到规划设计，后期要延伸到变形测量。

② 施工测量的精度要求高。

③ 施工测量干扰因素多、时间紧迫。

④ 施工测量是一项内外业结合较紧密的工作，许多测量结果需要现场进行计算，当场就要得出准确的平差数据。同时也是一项关联性很强的工作，各种数据相互关联，一错均错，因此需要仔细、耐心。

三、施工测量前的准备工作

施工测量准备工作应包括：资料收集、施工图审核、测量定位依据点的交接与检测、认真学习施工测量方案、测量数据的准备、测量仪器和工具的检验校正等内容。

1. 资料收集

施工测量前，应根据工程任务的要求，收集和分析有关施工资料，主要包括以下内容。

① 城市规划、测绘成果。

② 工程勘察报告。

③ 施工设计图与有关变更文件。

④ 施工组织设计或施工方案。

⑤ 施工场区地下管线、建（构）筑物等测绘成果。

2. 施工图审核

可根据不同施工阶段的需要，审核总平面图、建筑施工图、结构施工图、设备施工图等。

施工图审核内容应包括坐标与高程系统，建筑物轴线关系、几何尺寸、各部位高程等，并应及时了解和掌握有关工程设计变更文件，以确保测量放样数据准确可靠。

3. 测量定位依据点的交接与检测

平面控制点或建筑红线桩点是建筑物定位的依据，应认真做好成果资料与现场点位或桩位的交接工作，并妥善做好点位或桩位的保护工作。

平面控制点或建筑红线桩点使用前，应进行内业验算与外业检测，定位依据桩点数量不应少于 3 个。检测红线桩的允许误差应符合相关规范规定。

城市规划部门提供的水准点是确定建筑物高程的基本依据，水准点数量不应少于 2 个，使用前应按附合水准路线进行检测，允许闭合差符合要求方可使用。

4. 认真学习施工测量方案

施工测量方案是指导施工测量的技术依据，测量工作人员在工作前必须认真学习，重点注意方案中的以下几点。

① 任务要求。

② 施工测量技术依据、测量方法和技术要求。

③ 起始依据点的检测。

④ 建筑物定位放线、验线与基础以及 ±0.000 以上施工测量要求。

⑤ 安全、质量保证体系与具体措施。

5. 测量数据的准备

施工测量数据的准备应包括以下内容。

① 依据施工图计算施工放样数据。

② 依据放样数据绘制施工放样简图。

③ 对施工测量放样数据和简图进行独立校核。

6. 测量仪器和工具的检验校正

为保证测量成果准确可靠，测量仪器、量具应按国家计量部门或工程建设主管部门的有关规定进行检定，经检定合格后方可使用。

🕮 知识拓展

测量仪器和量具除按规定周期检定外，对经常使用的经纬仪、水准仪的主要轴系关系应在每项工程施工测量前进行检验校正，施工中还应每隔 1~3 个月进行定期检验校正。

第五节　一般计算器的使用

一、函数型计算器的基础

1. 计算器的性能

计算器的便携性是它能够被广泛应用的主要原因。它是一种具有记忆功能的新型计算工具，不仅体积小，携带使用方便，而且计算迅速、准确与可靠，它是测量放线工作中进行计算的重要工具。

2. 计算器的组成及作用

计算器由键盘、运算器、存储器、控制器、显示器五个主要部分组成，如图 1-1 所示。

（1）键盘

键盘是计算器的输入部件，使用者通过键盘上的按键与开关，可以向计算器输入各种信息。

（2）运算器

运算器是完成各种算术运算和逻辑运算的装置。算术运算就是加、减、乘、除等运算，逻辑运算就是按逻辑代数的规律进行的运算。运算器由全加器、累加器和寄存器等构成。

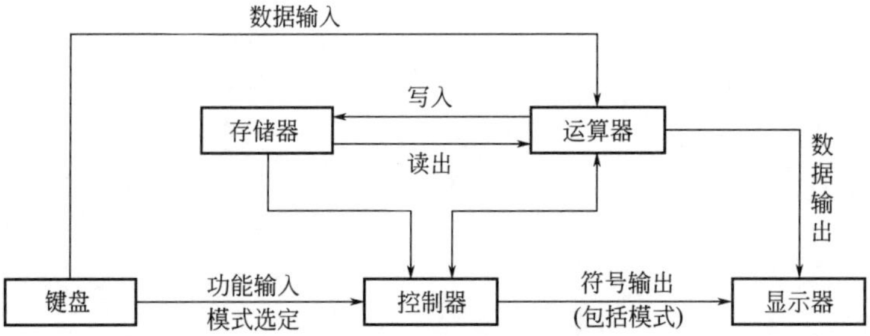

图 1-1　计算器的主要组成部分

（3）存储器

存储器是存放输入的数据或者程序信息、运算中间结果以及答数的部件。

普通型与函数型计算器中只有数据存储器，而可编程序型计算器除有数据存储器外，还有程序存储器。

（4）控制器

控制器是计算器的指挥中心，它按使用者由按键输入的各种信息，指挥全机各个部分协调且有节奏地进行工作。

控制器由指令寄存器、单项功能微程序固定存储器及译码器等构成。它既能将输入的信息翻译成为内部使用的"语言"供给运算器与存储器使用，又能将存储数据或运算结果转换成显示器能够显示的信息。

无论是常规运算还是程序运算，均由控制器按规定的步骤，指挥各个部分有条不紊地进行工作。

（5）显示器

显示器是计算器的输出部件，无论是输入的数据、字母、符号、存储的数据以及运算的结果或者是"溢出"与"错误"状态，显示器均可通过显示屏直接显示出来。

3. 计算器的分类与功能

计算器按其功能多少与不同用途，可分为简易型、普通型、函数型、可编程序型以及专用型五种类型。

简易型计算器仅能够进行简单的加、减、乘、除四则运算。

普通型计算器除能够进行四则运算外，还能进行一些简单的函数运算。

函数型计算器除具有普通型的运算功能外，还具有正负值变换、括弧、π 值、对数、指数、乘方、开方、三角函数、角度模式选择、常数运算以及存储运算等功能。一般均配有一个 M 存储器。有的数值可用两种形式输入、运算与显示。定点式数或浮点式尾数的有效位数可达 8 位或 10 位。

可编程序型计算器除具有函数型的功能外，还具有可编程序进行重复计算以及解算高等数学或工程复杂难题的功能。

专用型计算器是在普通型或函数型计算器的基础之上增加了专业化计算的功能。

在测量专业内业计算中，常用的是函数型计算器，它的功能已能够满足测量放线工作的需要。有条件时，采用可编程序型计算器，对较复杂的重复计算，或进行外业记录、数据处理，可编程序型计算器使实现测量数据采集、处理的自动化成为现实。

二、函数型计算器的使用方法

计算器的使用，主要是按键的正确使用问题。各种不同型号和类型的计算器所配备的主要按键包括数字数符键、基本运算键、基本函数键，其区别仅是置数键和功能键的多少，以及在键盘上按键的排列有所不同。

1. 按键的分类

计算器的按键可分为数字数符置数键和功能键两大类，各种计算器的数字数符键都是相同的。其区别只是置数键和功能键的多少不同。

（1）数字数符置数键

① 数字键：[0]～[9]。

② 数符键：[·]、[+/−]。

③ 置数键：[EXP]、[π]。

（2）功能键

功能键是用于执行各种运算操作的按键，包括清除键类、存储键类、基本运算键类以及程序键类等。

函数型或程序型计算器的大部分按键均具有一键多功能的特点。这些多功能按键，可以从按键名称字符的位置或者字符的颜色上区别它们的第一功能和第二功能。如按键本身标明主功能，则键的上端或下端就标明其第二功能。

（3）功能转换键

一般如单独按一个多功能按键，即为主功能，如需它的第二功能，必须先按"功能转换键"，然后再按相应键。不同类型的计算器，功能转换键所用的名称字符也不同，大致有下列名称字符：[2ndF]、[2nd]、[INV]、[F]、[TRN] 等都表示转换功能的意思。

2. 按键的作用

下面仅介绍函数型计算器与测量内业计算有关的按键的作用。

① 电源开关按键是对内部电路行使接通或断开电源电流的作用。这种结构有按键和拨钮两种方式。通常用 [OFF] 表示关，用 [ON] 表示开。开机后，显示屏上显示 [0]，表示电源接通并"自动清零"。计算完毕可按 [OFF] 键以关机，断开电源，此时显示全部消失。

② 函数型和程序型计算器因有三角函数、统计、程序运算等多功能运算。按需要可以选择不同的角度单位、功能状态和工作方式。这些称为不同的模式，现分别叙述如下。

a. 角度单位选择：由于角度有三种单位（度、弧度、梯度），因此也称三种模式，在计算时必须选定一种模式。

有些计算器采用模式选择按键，例如角度单位转换键 [D·R·G] 或 [MODE] 键具有 D、R、G 三个模式，[D/R] 键具有 D、R 两个模式。

当电源开通后，一般函数计算器显示：$\boxed{\text{DEG } 0}$，这时即以"度"作为角度单位，也就是输入角度以及运算答数均以"度"为单位。如果算式中无角度因素，那么这个角度模式不起作用，对算式的运算也无影响。

如果需要输入弧度数，或者进行有关弧度计算时，需先按 [DRG] 键一次，则显示：$\boxed{\text{RAD } 0}$，此时就以"弧度"作为角度单位。

若再按 [DRG] 键一次，则显示：$\boxed{\text{GRAD } 0}$，此时就以"梯度"作为角度单位。

三种单位的换算关系为：90°（度）＝π/2rad（弧度）＝100g（梯度）。梯度是欧洲通行的一种新的分度制，全圆分为 400 梯度，测角仪器按梯度刻划，计算时就需按 GRAD 模式计算。

以上是由按 [DRG] 键，改变角度单位，也有的计算器采用"角度选择拨钮"，分三挡或两挡，如图 1-2 所示。

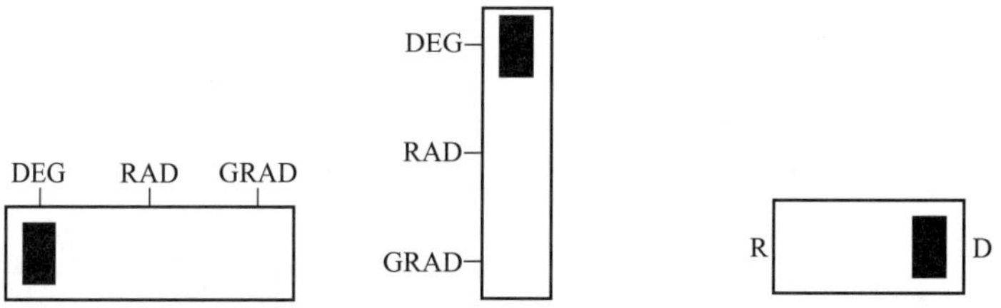

图 1-2　角度单位模式选择开关

计算时必须看清角度单位，否则若以度为单位输入数据，计算器并未处于 DEG 模式，那么计算结果将是错误的。

b. 工作（功能）模式选择：有些计算器采用模式选择按键，有些采用模式选择拨钮开关或旋钮。

工作模式选择是指常规、函数运算，还是采用统计运算模式进行标准差运算。

通常拨到"DEG"挡。若进行统计计算，应拨到"SD"挡或"STAT"挡。

数字数符置数键类包括数字键、小数点键、符号变换键［+/-］、圆周率键［π］。

清除键类包括置数清除键［CE］（或［CL］、［CLX］、［C］）、总清除键［AC］（或［CA］、［C］、［ON/C］）。

③ 一般函数型计算器中有下述三种存储键。

a. 存储清零存入键［x→M］（或［MIN］、［STO］、［STR］）：运算开始，当一个数输入后需存储时，可在此数输入后接着按此键；或在运算过程中某中间结果显示出，需要存储时，也可按此键。使用此键，一方面对存储器"清零"；另一方面又将显示屏的数据进行存储。按此键显示数据存入，仍可继续参与随后的运算，不受影响。

b. 存储累加键［M+］与存储累减键［M-］：在某一正数显示后，按［M+］键，即将此数存入 M 存储器，起到"存储累加"作用。在某一正数显示后，按［M-］键，即将此数的值从存储器总存数值中扣除，起到"存储累减"的作用。当某一负数显示后，按［M+］键则为累减，按［M-］键则为累加。

计算时按此键，运算不受影响。计算器若无［M-］键，可连按［+/-］［M+］两键代替。

c. 存储显示键［MR］（或［RM］、［RCL］）：本键用以读出（显示）M 存储器中的累存数值，并可参与运算。此键可起到"读出即显示存数"的作用，并非"取出存数"。基本运算键类的作用与普通计算器相同。

④ 三角函数用键包括正弦［sin］、余弦［cos］、正切［tan］三键，分别用于求得一个角度（以度十进制或弧度为单位）的正弦、余弦、正切函数值。反三角函数则用第二功能键［2ndF］配合上述三种键使用完成运算。

已知角度的度数（或弧度数），求三角函数值（正弦、余弦、正切）的方法与步骤如下。

a. 首先将角度单位选择开关拨到"DEG"（或"RAD"）挡，或者按［DRG］键，直到显示"DEG"（或"RAD"）符号。

b. 度数若以度、分、秒单位输入，应先化成十进制。一般按一下［→DEG］键，将度、分、秒值输入后，按［→DEG］键即转换成十进制。

c. 再按所需的［sin］、［cos］或［tan］键，则可显示函数值。

⑤ 其他功能键类的作用。函数型计算器中阶乘键［n!］、选排列键［nPr］、组合键［nCr］、坐标转换［→rθ］均属功能键。下面介绍坐标转换专用按键的使用。需先选定角度单位模式"DEG"或"RAD"，要求输入的角度单位和模式一致，那么显示的角度也同模式

一致。

　　a.直角坐标→极坐标转换键［→rθ］（或［R→P］、［→POL］）。

　　b.极坐标→直角坐标转换键［→xy］（或［P→R］、［→RCL］）。

　　以上两种转换键，均需［↕］（或［x↔y］、［x/y］）键配合使用。

　　由图1-3可知，计算公式如下。

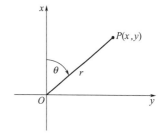

图 1-3　点坐标的两种表示方法

极径（矢径）：
$$r=\sqrt{x^2+y^2}$$
$$\theta=\tan^{-1}\frac{y}{x}$$

极角（矢角）：
$$x=r\cos\theta$$
$$y=r\sin\theta$$

3. 按键操作的基本次序

　　将一个算式输入计算器进行计算，每一单项除了单纯数值外，就是数与函数键或者数与其他功能键的结合。数与函数键或功能键配合输入时，总有先后顺序，这就要按照计算器固有的特性与规定的次序进行操作，不能和笔算时书写的次序完成一样。不同类型的计算器，这种先后次序基本上是相同的。

📚 知识拓展

　　测量内业计算要点如下。

　　① 在按公式计算前，要结合有关附图，弄清公式中所有符号的确切含义，分别弄清数量符号、运算符号、性质符号、关系符号以及结合符号的含义。

　　② 按有关的定律、法则、公式进行计算。

　　测量计算中一部分是代数运算，如水准测量中计算线路高差、求导线测量中坐标增量之和等，这就需运用实数的运算法则，并需注意数的性质是正还是负。

　　一部分计算与函数有关，例如用测距仪测得倾斜距离与观测垂直角，计算水平距离用公式 $D=S\cos\alpha$ 中用到三角函数余弦、角度 α。当由两个已知点的坐标反算坐标方位角时，因坐标增量前有性质符号，确定方位角时，需由 Δy 与 Δx 的性质符号确定象限。此时除用到公式 $\tan\alpha=\Delta y/\Delta x$ 并由反三角函数 $\arctan\alpha$ 求得 α 值外，确定象限十分重要。需按任意角三角函数诱导公式所列附表，结合测量平面直角坐标系的象限图确定。初学者需重视计算中各量的符号，以防止因符号弄错而导致计算成果或放样数据出错。

第二章

快速识图

扫码看视频

CAD在测量放线
中的应用2

第一节 建筑构造初识（附视频）

建筑是建筑物和构筑物的总称。建筑物是指供人们在其内进行生产、生活或其他活动的房屋（或场所）。构筑物是指只为满足某一特定的功能建造的，人们一般不直接在其内进行活动的场所。

 知识拓展

建筑的分类：按建筑的使用功能可以分为民用建筑和公共建筑；按主要承重结构的材料分类可以分为木结构建筑、混合结构建筑、钢筋混凝土结构建筑、钢结构建筑；按结构的承重方式可以分为砌体结构建筑、框架结构建筑、剪力墙结构建筑、空间结构建筑。

测量工作者如果对建筑熟悉，则测量放线就能得心应手，起到事半功倍的效果，因此，很有必要了解建筑的基本知识。建筑名称及含义见表2-1。

表 2-1 建筑名称及含义

名称	含义
建筑工程	修建各种房屋的工程称为建筑工程
结构	在建筑工程中，按一定规律组成的由建筑材料制成的物体或体系，用以承受荷载和满足一定使用要求，这种物体或体系，统称为结构
构件	组成建筑结构的元件称构件，如屋架、梁、柱、楼板等
配件	具有某种特定功能的组装件叫配件，如门窗、楼梯、阳台等
构造	建筑构件与构件之间、构件与配件之间，以及构件和配件本身的组合联结做法称为构造
横向	指建筑的宽度方向
纵向	指建筑的长度方向
横向轴线	沿建筑宽度方向设置的轴线
纵向轴线	沿建筑长度方向设置的轴线
开间	两条横向定位轴线的间距
进深	两条纵向定位轴线的间距
层高	指层间高度，即地面-地面或楼面-楼面的高度
净高	指房间的净空高度，即地面至吊顶下皮的高度。它等于层高减去楼地面厚度、楼板厚度和吊顶棚高度
总高度	指室外地坪至檐口顶部的总高度

续表

名称	含义
建筑面积	指建筑外包尺寸的乘积再乘以层数。它由使用面积、交通面积和结构面积组成，单位为 m²
使用面积	指主要使用房间和辅助使用房间的净面积
交通面积	指走道、楼梯间等交通联系设施的净面积
结构面积	指墙体、柱子所占的面积
标志尺寸	符合建筑模数数列的规定，用以标注建筑定位轴线之间的距离，以及建筑构配件、建筑制品、建筑组合件、有关设备位置界限之间的尺寸
构造尺寸	是建筑构配件、建筑制品等的设计尺寸
实际尺寸	建筑制品、构配件等的实有尺寸

第二节　施工图的作用

一、建筑施工图

建筑施工图的作用就是指导建筑物的总体施工，是通盘考虑的图纸，信息量较大；结构施工图是指导基础和主体施工的图纸，主要涉及的是钢筋混凝土构件和（或）钢结构构件等骨架部分的施工，信息量较简单。

二、结构施工图

结构施工图是根据房屋建筑中的承重构件进行结构设计后绘制成的图样。结构设计时根据建筑要求选择结构类型，并进行合理布置，再通过力学计算确定构件的断面形状、大小、材料及构造等，并将设计结果绘成图样，以指导施工，这种图样有时简称为"结施"。结构施工图与建筑施工图一样，是施工的依据，主要用于放灰线、挖基槽、基础施工、支承模板、配钢筋、浇灌混凝土等施工过程，也作为计算工程量、编制预算和施工进度计划的依据。

三、施工图中投影的形成及分类

假定光线可以穿透物体（物体的面是透明的，而物体的轮廓线是不透明的），并规定在影子当中，光线直接照射到的轮廓线画成实线，光线间接照射到的轮廓线画成虚线，则经过抽象后的"影子"称为投影（图 2-1）。

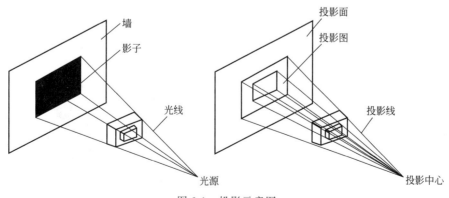

图 2-1　投影示意图

四、建筑工程中常用的几种投影图

建筑工程中常用的投影图有正投影图、轴测图、透视图、标高投影图。

1. 正投影图

利用正投影的方法，把形体投射到两个或两个以上相互垂直的投影面上，再按一定规律把这些投影面展开成一个平面，便得到正投影图（图 2-2）。正投影图能反映形体的真实形状和大小，度量性好，作图简便，是工程制图中常用的一种投影图。

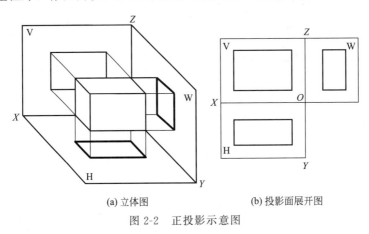

(a) 立体图   (b) 投影面展开图

图 2-2　正投影示意图

 知识拓展

正投影的方法

按照我国的制图标准，房屋建筑的视图应按正投影法并用第一角画法绘制。物体在正立投影面（V）、水平投影面（H）和侧立投影面（W）上的视图名称如下。

① 正立面图：由前向后做投影所得到的视图，简称正面图。

② 平面图：由上向下做投影所得到的视图。

③ 左立面图：由左向右做投影所得到的视图，简称侧面图。

2. 轴测图

用平行投影法将物体和其空间坐标系沿不平行于任一坐标面的方向投射到单一投影面上所得的图形叫作轴测图（图 2-3）。轴测图是一种单面投影图，在一个投影面上能同时反映出物体三个坐标面的形状，并接近于人们的视觉习惯，形象、逼真，富有立体感。但是轴测图一般不能反映出物体各表面的实形，因而度量性差，同时作图较复杂。因此，在工程上常把轴测图作为辅助图样，来说明机器的结构、安装、使用等情况；在设计中，可用轴测图帮助构思、想象物体的形状。

3. 透视图

透视图是根据透视原理绘制的具有近大远小

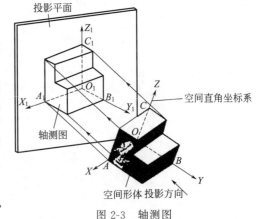

图 2-3　轴测图

特征的图像，以表达建筑设计的意图（图 2-4）。透视图图形逼真，具有良好的立体感，符合人的视觉习惯，常作为设计方案的比较和外观表现。

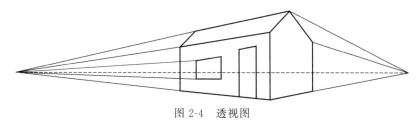

图 2-4　透视图

4. 标高投影图

标高投影图（图 2-5）是一种单面正投影图，多用于表达地形及复杂曲面，它是假想用一组高差相等的水平面切割地面，将所得到的一系列交线（称等高线）投射在水平投影面上，并用数字标出这些等高线的高程而得到的投影图。

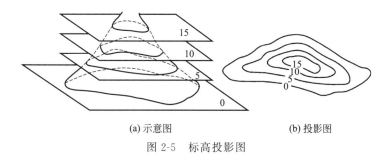

(a) 示意图　　　　　　　(b) 投影图

图 2-5　标高投影图

第三节　建筑施工图的基本识读

一、建筑总平面图快速识读

1. 总平面图的形成与作用

总平面图主要表示新建房屋的位置、朝向、与原有建筑物的关系，以及周围道路、绿化和给水、排水、供电条件等方面的情况，作为新建房屋施工定位、土方施工、设备管网平面布置，安排在施工时进入现场的材料和构件、配件堆放场地、构件预制的场地以及运输道路的依据。

 知识拓展

- -

总平面图

对于任何一幢将要建造的房屋，首先要说明该房屋建造在什么地方，周围的环境和原有建筑物的情况怎样，哪些地方将要绿化，将来还要不要在附近建造其他房屋，该地区的风向和房屋朝向如何。这些问题都必须事先加以考虑。用来说明这些问题的图，叫做总平面图。总平面图上标注的尺寸一律以 m 为单位，并且标注到小数点后两位。

2. 总平面图的基本内容

① 图名、比例。总平面图因包括的地方范围较大，所以绘制时一般都用较小的比例，

如 1：2000、1：1000、1：500 等。

② 新建建筑所处的地形。若建筑物建在起伏不平的地面上，应画上等高线并标注标高。

③ 新建建筑的具体位置，在总平面图中应详细地表达出新建建筑的定位方式。总平面图确定新建或扩建工程的具体位置，用定位尺寸或坐标确定。定位尺寸一般根据原有房屋或道路中心线来确定；当新建成片的建筑物和构筑物或较大的公共建筑或厂房时，往往用坐标来确定每个建筑物及道路转折点等的位置。施工坐标代号宜用"A、B"表示，若标测量坐标则坐标代号用"X、Y"表示。

④ 注明新建房屋室内（底层）地面和室外整平地面的绝对标高。总平面图会注明新建房屋室内（底层）地面和室外整平地面的标高。总平面图中标高的数值以 m 为单位，一般注到小数点后两位。图中所注数值，均为绝对标高。总平面图表明建筑物的层数，在单体建筑平面图角上，画有几个小黑点表示建筑物的层数。对于高层建筑可以用数字表示层数。

⑤ 相邻有关建筑、拆除建筑的大小、位置或范围。

⑥ 附近的地形、地物等，如道路、河流、水沟、池塘、土坡等。

⑦ 指北针或风向频率玫瑰图（图 2-6）。总平面图会画上风向频率玫瑰图或指北针，表示该地区的常年风向频率和建筑物、构筑物等的朝向。风向频率玫瑰图是根据当地多年统计的各个方向吹风次数的百分数值按一定比例绘制的。风吹方向是指从外面吹向中心。实线表示全年风向频率，虚线表示夏季风向频率。有的总平面图上也有只画上指北针而不画风向频率玫瑰图的。

⑧ 绿化规划和给排水、采暖管道和电线布置。

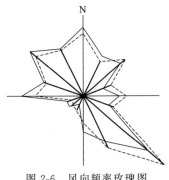

图 2-6 风向频率玫瑰图

3. 总平面图常用图例

在总平面图中，所表达的许多内容都用图例表示。在识读总平面图之前，应先熟悉这些图例。常见的总平面图图例见表 2-2。

表 2-2 常见的总平面图图例

名称	图例	名称	图例
新建建筑物（可用▲表示出入口，可在图形内右上角用点数或数字表示层数）	8	计划扩建的道路	----------
计划扩建的预留地或建筑物		拆除的道路	—×—
		新建的道路	R9 150.00
拆除的建筑物		城市型道路断面（上图为双坡，下图为单坡）	
建筑物下面的通道			
原有道路		原有建筑物	

续表

名称	图例	名称	图例
室内标高	151.00(±0.00) ▽	挡土墙上设围墙	▬▪▬▪▬▪▬
室外标高	•143.00▼143.00	台阶	◁▭
挡土墙	════════	围墙及大门	▙▪▬▪▬
			▙━▪━▫▫▪

4. 总平面图的识读步骤

① 看图名、比例及有关文字说明。

② 了解新建工程的总体情况。了解新建工程的性质与总体布置；了解建筑物所在区域的大小和边界；了解各建筑物和构筑物的位置及层数；了解道路、场地和绿化等布置情况。

③ 明确工程具体位置。房屋的定位方法有两种：一种是参照物法，即根据已有房屋或道路定位；另一种是坐标定位法，即在地形图上绘制测量坐标网。标注房屋墙角坐标的方法如图 2-7 所示。

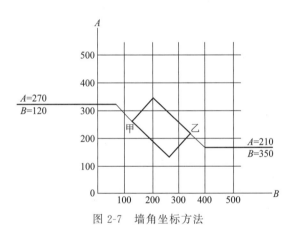

图 2-7　墙角坐标方法

④ 确定新建房屋的标高。看新建房屋首层室内地面和室外整平地面的绝对标高，可知室内外地面的高差以及正负零与绝对标高的关系。

⑤ 明确新建房屋的朝向。看总平面图中的指北针和风向频率玫瑰图可明确新建房屋的朝向和该地区的常年风向频率。有些图纸上只画出单独的指北针。

5. 总平面图识读要点

① 必须阅读文字说明，熟悉图例和了解图的比例。

② 要了解总体布置、地形、地貌、道路、地上构筑物、地下各种管网布置走向和水、暖、电等在房屋的引入方向。

③ 要确定房屋位置和标高的依据。

④ 有时候总平面图会合并在建筑专业图内编号。

二、建筑平面图快速识读

1. 建筑平面图的概念

建筑平面图是表示建筑物在水平方向房屋各部分的组合关系。假想用一个水平剖切面，将建筑物在某层门窗洞口处剖开，移去剖切面以上的部分后，对剖切面以下部分所作的水平剖面图，即为建筑平面图，简称为平面图。如图 2-8 所示是建筑平面图的形成。建筑平面图实质上是房屋各层的水平剖面图。平面图虽然是房屋的水平剖面图，但按习惯不必标注其剖切位置，也不称为剖面图。

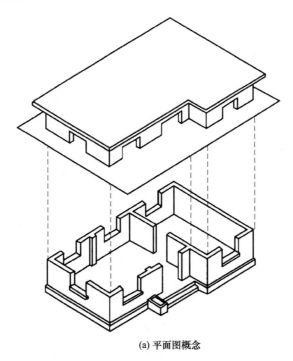

(a) 平面图概念

平面图 1:100

(b) 平面示意图

图 2-8 建筑平面图的形成

🔖 知识拓展

建筑平面图

建筑平面图常用的比例是 1：50、1：100 或 1：200，其中 1：100 使用最多。建筑平面图的方向宜与总平面图的方向一致，平面图的长边宜与横式幅面图纸的长边一致。

平面图反映建筑物的平面形状和大小、内部布置、墙的位置、厚度和材料、门窗的位置和类型以及交通等情况，可作为建筑施工定位、放线、砌墙、安装门窗、室内装修、编制预算的依据。

一般房屋有几层，就应有几个平面图。一般房屋有首层平面图、标准层平面图、顶层平面图即可，在平面图下方应注明相应的图名及采用的比例。因平面图是剖面图，因此应按剖面图的图示方法绘制，即被剖切平面剖切到的墙、柱等轮廓用粗实线表示；未被剖切到的部分如室外台阶、散水、楼梯以及尺寸线等用细实线表示；门的开启线用中粗实线表示。

2. 平面图的基本内容

① 建筑物平面的形状及总长、总宽等尺寸，房间的位置、形状、大小、用途及相互关系。从平面图的形状与总长、总宽尺寸，可计算出房屋的用地面积。

② 承重墙和柱的位置、尺寸、材料、形状，墙的厚度，门窗的宽度等，以及走廊、楼梯（电梯）、出入口的位置、形式走向等。

③ 门、窗的编号、位置、数量及尺寸。门窗均按比例画出。门的开启线为 45°和 90°，开启弧线应在平面图中表示出来。一般图纸上还有门窗数量表。门用 M 表示，窗用 C 表示，高窗用 GC 表示，并采用阿拉伯数字编号，如 M1、M2、M3⋯C1、C2、C3⋯同一编号代表同一类型的门或窗。

④ 室内空间以及顶棚、地面、各个墙面和构件细部做法。

⑤ 标注出建筑物及其各部分的平面尺寸和标高。在平面图中，一般标注三道外部尺寸。最外面的一道尺寸标出建筑物的总长和总宽，表示外轮廓的总尺寸，又称外包尺寸；中间的一道尺寸标出房间的开间及进深尺寸，表示轴线间的距离，称为轴线尺寸；里面的一道尺寸标出门窗洞口、墙厚等尺寸，表示各细部的位置及大小，称为细部尺寸，如图 2-9 所示。另外，还应标注出某些部位的局部尺寸，如门窗洞口定位尺寸及宽度，以及一些构配件的定位尺寸及形状，如楼梯、搁板、各种卫生设备等。

⑥ 对于底层平面图，还应标注室外台阶、花池、散水等局部尺寸。

⑦ 室外台阶、花池、散水和雨水管的大小与位置。

⑧ 在底层平时图上画有指北针符号，以确定建筑物的朝向。另外还要画上剖面图的剖切位置，以便与剖面图对照查阅，在需要引出详图的细部处，应画出索引符号。对于用文字说明能表达更清楚的情况，可以在图纸上用文字进行说明。

⑨ 屋顶平面图上一般应表示出屋顶形状及构配件，包括女儿墙、檐沟、屋面坡度、分水线与雨水口、变形缝、楼梯间、水箱间、天窗、上人孔、消防梯及其他构筑物、索引符号等。

3. 建筑平面图识读步骤

（1）一层平面图的识读步骤

① 了解平面图的图名、比例及文字说明。

② 了解建筑的朝向、纵横定位轴线及编号。

③ 了解建筑的结构形式。

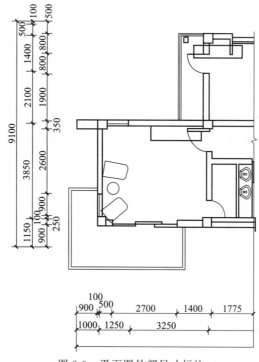

图 2-9　平面图外部尺寸标注

④ 了解建筑的平面布置、作用及交通联系。

⑤ 了解建筑平面图上的尺寸、平面形状和总尺寸。

⑥ 了解建筑中各组成部分的标高情况。

⑦ 了解房屋的开间、进深、细部尺寸。

⑧ 了解门窗的位置、编号、数量及型号。

⑨ 了解建筑剖面图的剖切位置、索引标志。

⑩ 了解各专业设备的布置情况。

（2）其他楼层平面图的识读

其他楼层平面图包括标准层平面图和顶层平面图，其形成与首层平面图的形成相同。在标准层平面图上，为了简化作图，已在首层平面图上表示过的内容不再表示。识读标准层平面图时，重点应与首层平面图对照异同。

（3）屋顶平面图的识读

屋顶平面图主要反映屋面上天窗、水箱、铁爬梯、通风道、女儿墙、变形缝等的位置以及采用标准图集的代号，屋面排水分区、排水方向、坡度，雨水口的位置、尺寸等内容。在屋顶平面图上，各种构件只用图例画出，用索引符号表示出详图的位置，用尺寸具体表示构件在屋顶上的位置。

（4）建筑平面图识读要点

① 多层房屋的各层平面图，原则上从最下层平面图开始（有地下室时，从地下室平面图开始；无地下室时，从首层平面图开始）逐层读到顶层平面图，且不能忽视全部文字说明。

② 每层平面图，先从轴线间距尺寸开始，记住开间、进深尺寸，再看墙厚和柱的尺寸以及它们与轴线的关系，门窗尺寸和位置等。宜按先大后小、先粗后细、先主体后装修的步骤阅读，最后可按不同的房间，逐个掌握图纸上表达的内容。

③ 认真校核各处的尺寸和标高有无注错或遗漏的地方。

④ 细心核对门窗型号和数量。掌握内装修的各处做法。统计各层所需过梁型号、数量。

⑤ 将各层的做法综合起来考虑，了解上、下各层之间有无矛盾，以便从各层平面图中逐步树立起建筑物的整体概念，并为进一步阅读建筑专业的立面图、剖面图和详图，以及结构专业图打下基础。

三、建筑立面图快速识读

1. 建筑立面图的形成与作用

建筑立面图相当于正投影图中的正立和侧立投影图，是建筑物各方向外表立面的正投影图。

📚 **知识拓展**

建筑立面图

立面图是表示建筑物的体形和外貌，并表明外墙装修要求的图样。建筑立面是由许多部件组成的，这些部件包括门窗、墙柱、阳台、遮阳板、雨篷、勒脚、花饰等。

识图时，首先应根据图名及轴线编号对照平面图，明确各立面图所表示的内容是否正确；在明确各立面图标明的做法基础上，进一步校核各立面图之间有无不交圈的地方，从而通过阅读立面图建立起房屋外形和外装修的全貌。

一般来说，建筑立面图的命名方法主要有三种。

① 按立面的主次命名。把建筑物的主要出入口或反映建筑物外貌主要特征的立面图称为正立面图，而把其他立面图分别称为背立面图、左侧立面图和右侧立面图等。

② 按建筑物的朝向命名。根据建筑物立面的朝向可分别称为南立面图、北立面图、东立面图和西立面图，如图 2-10 所示。

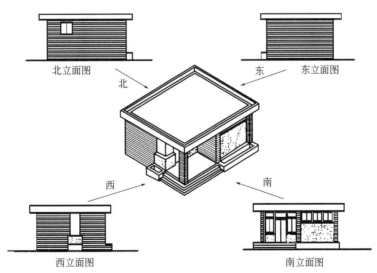

图 2-10　按照朝向命名

③ 按轴线编号命名。根据建筑物立面两端的轴线编号命名。如①～⑩立面图、Ⓐ～Ⓕ立面图等，如图 2-11 所示。

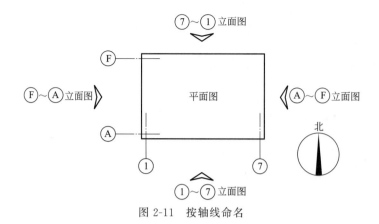

图 2-11 按轴线命名

2. 建筑立面图的基本内容

（1）建筑立面图图面包含的内容

① 注明图名和比例。

② 表明一栋建筑物的立面形状及外貌。

③ 反映立面上门窗的布置、外形以及开启方向。由于立面图的比例小，因此立面图上的门窗应按图例立面式样表示，并画出开启方向，如图 2-12 所示。开启线以人站在门窗外侧看，细实线表示外开，细虚线表示内开，线条相交一侧为合页安装边。相同类型的门窗只画出一两个完整的图形，其余的只画出单线图形。

④ 表明外墙面装饰的做法及分格。

⑤ 表示室外台阶、花池、勒脚、窗台、雨罩、阳台、檐沟、屋顶和雨水管等的位置、立面形状及材料做法。

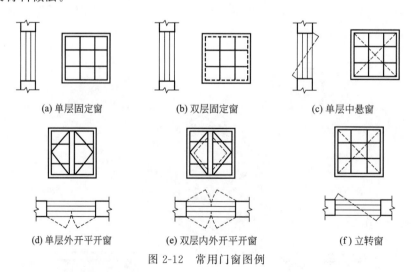

图 2-12 常用门窗图例

（2）立面图的尺寸标注

沿立面图高度方向标注三道尺寸：细部尺寸、层高及总高度。

① 细部尺寸。最里面一道是细部尺寸，表示室内外地面高差、防潮层位置、窗下墙高度、门窗洞口高度、洞口顶面到上一屋楼面的高度、女儿墙或挑檐板高度。

② 层高。中间一道表示层高尺寸，即上下相邻两层楼地面之间的距离。

③ 总高度。最外面一道表示建筑物总高，即从建筑物室外地坪至女儿墙压顶（或至檐

口）的距离。

④ 立面图的标高及文字说明。

a.标高。标注房屋主要部分的相对标高。建筑立面图中标注标高的部位一般情况下有：室内外地面；出入口平台面；门窗洞的上下口表面；女儿墙压顶面；水箱顶面；雨篷底面；阳台底面或阳台栏杆顶面等。除了标注标高之外，有时还注出一些并无详图的局部尺寸，立面图中的长宽尺寸应该与平面图中的长宽尺寸对应。

b.索引符号及必要的文字说明。在立面图中凡是有详图的部位，都应该对应有详图索引符号，而立面面层装饰的主要做法，也可以在立面图中注写简要的文字说明。

c.建筑立面图的识读步骤如下。

第一步，了解图名、比例。

第二步，了解建筑的外貌。

第三步，了解建筑的竖向标高。

第四步，了解立面图与平面图的对应关系。

第五步，了解建筑物的外装修。

第六步，了解立面图上详图索引符号的位置与其作用。

四、建筑剖面图快速识读

1. 剖面图的形成与作用

从前面所看到的平面图和立面图中，可以了解到建筑物各层的平面布置以及立面的形状，但是无法得知层与层之间的联系。建筑剖面图就是用于表示建筑物内部垂直方向的结构形式、分层情况、内部构造以及各部位高度的图样。

 知识拓展

建筑剖面图

剖面图的识读要点如下。

① 按照平面图中标明的剖切位置和剖切方向，校核剖面图所标明的轴线号、剖切的部位和内容与平面图是否一致。

② 校对尺寸、标高是否与平面图、立面图相一致；校对剖面图中内装修做法与材料做法表是否一致。在校对尺寸、标高和材料做法中，加深对房屋内部各处做法的整体概念。

（1）剖面图的形成

假想用一个或多个垂直于外墙轴线的铅垂剖切面，将房屋剖开，所得的投影图，称为建筑剖面图，简称剖面图。剖面图表示房屋内部的结构或构造形式、分层情况和各部位的联系、材料及其高度等，是与平、立面图相互配合的重要图样。剖切面一般横向，即平行于侧面，必要时也可纵向，即平行于正面。其位置应选择能反映出房屋内部构造比较复杂与典型的部位。剖面图的名称应与平面图上所标注的一致，如图 2-13 所示。

（2）剖面图的作用

剖视图用于表达建筑物内部垂直方向尺寸、楼层分层情况与层高、门窗洞口与窗台高度及简要的结构形式和构造方式等情况。它与建筑平面图、立面图相配合，是建筑施工图中不可缺少的重要图样之一。因此，剖面图的剖切位置，应选择能反映房屋全貌、构造特征以及有代表性的部位，并在底层平面图中标明。

剖视图的剖切位置应选择在楼梯间、门窗洞口及构造比较复杂的典型部位或有代表性的

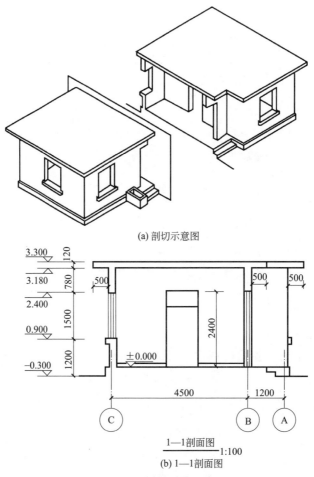

(a) 剖切示意图

(b) 1—1剖面图

图 2-13 剖面图的形成

部位，其数量应根据房屋的复杂程度和施工实际需要而定。在一般规模不大的工程中，房屋的剖面图通常只有一个。当工程规模较大或平面形状较复杂时，则要根据实际需要确定剖面图的数量，也可能是两个或几个。两层以上的楼房一般至少要有一个楼梯间的剖视图。剖面图的剖切位置和剖视方向，可以从底层平面图中找到，剖切面一般横向，即平行于侧面，必要时也可纵向，即平行于正面。剖面图的名称必须与底层平面图上所标的剖切位置和剖视方向一致。

2. 剖面图的基本内容

① 注明图名和比例。

② 表明建筑物从地面至屋面的内部构造及其空间组合情况。

③ 尺寸标注。剖面图的尺寸标注一般有外部尺寸和内部尺寸之分。外部尺寸沿剖面图高度方向标注三道尺寸，所表示的内容同立面图。内部尺寸应标注内门窗高度、内部设备等的高度。

④ 标高。在建筑剖面图中应标注室外地坪、室内地面、各层楼面、楼梯平台等处的建筑标高，屋顶的结构标高。

⑤ 表示各层楼地面、屋面、内墙面、顶棚、踢脚、散水、台阶等的构造做法。表示方法可以采用多层构造引出线标注。若为标准构造做法，则标注做法的编号。剖面图的标高标

注分建筑标高与结构标高两种形式。建筑标高是指各部位竣工后的上（或下）表面的标高；结构标高是指各结构构件不包括粉刷层时的下（或上）皮的标高，表示方法如图 2-14 所示。

⑥ 表示檐口的形式和排水坡度。檐口的形式有两种：一种是女儿墙；另一种是挑檐，如图 2-15 所示。

⑦ 在建筑剖面图上另画详图的部位标注索引符号，表明详图的编号及所在位置。

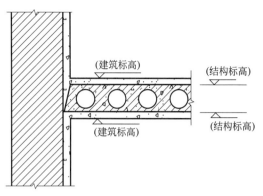

图 2-14　建筑标高与结构标高注法示例

剖面图的识读步骤如下。

第一步，了解图名、比例。

第二步，了解剖面图与平面图的对应关系。

第三步，了解被剖切到的墙体、楼板、楼梯和屋顶。

第四步，了解屋面、楼面、地面的构造层次及做法。

第五步，了解屋面的排水方式。

第六步，了解可见的部分。

第七步，了解剖面图上的尺寸标注。

第八步，了解详图索引符号的位置和编号。

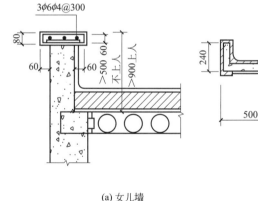

(a) 女儿墙

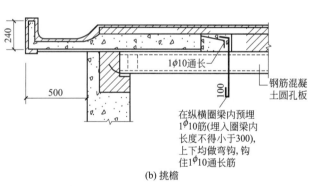

(b) 挑檐

图 2-15　檐口形式

第四节　结构施工图的基本识读

一、结构施工图基本知识

1. 结构施工图的内容与作用

（1）房屋结构与结构构件

建筑物的结构按所使用的材料可以分为木结构、砌体结构、混凝土结构、钢结构和混合结构等。混合结构是指不同部位的结构构件由两种或两种以上结构材料组成的结构，如砌体-混凝土结构、混凝土-钢结构。建筑结构根据其结构形式，可以分为排架结构、框架结构、剪力墙结构、筒体结构和大跨结构等。其中框架又称为刚架，是目前多层房屋的主要结构形式；剪力墙结构和筒体结构主要用于高层建筑。如图 2-16 所示为混凝土结构示意图。

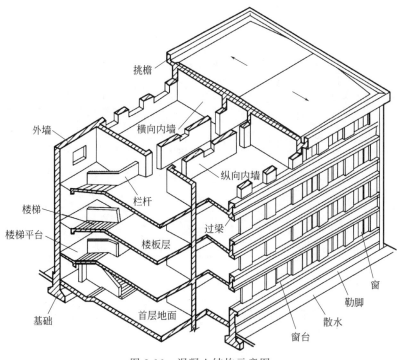

图 2-16　混凝土结构示意图

（2）结构施工图的作用

房屋结构施工图是表达房屋承重构件（如基础、梁、板、柱及其他构件）的布置、形状、大小、材料、构造及其相互关系的图样，主要用于作为施工放线、开挖基槽、支模板、绑扎钢筋、设置预埋件、浇捣混凝土和安装梁、板、柱等构件及编制预算和施工组织计划等的依据。

 知识拓展

结构施工图

结构施工图的识读要点如下。

① 由大到小，由粗到细：在识读结构施工图时，首先应识读结构平面布置图，然后识读构件图，最后才能识读构件详图或断面图。

② 牢记常用图例和符号：在建筑工程施工图中，为了表达的方便和简捷，也让识读人员一目了然，在图样绘制中有很多内容采用符号或图例来表示。因此，对于识读人员务必牢记常用的图例和符号，这样才能顺利地识读图纸，避免识读过程中出现"语言"障碍。施工图中常用的图例和符号是工程技术人员的共同语言或组成这种语言的字符。

③ 注意尺寸及其单位：在图纸中的图形或图例均有其尺寸，尺寸的单位为"米（m）"和"毫米（mm）"两种，除了图纸中的标高和总平面图中的尺寸用米为单位外，其余的尺寸均以毫米为单位，且对于以米为单位的尺寸在图纸中尺寸数字的后面一律不加注单位，共同形成一种默认。

（3）结构施工图内容

① 结构设计说明：结构设计说明是带全局性的文字说明，内容包括抗震设计与防火要求、材料的选型、规格、强度等级、地基情况、施工注意事项、选用标准图集等。

② 结构平面布置图：结构平面布置图包括基础平面图、楼层结构平面布置图、屋面结构平面图等。

③ 构件详图：构件详图内容包括梁、板、柱及基础结构详图，楼梯结构详图，屋架结构详图和其他详图（天窗、雨篷、过梁等）。

某住宅楼的结构图纸目录见表 2-3，从中可以看出一套完成的结构施工图基本涵盖的内容。

表 2-3　某住宅楼的结构图纸目录

序号	图号	图名	数量/张	备注
1	结施-01	结构设计总说明	1	
2	结施-02	基础平面图	1	
3	结施-03	基础详图	1	
4	结施-04	柱布置及地沟详图	1	
5	结施-05	一层顶梁配筋图	1	
6	结施-06	一层顶板配筋图	1	
7	结施-07	二至五层顶梁板配筋图	1	
8	结施-08	六层顶梁板配筋图	1	
9	结施-09	屋面檩条布置图	1	
10	结施-10	楼梯结构图	1	

2. 结构施工图常用构件代号

为了图示简明扼要，便于查阅、施工，在结构施工图中，常用规定的代号来表示结构构件。构件的代号通常以构件名称的汉语拼音第一个大写字母表示，见表 2-4。

表 2-4　常用构件代号

序号	名称	代号	序号	名称	代号
1	板	B	14	屋面梁	WL
2	屋面板	WB	15	吊车梁	DL
3	空心板	KB	16	单轨吊车梁	DDL
4	槽形板	CB	17	轨道连接	DGL
5	折板	ZB	18	车挡	CD
6	密肋板	MB	19	圈梁	QL
7	楼梯板	TB	20	过梁	GL
8	盖板或沟盖板	GB	21	连系梁	LL
9	挡雨板、檐口板	YB	22	基础梁	JL
10	吊车安全走道板	DB	23	楼梯梁	TL
11	墙板	QB	24	框架梁	KL
12	天沟板	TGB	25	框支梁	KZL
13	梁	L	26	屋面框架梁	WKL

续表

序号	名称	代号	序号	名称	代号
27	檩条	LT	41	地沟	DG
28	屋架	WJ	42	柱间支撑	ZC
29	托架	TJ	43	垂直支撑	CC
30	天窗架	CJ	44	水平支撑	SC
31	框架	KJ	45	梯	T
32	刚架	GJ	46	雨篷	YP
33	支架	ZJ	47	阳台	YT
34	柱	Z	48	梁垫	LD
35	框架柱	KZ	49	预埋件	M
36	构造柱	GZ	50	天窗端壁	TD
37	承台	CT	51	钢筋网	W
38	设备基础	SJ	52	钢筋骨架	G
39	桩	ZH	53	基础	J
40	挡土墙	DQ	54	暗柱	AZ

注：1. 预制钢筋混凝土构件、现浇钢筋混凝土构件、钢构件和木构件，一般可直接采用本表中的构件代号。在设计中，当需要区别上述构件种类时，应在图纸中加以说明。

2. 预应力钢筋混凝土构件代号，应在构件代号前加注"Y"，如 Y-KB 表示预应力钢筋混凝土空心板。

3. 结构施工图中钢筋识读

（1）常用钢筋符号表示

常用钢筋符号表示如表 2-5 所示。

表 2-5　常用钢筋符号表示

种类	符号	常用直径/mm	钢筋等级
HPB 300（Q300）	ϕ	8～20	Ⅰ
HRB 335（20MnSi）	Φ	6～50	Ⅱ
HRB 400（20MnSiV，20MnSiNb，20MnTi）	Φ	6～50	Ⅲ
RRB 400（K20MnSi）	Φ^R	8～40	Ⅳ

（2）钢筋的标注

钢筋的直径、数量及相邻钢筋中心距在图样上一般采用引出线方式标注，其标注形式有下面两种。

① 标注钢筋的数量和直径，如图 2-17 所示。

② 标注钢筋的直径和相邻钢筋中心距，如图 2-18 所示。

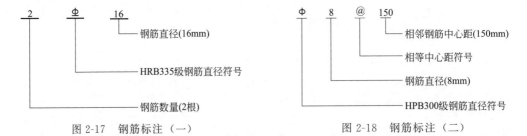

图 2-17　钢筋标注（一）　　　　　图 2-18　钢筋标注（二）

（3）构件中钢筋的名称

配置在钢筋混凝土结构中的钢筋（图 2-19），按其作用可分为表 2-6 所示几种类型。

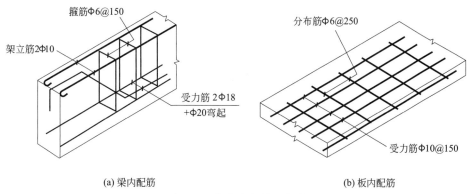

(a) 梁内配筋   (b) 板内配筋

图 2-19　构件中钢筋的名称

表 2-6　混凝土结构中的钢筋

类型	作用
受力筋	承受拉、压应力的钢筋。配置在受拉区的称受拉钢筋；配置在受压区的称受压钢筋。受力筋还分为直筋和弯起筋两种
箍筋	承受部分斜拉应力，并固定受力筋的位置
架立筋	用于固定梁内钢箍位置；与受力筋、钢箍一起构成钢筋骨架
分布筋	用于板内，与板的受力筋垂直布置，并固定受力筋的位置。当受力钢筋为 HPB 300 级钢筋时，钢筋的端部设弯钩，以加强与混凝土的握裹力，如图 2-20 所示；如果是带肋钢筋，端部不必设弯钩
构造筋	因构件构造要求或施工安装需要而配置的钢筋，如腰筋、预埋锚固筋、吊环等

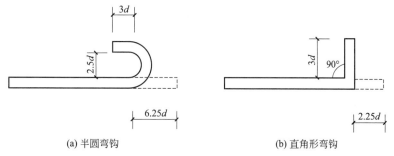

(a) 半圆弯钩   (b) 直角形弯钩

图 2-20　钢筋弯钩形式

d—钢筋直径

（4）普通钢筋和预应力钢筋的一般表示法

分别如表 2-7 和表 2-8 所示。

表 2-7　普通钢筋的一般表示法

名称	图例	说明
钢筋横断面	●	—
无弯钩的钢筋端部		下图表示长、短钢筋投影重叠时，短钢筋的端部用 45° 斜划线表示

续表

名称	图例	说明
带半圆形弯钩的钢筋端部		—
带直钩的钢筋端部		—
带螺纹的钢筋端部		—
无弯钩的钢筋搭接		—
带半圆弯钩的钢筋搭接		—
带直钩的钢筋搭接		—
花篮螺栓钢筋接头		—
机械连接的钢筋接头		用文字说明机械连接的方式

表 2-8 预应力钢筋的一般表示方法

名称	图例
预应力钢筋或钢绞线	
后张法预应力钢筋断面 无黏结预应力钢筋断面	$\oplus$
单根预应力钢筋断面	$+$
张拉端锚具	
固定端锚具	
锚具的端视图	$\oplus$
可动联结件	
固定联结件	

（5）钢筋的尺寸标注

受力钢筋的尺寸按外尺寸标注，箍筋的尺寸按内尺寸标注，如图 2-21 所示。

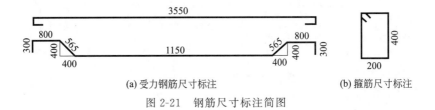

（a）受力钢筋尺寸标注　　　　　　（b）箍筋尺寸标注
图 2-21 钢筋尺寸标注简图

（6）钢筋的混凝土保护层

为防止钢筋锈蚀，加强钢筋与混凝土的黏结力，在构件中的钢筋外缘到构件表面应保持一定的厚度，该厚度称为保护层。保护层的厚度应查阅设计说明。当设计无具体要求时，保护层厚度应不小于钢筋直径，并应符合表 2-9 的要求。

表 2-9 钢筋混凝土保护层厚度 单位：mm

环境与条件	构件名称	混凝土强度等级		
		低于 C25	C25 及 C30	高于 C30
室内正常环境	板、墙、壳	15		
	梁和柱	25		
露天或室内高湿度环境	板、墙、壳	35	25	15
	梁和柱	45	35	25
有垫层	基础	35		
无垫层		70		

二、建筑基础图快速识读

1. 基础图的作用和基本内容

（1）基础图的作用

基础是建筑物的重要组成部分，它承受建筑物的全部荷载，并将其传给地基。地基不是建筑物的组成部分，只是承受建筑物荷载的土层。基础的构造形式一般包括条形基础、独立基础、桩基础、箱形基础、筏形基础等。如图 2-22 所示为条形基础组成示意图。

基础图是表示建筑物相对标高±0.000 以下基础的平面布置、类型和详细构造的图样。它是施工放线、开挖基槽或基坑、砌筑基础的依据。一般包括基础平面图、基础详图和说明三部分。

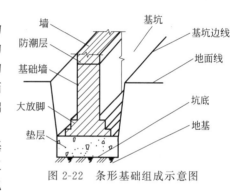

图 2-22 条形基础组成示意图

📘知识拓展

基础图

基础图识读的要点：①基础图的识读顺序一般是根据结构类型，从下到上看；②在识读基础图时，要注意基础所用的材料细节；③在识读基础图时，要确认并核实基础埋置深度、基础底面标高、基础类型、轴线尺寸、基础配筋、圈梁的标高、基础预留空洞位置及标高等数据，并与其他结构施工图对应起来看；④识读基础图时，要核实基础的标高是否与建筑图相矛盾，平面尺寸是否和建筑图相符，构造柱、独立柱等的位置是否与平面图、结构图相一致。

（2）基础图的基本内容

假想用一个水平面沿房屋底层室内地面附近将整幢建筑物剖开后，移去上层的房屋和基础周围的泥土向下投影所得到的水平剖面图，称为"基础平面图"，简称"基础图"。基础图主要是表示建筑物在相对标高±0.000 以下基础结构的图纸。

在基础平面图中应表示出墙体轮廓线、基础轮廓线、基础的宽度和基础剖面图的位置，标注定位轴线和定位轴线之间的距离。在基础剖面图中应包括全部不同基础的剖面图。图中应正向反映剖切位置处基础的类型、构造和钢筋混凝土基础的配筋情况，所用材料的强度、钢筋的种类、数量和分布方式等。应详尽标注各部分尺寸。

2. 基础平面图

（1）基础平面图的内容

① 图名和比例。

② 纵横向定位轴线及编号、轴线尺寸。

③ 基础墙、柱的平面布置，基础底面形状、大小及其与轴线的关系。

④ 基础梁的位置、代号。

⑤ 基础的编号、基础断面图的剖切位置线及其编号。

⑥ 施工说明，即所用材料的强度、防潮层做法、设计依据以及施工注意事项。

（2）基础平面图的表示方法（图2-23）。

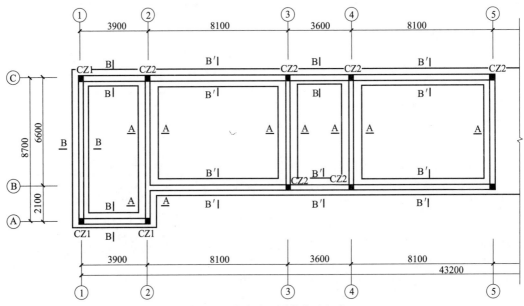

图 2-23 基础平面图的表示方法

① 定位轴线：基础平面图应注出与建筑平面图相一致的定位轴线编号和轴线尺寸。

② 图线：在基础平面图中，只画基础墙、柱及基础底面的轮廓线，基础的细部轮廓线（如大放脚）一般省略不画。

③ 凡被剖切到的墙、柱轮廓线，都应画成中实线；基础底面的轮廓线应画成细实线。

④ 基础梁和地圈梁用粗点划线表示其中心线的位置。

⑤ 基础墙上的预留管洞，应用虚线表示其位置，具体做法及尺寸另用详图表示。

（3）比例和图例

基础平面图中采用的比例及材料图例与建筑平面图相同。

（4）尺寸标注

① 外部尺寸：基础平面图中的外部尺寸只标注两道，即定位轴线的间距和总尺寸。

② 内部尺寸：基础平面图中的内部尺寸应标注墙的厚度、柱的断面尺寸和基础底面的宽度。

3. 基础详图

（1）基础详图的形成

基础详图是用较大的比例画出的基础局部构造图，用以表达基础的细部尺寸、截面形式与大小、材料做法及基础埋置深度等。对于条形基础，基础详图就是基础的垂直断面图；对于独立基础，应画出基础的平面图、立面图和断面图。

（2）基础详图的内容

① 图名、比例。

② 轴线及其编号。

③ 基础断面形状、大小、材料及配筋。

④ 基础断面的详细尺寸和室内外地面标高及基础底面的标高。

⑤ 防潮层的位置和做法。

⑥ 垫层、基础墙、基础梁的形状、大小、材料和标号。

⑦ 施工说明。

（3）基础详图的表示方法

① 图线：基础详图的轮廓线用中实线表示，钢筋符号用粗实线绘制。钢筋混凝土独立基础除画出基础的断面图外，有时还要画出基础的平面图，并在平面图中采用局部剖面表达底板配筋，如图 2-24 所示。

② 比例和图例：基础详图常用 1∶10、1∶20、1∶50 的比例绘制。基础断面除钢筋混凝土材料外，其他材料宜画出材料图例符号。

③ 不同构造的基础应分别画出其详图，当基础构造相同，仅部分尺寸不同时，也可用一个详图表示，但需标出不同部分的尺寸。基础断面图的边线一般用粗实线画出，断面内应画出材料图例；若是钢筋混凝土基础，则只画出配筋情况，不画出材料图例。

如图 2-25 所示为某建筑条形基础的详图。

4. 基础图的识读步骤

识读基础图时，首先看基础平面图，再看基础详图。

（1）识读基础平面图的步骤

① 轴线网。对照建筑平面图查阅轴线网，两者必须一致。

② 基础墙的厚度、柱的截面尺寸。它们与轴线的位置关系。

③ 基础底面尺寸。对于条形基础，基础底面尺寸就是指基础底面宽度；对于独立基础，基础底面尺寸就是指基础底面的长和宽。

④ 管沟的宽度及分布位置。

⑤ 墙体留洞位置。

⑥ 断面剖切符号。阅读剖切符号，明确基础详图的剖切位置及编号。

（2）识读基础详图步骤

① 看图名、比例。从基础的图名或代号和轴线编号，对照基础平面图，依次查阅，确定基础所在位置。

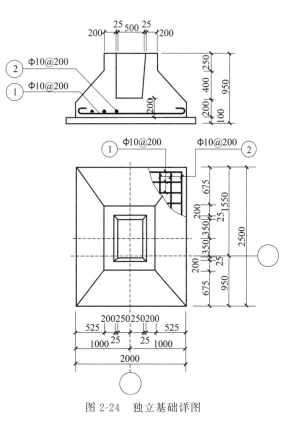

图 2-24 独立基础详图

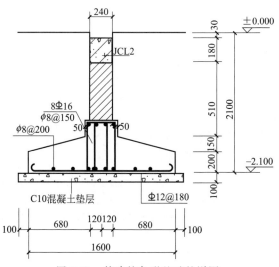

图 2-25　某建筑条形基础的详图

② 看基础的断面形式、大小、材料以及配筋。

③ 看基础断面图中基础梁的高、宽尺寸或标高以及配筋。

④ 看基础断面图的各部分详细尺寸。注意大放脚的做法、垫层厚度，圈梁的位置和尺寸、配筋情况等。

⑤ 看管线穿越洞口的详细做法。

⑥ 看防潮层位置及做法。了解防潮层与正负零之间的距离及所用材料。

⑦ 阅读标高尺寸。通过室内外地面标高及基础底面标高，可以计算出基础的高度和埋置深度。

三、结构平面图快速识读

1. 结构平面图的形成与作用

（1）结构平面图的形成

结构平面图是指设想一个水平剖切面，使它沿着每层楼板结构面将建筑物切成上下两部分，移开上部分后往下看，所得到的水平投影图形。结构平面图反映所有梁所形成的梁网、相关的墙、柱和板等构件的相对位置，以及板的类型、梁的位置和代号，钢筋混凝土现浇板的配筋方式和钢筋编号、数量、标注定位轴线及开间、进深、洞口尺寸和其他主要尺寸等。

 知识拓展

结构平面图

结构平面图的识读要点：①建筑平面图主要表示建筑各部分功能布置情况、位置尺寸关系等情况，而结构平面图主要表示组成建筑内部的各个构件的结构尺寸、配筋情况、连接方式等；②统计梁的编号，应标注齐全、准确，梁的截面尺寸、宽度，标明与轴线的关系，居中或偏心与柱齐一般不标注，只是做统一说明；③注意特殊的板的厚度尺寸，当大部分板厚度相同时，一般只标出特殊的板厚，其余的用文字说明；④在结构平面图中，一定要弄清楚所有预留洞、预埋件的标注数据。在后期施工过程中不同工种的施工预留、预埋配合，往往在附注中或总说明中会有说明。

（2）结构平面图的作用

结构平面图为施工中安装梁、板、柱等各种构件提供依据，同时为现浇构件立模板、绑扎钢筋、浇筑混凝土提供依据。

（3）结构平面图的表示方法

结构平面图的表示方法见表 2-10。

表 2-10　结构平面图的表示方法

构件类型	表示方法
定位轴线	结构平面图应注出与建筑平面图相一致的定位轴线编号和轴线尺寸
图线	楼层、屋顶结构平面图中一般用中实线剖切到或可见的构件轮廓线，图中虚线表示不可见构件的轮廓线（如被遮盖的墙体、柱子等），门窗洞口一般可不画
梁、屋架、支撑、过梁	一般用粗点划线表示其中心位置，并注写代号，如梁为 L1、L2、L3；过梁为 GL1、GL2 等；屋架为 WJ1、WJ2 等；支撑为 ZC1、ZC2 等
柱	被剖到的柱均涂黑，并标注代号，如 Z1、Z2、Z3 等
圈梁	当圈梁（QL）在楼层结构平面图中没法表达清楚时，可单独画出其圈梁布置平面图。圈梁用粗实线表示，并在适当位置画出断面的剖切符号。圈梁平面图可采用小比例，如 1：200，图中要求注出定位轴线的距离和尺寸

2. 结构平面图的基本内容

结构平面图一般包括结构平面布置图、局部剖面详图、构件统计表、构件钢筋配筋标注和设计说明等。

（1）楼层结构平面图

在楼层结构平面图中主要表示的内容有以下几点。

① 图名和比例。比例一般采用 1：100，也可以用 1：200。

② 轴线及其编号和轴线间尺寸。

③ 预制板的布置情况和板宽、板缝尺寸。

④ 现浇板的配筋情况。

⑤ 墙体、门窗洞口的位置，预留洞口的位置和尺寸。门窗洞口宽用虚线表示，在门窗洞口处，注明预制钢筋混凝土过梁的数量和代号如 1GL10.3，或现浇过梁的编号如 GL1、GL2 等。

⑥ 各节点详图的剖切位置。

⑦ 圈梁的平面布置。一般用粗点划线画出圈梁的平面位置，并用 QL1 等这样的编号标注，圈梁断面尺寸和配筋情况通常配以断面详图表示。

（2）平屋顶结构平面图

与楼层结构平面图表示方法基本相同，不过有以下几个在识读时应注意的事项。

① 一般屋面板应有上人孔或设有出屋面的楼梯间和水箱间。

② 屋面上的檐口设计为挑檐时，应有挑檐板。

③ 若屋面设有上人楼梯间时，原来的楼梯间位置应设计有屋面板，而不再是楼梯的梯段板。

④ 有烟道、通风管道等出屋面的构造时，应有预留孔洞。

⑤ 若采用结构找坡的平屋面，则平屋面上应有不同的标高，并且以分水线为最高处，天沟或檐沟内侧的轴线上为最低处。

（3）局部剖面详图

在结构平面图中，鉴于比例的关系，往往无法把所有结构内容全部表达清楚，尤其是局部较复杂或重点的部分更是如此。因此，必须采用较大比例的图形加以表述，这就是所谓的局部剖面详图。它主要用来表示砌体结构平面图中梁、板、墙、柱和圈梁等构件之间的关系及构造情况，例如板搁置于墙上或梁上的位置、尺寸，施工的方法等。

（4）构件统计表与设计说明

为了方便识读，在结构平面图中设置有构件表，在该表中列出所有构件的序号、构造尺寸、数量以及构件所采用的通用图集的编号、名称等。

在结构设计中，更难以用图形表达，或根本不能用图形表达者，往往采用文字说明的方式表达；在结构局部详图设计说明中对施工方法和材料等提出具体要求。

3. 结构平面图的识读步骤

现以现浇板为例介绍结构平面图的识读步骤。

① 查看图名、比例。

② 校核轴线编号及间距尺寸，与建筑平面图的定位轴线必须一致。

③ 阅读结构设计总说明或有关说明，确定现浇板的混凝土强度等级。

④ 明确现浇板的厚度和标高。

⑤ 明确板的配筋情况，并参阅说明，了解未标注分布筋的情况。

第三章

水准测量

第一节 水准仪和塔尺

一、 DS₃型微倾式水准仪的构造

DS₃型微倾式水准仪（图 3-1）主要由望远镜、水准器和基座三个基本部分组成。

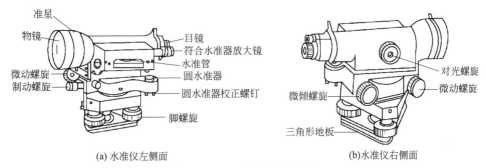

(a) 水准仪左侧面　　　　　　　　　　　(b)水准仪右侧面

图 3-1 DS₃型微倾式水准仪

1. 望远镜

水准仪的望远镜是用来瞄准水准尺并读数的，它主要由物镜、目镜、对光螺旋和十字丝分划板组成。如图 3-2 所示为 DS₃型微倾式水准仪内对光式倒像望远镜构造略图。

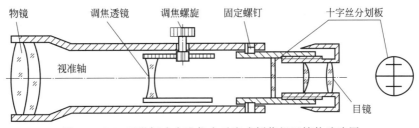

图 3-2 DS₃型微倾式水准仪内对光式倒像望远镜构造略图

🔧 知识拓展

水准仪

水准仪按其精度分为 DS₀.₅、DS₁、DS₃ 等几个等级。代号中的"D"和"S"是"大地"

和"水准仪"的汉语拼音的第一个字母，其下标数值意义为：仪器本身每千米往返测高差中数能达到的精度，以"mm"计。

物镜的作用是使远处的目标在望远镜的焦距内形成一个倒立的缩小的实像（图 3-3）。

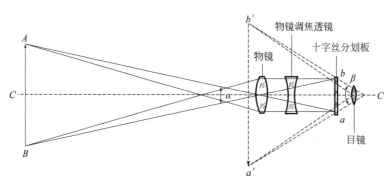

图 3-3　望远镜成像原理

当目标处在不同距离时，可调节对光螺旋，带动凹透镜使成像始终落在十字丝分划板上，这时，十字丝和物象同时被目镜放大为虚像，以便观测者利用十字丝来标准目标。当十字丝的交点瞄准到目标上某一点时，该目标点即在十字丝交点与物镜光心的连线上，这条线称为视线。十字丝分划板用刻有十字丝的平面玻璃制成，装在十字丝环上，再用固定螺钉固定在望远镜筒内。

2. 水准器

DS_3 型微倾式水准仪水准器分为圆水准器和水准管两种，它们都是整平仪器用的。

（1）水准管

水准管由玻璃管制成，其上部内壁的纵向按一定半径磨成圆弧。如图 3-4 所示，管内注满乙醇和乙醚的混合液，经过加热、封闭、冷却后，管内形成一个气泡。水准管内表面的中点 O 称为零点，通过零点作圆弧的纵向切线 LL 称为水准管轴。当气泡中点位于零点时，称为气泡居中，此时水准管轴水平。自零点向两侧每隔 2mm 刻一个分划，每 2mm 弧长所对的圆心角称为水准管分划值。

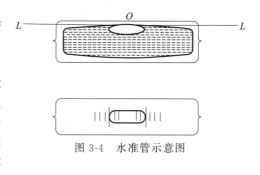

图 3-4　水准管示意图

📚 **知识拓展**

分划值

分划值的实际意义，可以理解为当气泡移动 2mm 时，水准管轴所倾斜的角度。分划值越小则水准管灵敏度越高，用它来整平仪器就越精确。DS_3 型微倾式水准仪的水准分划值为 $20''/2mm$。

为了提高目估水准管气泡居中的精度，在水准管上方都装有复合棱镜组，这样可使水准管气泡两端的半个气泡影像借助棱镜的反射作用转到望远镜旁的水准管气泡观察窗内。当两端的半个气泡影像错开时，标示气泡没有居中，这时旋转微倾螺旋可使气泡居中，气泡居中后则两端的半个气泡影像将对齐，这种水准管上不需要刻分划线。这种具有棱镜装置的水准管又称为符合水准管，它能提高气泡居中的精度。

（2）圆水准器

圆水准器由玻璃制成，呈圆柱状（图3-5）。里面同样装有乙醇和乙醚的混合液，其上部的内表面为一个半径为 R 的圆球面，中央刻有一个小圆圈，它的圆心 O 是圆水准器的零点，通过零点和球心的连线（O 点的法线）$L'L'$，称为圆水准器轴。当气泡居中时，圆水准器轴即处于铅垂位置。圆水准器的分划值一般为 $5'/2\sim10'/2mm$，灵敏度较低，只能用于粗略整平仪器，使水准仪的纵轴大致处于铅垂位置，以便用微倾螺旋使水准管的气泡精确居中。

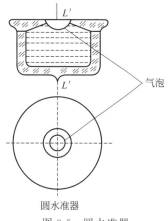

图 3-5　圆水准器

3. 基座

基座的作用是用于支撑仪器的上部，并通过连接螺旋将仪器与三脚架连接。基座有三个可以升降的脚螺旋，转动脚螺旋可以使圆水准器的气泡居中，将仪器粗略整平。各等级水准仪的基本结构大致相同，但对仪器的技术参数要求是不相同的。

二、水准尺和尺垫

水准尺由干燥的优质木材、玻璃钢或铝合金等材料制成。水准尺有双面和塔尺（图3-6）两种，塔尺一般用于等外水准测量，其长度有 2m 和 5m 两种，它可以伸缩，尺面分划为 1cm 或（和）0.5cm，每分米处注有数字，每米处也注有数字或以红黑点表示数，尺底为零。

双面水准尺多用于三、四等水准测量，其长度为 3m，为不能伸缩和折叠的板尺，且两根尺为一对，尺的两面均有刻划，尺的正面是黑色注记，反面为红色注记，故又称红、黑面尺。

三、 DS$_3$ 型微倾式水准仪的使用

水准仪在一个测站上使用的基本程序为架设仪器、粗略整平、瞄准水准尺、精确整平和读数。

1. 架设仪器

在架设仪器处，打开三脚架，通过目测，使架头大致水平且其高度适中，约在观测者的胸颈部，将仪器从箱中取出，用连接螺旋将水准仪固定在三脚架上。注意：若在较松软的泥土地面，为防止仪器因自重而下沉，还要把三脚架的两腿踩实。然后，根据圆水准器气泡的位置，上、下推拉，左、右微转三脚架的第三条腿，使圆水准器的气泡尽可能靠近圆圈中心的位置，在不改变架头高度的情况下，放稳脚架的第三条腿。

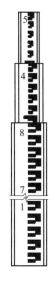

（a）塔尺伸缩示意图　　　（b）塔尺黑、红面示意图

图 3-6　塔尺示意图

2. 粗略整平

为使仪器的竖轴处于大致铅垂位置，转动轴座上的三个脚螺旋，使圆水准器的气泡居中（图 3-7）。整平方法：首先应使气泡居中，双手按相反方向同时转动两个脚螺旋 1、2，使气泡移动到与圆水准器零点的连线垂直于 1、2 两个脚螺旋的连线处，也就是气泡、圆水准器零点、脚螺旋 3 三点共线。再转动另一个脚螺旋 3，使气泡居中。

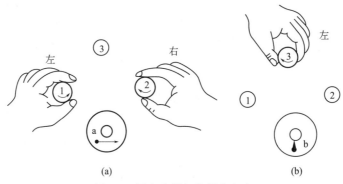

图 3-7　圆水准器气泡居中方法

注意：在转动脚螺旋时，气泡移动的方向始终与左手拇指（或右手食指）运动的方向一致。

3. 瞄准水准尺

仪器粗略整平后，即可用望远镜瞄准水准尺，基本操作步骤见表 3-1。

表 3-1　望远镜瞄准水准尺操作步骤

操作要点	注意内容
目镜对光	将望远镜对向较明亮处,转动目镜对光螺旋,使十字丝调至最清晰为止
初步照准	松动仪器的制动螺旋,利用望远镜的照门和准星,对准水准尺,然后旋拧紧制动螺旋
物镜对光	转动望远镜物镜对光螺旋,直至看清水准尺刻线,再转动水平微动螺旋,使十字丝、竖丝处于水准尺一侧,完成水准尺的照准
消除视差	当照准目标时,眼睛在目镜处上下移动,若发现十字丝和尺像有相对移动,这种现象称为视差。视差会影响读数的准确性,必须加以消除。其方法是仔细调节对光螺旋,直至尺像与十字丝分划板平面重合为止,即当眼睛在目镜处上下移动,十字丝和尺像没有相对移动为止

4. 精确整平和读数

转动微倾螺旋，使水准气泡精确居中。当水准气泡居中并稳定后，说明视准轴已成水平状态，此时，应迅速用十字丝中丝在水准尺上截取读数。由于水准仪望远镜有正像和倒像两种，在读数时，无论何种都应从小数往大数的方向读。即望远镜为正像应从下往上读，望远镜为倒像则应从上往下读。读数方法：应读米、分米、厘米，估读至毫米。在读数时，一般先估读米、分米、厘米、毫米，如图 3-8 所示的读数为 1.538m。读数后，还需要检查一下气泡是否移动了，若有偏离需用微倾螺旋调整气泡居中后再重新读数。

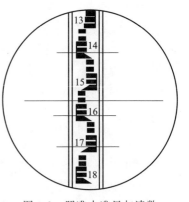

图 3-8　照准水准尺与读数

四、水准仪操作常见问题及防治措施

水准仪使用中常常会出现普通水准仪的圆水准器轴不平行于竖轴的现象（把水准仪安置在三脚架上，转动脚螺旋，使圆水准器的气泡居中。然后使仪器绕竖轴旋转 $180°$，此时水准仪圆水准器的气泡不再居中）。

1. 原因分析

由于外界因素的影响，使得水准仪的圆水准器轴（圆球面中点与球心的连线）与仪器竖轴不平行。

2. 防治措施

定期检查仪器，发现上述现象时，及时校正，其方法如下。

① 如气泡偏离圆水准器中心位置，先用脚螺旋使气泡退回一半，然后拨动圆水准器校正螺钉使气泡居中。反复检验校正直至满足条件。

② 还可以按照经纬仪上盘水准管垂直于竖轴的检校方法，将水准仪上长水准管校正好，在长水准管水平的条件下，拨动圆水准器校正螺钉，使圆气泡居中。

第二节　水准测量的基本原理

水准测量的原理是利用水准仪提供的水平视线，通过竖立在两点上的水准尺读数，采用一定的计算方法，测定两点的高差，从而由一点的已知高程，推算另一点的高程。它是高程测量中精度较高且最常用的一种方法。

🔖 知识拓展

水准测量

从水准原点出发，国家测绘部门分别用一、二、三、四等水准测量，在全国范围内测定一系列水准点的高程。根据这些水准点的高程，为地形测量而进行的水准测量，称为图根水准测量；为某一工程而进行的水准测量，称为工程水准测量。

如图 3-9 所示，已知地面上 A 点高程为 H_A，欲求 B 点高程 H_B，则需先测出 A、B 两点之间的高差 h_{AB}。将水准仪安置在 A、B 两点之间，利用水准仪建立一条水平视线，在测量时用该视线截取已知高程点 A 上所立水准尺的读数 a，称为后视读数；再截取未知高程点 B 上所立水准尺的读数 b，称为前视读数。观测从已知高程点 A 向未知高程点 B 进行，则称 A 点为后视点，B 点为前视点。

由图 3-9 可知 A、B 两点之间的高差 h_{AB} 为

$$h_{AB} = a - b \qquad (3-1)$$

即两点间的高差等于后视读数减前视读数。从图 3-9 中可以看出，当 $a > b$ 时，h_{AB} 为正；当 $a < b$，h_{AB} 为负。根据 A 点已知高程 H_A 和测出的高差 h_{AB}，则 B 点的高程为 H_B 为

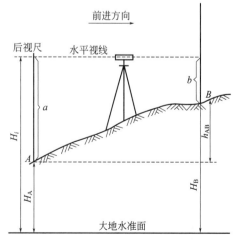

图 3-9　水准测量的原理

$$H_B = H_A + h_{AB} = H_A + (a - b) \qquad\qquad (a)$$

在图 3-9 中，也可通过仪器的视线高 H_i 求得 B 点的高程 H_B。

$$H_i = H_A + a$$
$$H_B = H_i - b \qquad\qquad (b)$$

式（a）是利用高差 h_{AB} 计算 B 点高程，称为高差法。

式（b）是通过仪器的视线高程 H_i 计算 B 点高程，称为仪高法。

第三节 水准仪的检验和校正

一、水准仪应满足的几何条件

水准仪有四条主要轴线（图 3-10）：水准管轴（LL）、望远镜的视准轴（CC）、圆水准器轴（$L'L'$）和仪器的竖轴（VV）。

1.水准仪应满足的主要条件

水准仪应满足两个主要条件：一是水准管轴应与望远镜的视准轴平行；二是望远镜的视准轴不因调焦而变动位置。第一个主要条件如不满足，那么水准管气泡居中后，水准管轴已经水平而视准轴却未水平，不符合水准测量的基本原理。第二个主要条件是为满足第一个条件而提出的。如果望远镜在调焦时视准轴位置发生变动，就不能设想在不同位置的许多条视线都能够与一条固定不变的水准管轴平行。望远镜调焦在水准测量中是不可避免的，因此必须提出此项要求。

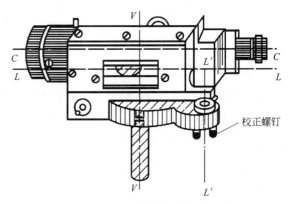

图 3-10 水准轴的主要轴线关系

2.水准仪应满足的次要条件

水准仪应满足两个次要条件：一是圆水准器轴应与水准仪的竖轴平行；二是十字丝的横丝应垂直于仪器的竖轴。第一个次要条件的满足在于能迅速地整置好仪器，提高作业速度，也就是当圆水准器的气泡居中时，仪器的竖轴已基本处于竖直状态，使仪器旋转至任何位置都易于使水准管的气泡居中。第二个次要条件的满足是当仪器竖轴已经竖直，在读取水准尺上的读数时就不必严格用十字丝的交点，用交点附近的横丝读数也可以。

二、水准仪的检验与校正

1.圆水准器的检验与校正

① 检验目的：使圆水准器轴平行于仪器竖轴。

② 检验原理：假设竖轴 VV 与圆水准器轴 $L'L'$ 不平行，那么当气泡居中时，圆水准器轴竖直，竖轴则偏离竖直位置 α 角，如图 3-11(a) 所示。将仪器旋转 $180°$，如图 3-11 (b) 所示，此时圆水准器轴从竖轴右侧移至左侧，与铅垂线的夹角为 2α。圆水准器气泡偏离中心位置，气泡偏离的弧长所对的圆心角等于 2α。

③ 检验方法：转动脚螺旋使圆水准器气泡居中，然后将仪器旋转 $180°$，若气泡居中，

说明此项条件满足；若气泡偏离中心位置，说明此条件不满足，需要校正。

④ 校正方法：用校正针拨动圆水准器下面的三个校正螺钉，使气泡退回偏离中心距离的一半，此时圆水准器与竖轴平行，如图3-11(c)所示；再旋转脚螺旋使气泡居中，此时竖轴处于数值位置，如图3-11(d)所示。此项工作须反复进行，直到仪器旋转至任何位置圆水准器气泡皆居中为止。

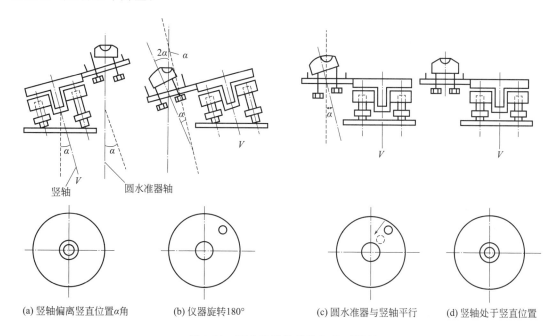

(a) 竖轴偏离竖直位置α角　　(b) 仪器旋转180°　　(c) 圆水准器与竖轴平行　　(d) 竖轴处于竖直位置

图3-11　圆水准器的检验与校正原理

** 知识拓展**

水准仪的检验与校正

水准仪在出厂时经过检验已满足上述条件，但由于运输中的震动和长期使用，各轴线的关系有可能发生变化，因此在作业之前，必须对仪器进行检验校正。

2. 十字丝横丝的检验校正

① 检验目的：使十字丝横丝垂直于仪器竖轴。

② 检验原理：如果十字丝横丝不垂直于仪器竖轴，当竖轴处于竖直位置时，十字丝横丝是不水平的，横丝的不同部位水准尺的读数不相同。

③ 检验方法：仪器整平后，从望远镜视场内选择一个清晰目标点，用十字丝交点照准目标点，拧紧制动螺旋。

④ 校正方法：松开目镜座上的三个十字丝环固定螺栓，松开四个十字丝环压螺钉。转动十字丝环，使横丝与目标点重合，再进行检验，直至目标点始终在横丝上相对移动为止，最后拧紧固定螺钉，盖好护罩。

** 知识拓展**

转动水平微动螺旋，若目标点始终沿横丝做相对移动，说明十字丝横丝垂直于竖轴；如果目标偏离开横丝，则表明十字丝横丝不垂直竖轴，需要校正。

3. 水准管轴的检验与校正

① 检验目的：使水准管轴平行于视准轴。

② 检验原理：若水准管轴与视准轴不平行，会出现一个夹角 i，由于 i 角的影响产生的读数误差称为 i 角误差，此项检验也称 i 角检验。在地面上选定两点 A、B，将仪器安置在 A、B 两点中间，测出正确高差 h，然后将仪器移至 A 点（或 B 点）附近，再测高差 h'，若 $h=h'$，则水准管轴平行于视准轴，即 i 角为零，若 $h \neq h'$，则两轴不平行。

③ 检验方法：在一个平坦地面上选择 $60 \sim 80m$ 的两点 A、B，分别在 A、B 两点打入木桩，在木桩上竖立水准尺，使水准仪位于 A、B 两点的中间，使前、后视距相等，如图 3-12 所示。精确整平后，依次照准 A、B 两点上的水准尺并读数，设读数分别为 a 和 b，因前、后视距距离相等，所以 i 角对前、后视读数的影响等均为 x，A、B 两点的高差为 $h_1 = (a_1 - x) - (b_1 - x) = a_1 - b_1$。

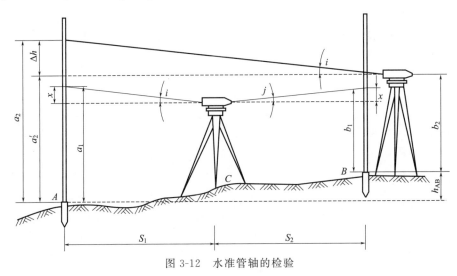

图 3-12 水准管轴的检验

④ 校正方法：转动微倾螺旋，使十字丝的横丝切于 A 尺的正确读数 a'_2 处，此时视准轴水平，但水准管气泡偏离中心。用校正针先松开水准管的左右校正螺钉，然后拨动上下校正螺钉，一松一紧，升降水准管的一端，使气泡居中。此项检验需反复进行，符合要求后，将校正螺钉旋紧。

当 i 角误差不大时，也可用升降十字丝进行校正。

 知识拓展

水准管轴校正方法

水准仪照准 A 尺不动，旋下十字丝护罩，松动左右两个十字丝环校正螺钉，用校正针拨动上下两个十字丝环校正螺钉，一紧一松，直至十字丝横丝照准正确读数 a'_2 为止。

三、水准仪操作的常见问题及防治措施

水准仪使用过程中常常会出现水准仪十字丝横丝不垂直于竖轴的现象（将水准仪在地上安置好，以横丝的一端瞄准远处一个清晰的固定点，然后转动水平方向的微动螺钉，该点未

能始终在横丝上移动）。

1. 原因分析

由于仪器保养欠妥或使用不当，造成十字丝横丝不垂直于仪器竖轴。

2. 防治措施

定期对仪器保养检查，发现仪器十字丝横丝与仪器竖轴不垂直时，松动十字丝环上相邻两个校正螺钉，转动十字丝环进行校正，直至满足要求为止。

第四节　建筑工程水准测量操作

一、测量操作基础内容

在水准测量中，每架设一次仪器，称为一个测站。在一个测站上的工作是：安置仪器、后视读数、前视读数、记录计算和校核。

水准测量高差法记录手簿见表 3-2，起点为 BM_A，终点为 BM_B，中间的转点用 TP 标示，起点的已知高程为 43.274m，终点的已知高程为 43.466m。因为在计算高程时有高差法和视线高法，所以在记录表格中也有两种记录方法，记录表格也有两种。表 3-2 为高差法。

表 3-2　水准测量高差法记录手簿

工程：　　　　　　　　　天气：　　　　　　　　　成像：

日期：　　　　　　　　　观测：　　　　　　　　　记录：

点号	后视读数/m	前视读数/m	高差/m		高程/m	备注
			+	−		
BM_A	1.656				43.274	（已知）
			0.178		43.452	
TP_1	1.369	1.478		0.175	43.277	
TP_2	1.715	1.544		0.110	43.167	
TP_3	2.013	1.825	0.302		43.469	（测值）
BM_B		1.711	0.480	0.285		
Σ	6.753	6.558				
计算校核	$\sum a = \sum b = 6.753 - 6.558 = 0.195(m)$ $\sum h = 0.480 - 0.285 = 0.195(m)$ $H(终点测值) - H(起点已知值) = 43.469 - 43.274 = 0.195(m)$					
成果校核	实测闭合差 $f_h = H(终点测值) - H(起点已知值) = 43.469 - 43.466 = 0.003(m) = 3mm$					

在表 3-2 中，第一测站后视 BM_A 读数是 1.656m，记录在 BM_A 一行的后视读数栏内；前视 TP_1 的读数是 1.478m，记录在 TP_1 一行的前视读数栏内。后视读数减前视读数是这一站的高差：$1.656 - 1.478 = +0.178(m)$，记录在 BM_A 和 TP_1 两行之间的高差栏内，转点 TP_1 的高程是 BM_A 的高程加上这一站测得的高差：$43.274 + 0.178 = 43.452(m)$。

水准测量视线高法记录手簿见表 3-3，第一测站后视 BM_A 读数是 1.656m，记录在 BM_A 一行的后视读数栏内，这时用后视点的已知高程加后视读数就得到该站的视线高：$H_1 = 43.274 + 1.656 = 44.930(m)$。

表 3-3 水准测量视线高法记录手簿

工程： 天气： 成像：

日期： 观测： 记录：

点号	后视读数/m	仪器高/m	前视读数/m		高程/m	备注
			转点	中间点		
BM$_A$	1.656	44.930			43.274	
					43.452	
TP$_1$	1.369	44.821	1.478		43.277	
TP$_2$	1.715	44.992	1.544		43.167	
TP$_3$	2.013	45.108	1.825		43.469	
BM$_B$			1.711			
Σ	6.753		6.558			
计算校核	$\sum a = \sum b = 6.753 - 6.558 = 0.195(m)$ $\sum h = 0.480 - 0.285 = 0.195(m)$ $H(终点测值) - H(起点已知值) = 43.469 - 43.274 = 0.195(m)$					
成果校核	实测闭合差 $f_h = H(终点测值) - H(起点已知值) = 43.469 - 43.466 = 0.003(m) = 3mm$ 允许闭合差$= \pm 10mm > 3mm$（合格）					

观测完后要进行计算校核和路线校核。计算校核是利用公式将每个测站的后视总和减去每个测站的前视总和应该等于每站的高差总和，还应等于最后终点的观测高程减去起始点的已知高程。计算校核正确，只能说明按照表中的数字计算没有错误，而不能说明观测、记录及已知的起始数据是否正确，要证明这些都正确还需要进行路线校核。

水准测量手簿应当是边观测、边计算，如果发现问题应及时采取措施加以解决。

 知识拓展

路线校核

路线校核是先求得观测闭合差，观测闭合差是观测的数值减去已知或应有的数值。闭合差用小写字母 f 表示。将闭合差与允许闭合差进行比较，只有当观测闭合差的绝对值等于或小于允许闭合差的绝对值才算合格。

二、水准仪测量操作常见问题及防治措施

水准仪测量操作常常会出现水准仪视准轴与水准管轴不平行的现象，应在安平仪器后，在距仪器约 50m 处竖立一个水准尺。将仪器整平，使水准管气泡严格居中，用横丝的中心部位在标尺上读数。然后将两个脚螺旋相对旋转 1～2 整周，使水准仪向一侧倾斜，此时横丝所对尺上读数必已变动，旋转微倾螺旋，使十字丝交点处读数保持不变，查看气泡是否偏离中心，如有偏离，记住气泡偏离中心的方向，看是偏向目镜端还是偏向物镜端。使脚螺旋恢复原来位置，并旋转微倾螺旋使气泡居中，此时横丝所对尺上读数仍为原来数值。然后再以和前次相反的方向旋转脚螺旋 1～2 整周，使水准仪向另一侧倾斜，同时旋转微倾螺旋保持十字丝交点处读数不变，再查看气泡有无偏离中心现象，或偏向哪一端。若气泡一次偏于目镜端，而另一次偏于物镜端，即存在交叉误差。

1. 原因分析

水准仪视准轴与水准管轴不平行而产生交叉误差。

2. 防治措施

用水准管上左右两校正螺旋一松一紧使气泡居中。检验与校正工作要重复进行，直至满足条件。在进行三、四等水准测量前，都应先进行该项检验校正，一般情况下应定期检查校正。

第五节 水准测量的方法

一、水准点和水准路线

1. 水准点

用水准测量方法测定高程的控制点称为水准点，一般用 BM 表示。国家等级的水准点应按要求埋设永久性固定标志，不需永久保存的水准点，可在地面上打入木桩，或在坚硬岩石、建筑物上设置固定标志，并用红色油漆标注记号和编号。地面水准点应按一定规格埋设，在标石顶部设置由不易腐蚀的材料制成的半球状标志，如图 3-13（a）所示；墙角水准点应按规格要求设置在永久性建筑物上，如图 3-13（b）所示。

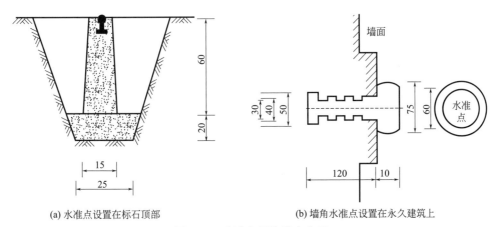

(a) 水准点设置在标石顶部　　　　　(b) 墙角水准点设置在永久建筑上

图 3-13　水准点标注及点之记

📚 **知识拓展**

水准测量

我国国家水准测量按精度要求不同分为一、二、三、四等，不属于国家规定等级的水准测量一般称为普通（或称等外）水准测量。普通水准测量的精度比国家等级水准测量低，水准路线的布设及水准点的密度可根据实际要求有较大的灵活性，等级水准测量和普通水准测量的作业原理相同。

2. 水准路线

水准路线是水准测量施测时所经过的路线。水准路线应尽量沿公路、大道等平坦地面布设，以保证测量精度。水准路线上两相邻水准点之间称为一个测段。

水准路线的布设形式分单一水准路线和水准网，单一水准路线有以下三种布设形式。

（1）附合水准路线

从一个已知高级水准点出发，沿路线上各待测高程的点进行水准测量，最后附合到另一个已知高级水准点上,这种水准路线称为附合水准路线,如图3-14(a)所示。

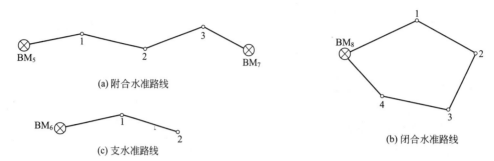

图 3-14　单一水准线路的三种布设形式

（2）闭合水准路线

从一个已知高级水准点出发,沿环线上各待测高程的点进行水准测量,最后仍返回到原已知高级水准点上,称为闭合水准路线,如图3-14（b）所示。

（3）支水准路线

从一个已知高级水准点出发,沿路线上各待测高程的点进行水准测量,既不附合到另一个高级水准点上,也不自行闭合,称为支水准路线,如图3-14(c)所示。

附合水准路线和闭合水准路线因为有检核条件,一般采用单程观测;支水准路线没有检核条件,必须进行往返观测或单程双线观测（简称单程双测）,来检核观测数据的正确性。

二、水准测量的方法、记录计算

1. 普通水准测量的观测程序

① 在有已知高程的水准点上立水准尺,作为后视尺。

② 在路线的前进方向上的适当位置放置尺垫,在尺垫上竖立水准尺作为前视尺。仪器到两水准尺间的距离应基本相等,最大视距不大于150m。

③ 安置仪器,使圆水准器气泡居中。照准后视标尺,消除视差,用微倾螺旋调节水准管气泡并使其精确居中,用中丝读取后视读数,并计入手簿。

④ 照准前视标尺,使水准管气泡居中,用中丝读取前视读数,并记入手簿。

⑤ 将仪器迁至第二站,此时,第一站的前视尺不动,变成第二站的后视尺,第一站的后视尺移至前面适当位置成为第二站的前视尺,按与第一站相同的观测程序进行第二站测量。

⑥ 如此连续观测、记录,直至终点。

2. 注意事项

① 在已知高程点和待测高程点上立尺时,应直接放在标石中心（或木桩）上。

② 仪器到前、后水准尺的距离要大致相等,可用视距或脚步量测确定。

③ 水准尺要扶直,不能前后左右倾斜。

④ 尺垫仅用于转点,仪器迁站前,不能移动后视点的尺垫。

⑤ 不得涂改原始读数的记录,读错或记错的数据应划去,再将正确数据写在上方,并在相应的备注栏内注明原因,记录簿要干净、整齐。

三、水准测量成果计算

内业计算前,必须对外业手簿进行检查,检查无误方可进行成果计算。

1. 高差闭合差及其允许值的计算

（1）附合水准路线

附合水准路线是由一个已知高程的水准点测量到另一个已知高程的水准点，各段测得的高差总和 $\sum h_{测}$ 应等于两水准点的高程之差 $\sum h_{理}$。但由于测量误差的影响，使得实测高差总和与其理论值之间有一个差值，这个差值称为附合水准路线的高差闭合差。

$$f_h = \sum h_{测} - \sum h_{理} = \sum h_{测} - (H_{终} - H_{始})$$

式中　f_h——高差闭合差，m；

　　　$\sum h_{测}$——实测高差总和，m；

　　　$H_{终}$——路线终点已知高程，m；

　　　$H_{始}$——路线起点已知高程，m。

（2）闭合水准路线

由于路线起闭于同一水准点，因此高差总和的理论值应等于零，但因测量误差的存在使得实测高差的总和往往不等于零，其值称为闭合水准路线的高差闭合差。

$$f_h = \sum h_{测}$$

（3）支水准路线

通过往返观测，得到往返高差的总和 $\sum h_{往}$ 和 $\sum h_{返}$，理论上应大小相等，符号相反，但由于测量误差的影响，两者之间产生一个差值，这个差值称为支水准路线的高差闭合差。

$$f_h = \sum h_{往} + \sum h_{返}$$

2. 高差闭合差的调整和高程计算

（1）高差闭合差的调整

当高差闭合在允许值范围之内时，可进行闭合差调整，附合或闭合水准路线高差闭合差的分配原则是将闭合差按距离或测站数成正比例反号改正到各测段的观测高差上。高差改正按下式计算。

$$V_i = -\frac{f_h}{\sum L \times L_i}$$

或

$$V_i = \frac{f_h}{\sum n \times n_i}$$

式中　V_i——测段高差的改正数，m；

　　　f_h——高差闭合差，m；

　　　$\sum L$——水准路线总长度，m；

　　　L_i——测段长度，m；

　　　$\sum n$——水准线路测站数总和；

　　　n_i——测段测站数。

高差改正数的总和应与高差闭合差大小相等，符号相反，即

$$\sum V_i = -f_h$$

用上式检核计算的正确性。

（2）计算改正后的高差

将各段高差观测值加上相应的高差改正数，求出各段改正后的高差，即

$$h_i = h_{i测} + V_i$$

对于支水准线路，当闭合差符合要求时，可按下式计算各段平均高差。

$$h = h_{往} - \frac{h_{返}}{2}$$

式中　　h ——平均高度，m；

　　　　$h_往$ ——往测高差，m；

　　　　$h_返$ ——返测高差，m。

（3）计算各点高程

根据改正后的高差，由起点高程沿路线前进方向逐一推算其他各点的高程。最后一个已知点的推算高程应等于该点的已知高程，由此检验计算是否正确。

四、水准测量常见问题及防治措施

水准测量过程中常常会出现精密水准仪圆水泡轴线不垂直的现象（仪器安平后拨转另一方向，仪器气泡发生偏离）。

1. 原因分析

精密水准仪圆水泡轴线不垂直，难以安平。

2. 防治措施

① 仪器应定期检查和检验，使用前要熟悉仪器，使用中严格按照操作程序进行，使用后注意对仪器的保养。

② 用长水准管使纵轴确切垂直，然后进行校正使气泡居中。其步骤如下：使仪器粗略安平，再用微倾螺旋使长水准气泡居中，得到微倾螺旋的一个读数，拨转仪器180°，若气泡有偏差，仍用微倾螺旋安平，又得到一个读数，旋转微倾螺旋至两读数的一个平均数，此时长水准轴线已与纵轴垂直。接着再用水平螺旋安平，长水准管水泡居中，则纵轴即垂直。转动望远镜至任何位置，气泡像符合差不大于1mm，纵轴即已垂直，校正后使气泡恰在黑圈内。仪器下面有三个校正螺旋，校正时不可旋得过紧，以免损坏水准盒。

第六节　水准测量数据成果校核与处理

一、附合水准路线的成果校核

1. 计算高差闭合差

从理论上讲，在整个水准线路上观测所得到的各段高差的总和应该等于这个路线的已知高差（起终点间的高差）。但由于测量误差的影响，往往两者并不相等，其差值称为高差闭合差，以 f_h 表示。

$$f_h = H_{终计} - H_{终知} = H_{起知} + \sum H_测 - H_{终知}$$
$$= \sum h_测 - (H_{终知} - H_{起知}) = \sum h_测 - \sum h_知$$

式中　　$H_{终计}$ ——终点的计算高程；

　　　　$H_{起知}$ ——起点的已知高程；

　　　　$H_{终知}$ ——终点的已知高程；

　　　　$\sum h_测$ ——观测高差总和；

　　　　$\sum h_知$ ——已知高差。

2. 计算允许闭合差、进行精度评定

在一般建筑工程水准测量中，采用《工程测量规范》（GB 50026—2020）规定的四等水准允许闭合差的公式进行计算，即

$$f_{h允} = \pm 20 \text{mm} \sqrt{L}$$

式中　$f_{h允}$——允许闭合差（水准线路观测高差闭合差的允许值）；

　　　L——水准路线总长，km。

每千米内测站数超过 15 站时，使用以下公式。

$$f_{h允}=\pm 6\text{mm}\sqrt{n}$$

式中　n——水准路线观测的测站总数。

若高差闭合差小于或等于允许闭合差，即 $|f_h|\leqslant|f_{h允}|$，则称观测精度合格；若高差闭合差大于允许闭合差，即 $|f_h|>|f_{h允}|$，则称观测精度不合格。当精度不合格时，观测数据不能采用，需要重新观测。

3. 分配高差闭合差、计算调整后的高程

如果观测精度合格，要将高差闭合差反号并按照与测站数或线路长度成正比地分配到高差中，计算调整后的高程。高差闭合差调整值的计算公式为

$$V_i=-\frac{f_h}{\sum n\times n_i}$$

或

$$V_i=-\frac{f_h}{\sum L\times L_i}$$

式中　V_i——第 i 站（或第 i 段）的高差调整值（又称高差改正数）；

　　　f_h——高差闭合差；

　n_i,L_i——第 i 站（或第 i 段）的测站数、线路长度；

$\sum n,\sum L$——水准路线的总测站数、总长度。

二、闭合水准路线的成果校核

闭合水准路线的成果校核方法与附合水准路线的成果校核方法基本一致，它的起点和终点相同，即高程相等。可以设想，如果在附合水准路线中，起点、终点高程恰好相等，只是点的名称不同，这时已经知道如何进行它的成果校核。现在仅仅是将终点的名称换成与起点相同，所以它的成果校核方法可以完全按照附合水准路线的成果校核方法来进行。

 知识拓展

高差闭合差的简化计算

高差闭合差的计算可以简化。$f_h=H_{终计}-H_{终知}=H_{起知}+\sum h_{测}-H_{终知}=\sum h_{测}-(H_{终计}-H_{终知})=\sum h_{测}$，即各段观测高差的总和就是高差闭合差。

三、支水准路线的成果校核

支水准路线采用往测和返测的观测方法形成多余观测，构成了检核条件。它的成果校核步骤如下。

（1）计算高差闭合差 f_h

$$f_h=\sum h_{往}+\sum h_{返}$$

（2）计算允许闭合差、评定观测精度

允许闭合差的计算与闭合水准路线和附合水准路线的计算方法相同，唯一的区别是测站数和线路长度均按单程计算，而非全部。

（3）计算往返测的平均高差、求出欲求点的高程

$$h_{均}=-\frac{\sum h_{往}-\sum h_{返}}{2}$$

$$H_{欲} = H_{知} + h_{均}$$

四、水准测量的常见问题及防治措施

水准测量过程中常常会出现精密水准仪微倾螺旋上刻度指标偏差的现象（在校正圆水泡轴线垂直的工作中，进行仪器长水准轴线与纵轴垂直的操作步骤时，可得到微倾螺旋两数的平均数，当微倾螺旋对准此数时，长水准轴线应与纵轴垂直，此数若不对零线，则有指标差）。

1. 原因分析

由于使用不慎或操作不当使仪器出现微倾螺旋上刻度指标差。

2. 防治措施

将微倾螺旋外面周围三个小螺旋各松开半转，轻轻旋动螺旋头至指向零线为止，然后重新旋紧小螺旋。在进行此项工作时，长水准必须始终保持居中，即气泡像保持符合状态。

第七节 水准测量误差产生的主要原因及对策

一、水准测量误差的来源与影响因素

1. 仪器和工具的误差

（1）水准仪的误差

仪器经过检验校准后，还会存在残余误差，如微小的 i 角误差。当水准管气泡居中时，由于 i 角误差使视准轴不处于准确水平的位置，会造成在水准尺上的读数误差。在一个测站的水准测量中，如果使前视距与后视距相等，则 i 角误差对高差测量的影响可以消除。严格地检校仪器和按水准测量技术要求限制视距差的长度，是降低本项误差的主要措施。

（2）水准尺的误差

水准尺的分划不精确、尺底磨损、尺身弯曲都会给读数造成误差，因此必须使用符合技术要求的水准尺。

2. 整平误差

水准测量是利用水平视线测定高差的，当仪器没有精确整平，则倾斜的视线将使标尺读数产生误差。

$$\Delta = \frac{i}{PD}$$

3. 仪器和标尺升沉误差

① 仪器下沉（或上升）所引起的误差：仪器下沉（或上升）的速度与时间成正比，如图 3-15(a) 所示，从读取后视读数 a 到读取前视读数 b 时，仪器下沉了 Δ，则有 $h_1 = a_1 - (b_1 + \Delta)$。

② 标尺下沉（或上升）引起的误差与往测与返测时标尺下沉（或上升）量是相同的 [图 3-15(b)]，由于误差符号相同，而往测与返测高差符号相反，因此取往测和返测高差的平均值可消除其影响。

4. 读数误差的影响

① 当尺像与十字丝分划板平面不重合时：眼睛靠近目镜上下移动，发现十字丝和目镜像有相对运动，称为视差；视差可通过重新调节目镜和物镜调焦螺旋加以消除。

② 估读误差与望远镜的方法和视距长度有关，故各线水准测量所用仪器的望远镜和最大

视距都有相应规定，普通水准测量中，要求望远镜放大率在 20 倍以上，视线长不超过 150m。

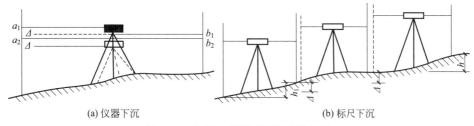

(a) 仪器下沉 　　　　　　　　　　　　(b) 标尺下沉

图 3-15　仪器和标尺下沉误差的影响

5. 大气折射的影响

因为大气层密度不同，对光线会产生折射，使视线产生弯曲，从而使水准测量产生误差。视线离地面越近，视线越长，大气折射的影响越大。为削减大气折射的影响，只能采取缩短视线，并使视线离地面有一定的高度及前视、后视的距离相等的方法。

6. 偶然误差

在相同的观测条件下，做一系列的观测，如果观测误差在大小和符号上都表现出随机性，即大小不等，符号不同，但统计分析的结果都具有一定的统计规律性，这种误差称为偶然误差。

 知识拓展

————————————————————————————————————

偶然误差

偶然误差是由于人的感觉器官和仪器的性能受到一定的限制，以及观测时受到外界条件的影响等原因造成的。如仪器本身构造不完善而引起的误差、观测者的估读误差、照准目标时的照准误差等，不断变化着的外界环境，温度、湿度的忽高忽低，风力的忽大忽小等，会使观测数据有时大于被观测量的真值，有时小于被观测量的真值。

由于偶然误差表现出来的随机性，所以偶然误差也称随机误差。单个偶然误差的出现不能体现出规律性，但在相同条件下重复观测某一量，出现的大量偶然误差都具有一定的规律性。

偶然误差是不可避免的。为了提高观测成果的质量，常用的方法是采用多余观测结果的算术平均值作为最后观测结果。

二、误差的解决方法及对策

误差的解决方法及对策见表 3-4。

表 3-4　误差的解决方法及对策

误差种类	解决方法及措施
水准管不平行于视准轴的误差	这项误差在普通水准测量时影响较小，一般不予考虑，但在精密水准测量时必须要注意，消除这项误差的办法是在观测时三脚架中的一个固定的支架要按奇、偶数分别安置在路线的左右两侧
仪器下沉	在土质松软的地方安置仪器时一定要将三脚架踩实，防止仪器下沉，经常在奇数站用"后-前-前-后"，在偶数站用"前-后-后-前"的顺序进行观测，可减少仪器下沉的误差
扶尺不垂直	扶尺时如果倾斜，读数总是偏大，所以扶尺一定要垂直。有些尺子上有圆水准器，在使用前要对其进行校验，扶尺时，圆水准器中的气泡要居中
温度引起的误差	地面在阳光照射下，温度高，空气波动大，所以在观测时中丝要离开地面 0.3m 以上。

第八节　普通水准仪检修的工具、材料和常见故障处理

一、测量仪器检修的设备、工具和材料

1. 常用工具

主要有各种大小和型号的旋具、钟表起子、不锈钢镊子、吹风球、玻璃罩、培养皿、锤子、手钳、尖嘴钳、小台钳、放大镜、活动扳手、毛刷、校正针、竹镊子、千分尺、游标卡尺、酒精灯、锉刀、螺纹规、丝锥等。

修理仪器要有一个工作台，台子上铺一块厚胶皮，台子的左右及后部要有挡板，防止小零件滚落。

2. 主要材料

仪器用油脂以使运转部位灵活，有润滑作用但无腐蚀，在－40℃不凝结，在50℃不挥发，长时间内不水解。

轴系用油一般不应低于5号（特种油脂商店有售），其他油脂的种类很多，如手轮油、各种黄油，另外还有仪器的密封油灰等。

清洗仪器部件的清洁液：乙醇能溶解虫胶、油脂；乙醚能溶解油脂、石蜡；丙酮能溶解有机胶和硝基漆；天那水（香蕉水）能溶解有机胶类和油漆类；煤油和汽油可清洁金属表面并能除锈。

用于黏合光学零件的黏结材料有甲醇胶、冷杉树脂胶及加拿大胶等。

研磨材料有水砂纸、银粉砂纸等。另外还应有脱脂棉和擦拭布等。

以上工具和材料需要什么购置什么，不能一下全购置齐备。如清洗液和润滑油脂类时间长了则会挥发变干，失去作用。

二、普通水准仪常见故障的处理

仪器外表的擦拭应先用毛刷刷去灰尘，然后用干净的软布擦拭。如有污垢尽量不使用溶剂，因为溶剂会将仪器表面的防护漆溶解掉。可用稀释的中性肥皂水去擦洗，一般是能见效的。

📚 知识拓展

若望远镜和目镜有灰尘，先用软毛刷刷掉浮灰，再用镜头纸擦。擦拭时应由中间向外进行，而且每擦拭一次，就要换一下镜头纸的位置，防止裹着的灰尘微粒划伤镜头。

拆卸仪器时，用力不要过猛，拧不动的螺钉要找出原因，如长锈，则应先除锈。

拧螺钉时，注意螺钉是正扣还是反扣，不能拧反了。拆下来，已经清洗的小零件要放在培养皿内，光学零件则要用罩子罩住。轴系上油只能上一两滴，其他部位的润滑油也不能过多，不能让润滑油弄脏仪器的外表面，否则要擦拭干净。安装时按与拆卸的相反顺序进行，不要遗漏安装小的零部件。

普通水准仪常见故障及解决方法见表3-5。

表3-5　普通水准仪常见故障及解决方法

故障种类	原因及解决方法
目镜十字丝调焦不清	其主要原因是目镜位置不正确。将目镜旁的止头螺钉拧松，再将目镜向外或向内旋转，待十字丝清楚后将止头螺钉拧紧

续表

故障种类	原因及解决方法
物镜调焦不清	常见原因是物镜环松动。将望远镜筒前边外侧的止头螺钉拧松,将物镜环转动至正确位置,再将止头螺钉拧紧
制动螺旋、微倾螺旋和微动螺旋转动不灵	常见原因是油垢太多。拆卸下来清洗后安装。特别是微倾螺旋在安装时一定要注意它有一个顶针,这个顶针一定要入位,否则微倾螺旋不起作用
脚螺旋转动不灵	常见原因是油垢太多。拆卸下来清洗后重新安装。在此要注意,脚螺旋上有一个枣核形螺母,它的螺杆上有一个固定螺钉,这个螺钉应是反扣的,不能拧反。另外,枣核形螺母容易磨损,如磨损严重,则要更换。基座下部有一块不锈钢三角板,其主要作用是在下端固定 3 个脚螺旋,它用 3 个螺钉与基座下边相连,这 3 个螺钉不能拧得过紧或过松,过紧则脚螺旋转动困难,过松则仪器会晃动
竖轴转动不灵	常见原因是缺油或油腻太多。在望远镜与基座之间有一个固定螺钉,将它拧松,用手握住望远镜筒,垂直向上稍微力,即可将竖轴从轴套中抽出。在清洗竖轴和轴套时,一定要小心,不能用硬物或铁器划伤,应用竹签或塑料裹脱脂棉进行清洗,加轴系油后再安装。在望远镜与基座之间有一个制动环,在清洗竖轴与轴套的同时,对它也应进行清洗,上软黄油后再装回

第九节　其他类型水准仪介绍

自动安平水准仪是一种只需概略整平即可获得水平视线读数的仪器,即利用水准仪上的圆水准器将仪器概略整平时,由于仪器内部自动安平机构（自动安平补偿器）的作用,十字丝交点上读得的读数始终为视线严格水平时的读数。这种仪器操作迅速简便,测量精度高,深受测量人员的欢迎。

一、自动安平原理

如图 3-16 所示,若视准轴倾斜了 α 角,为使经过物镜光心的水平光线仍能通过十字丝交点 A,可采用两种方法。

① 在望远镜的光路中设置一个补偿器装置,使光线偏转一个 β 角而通过十字丝交点 A。

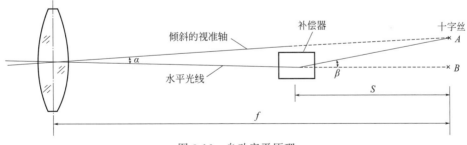

图 3-16　自动安平原理

② 若能使十字丝交点移至 B,也可使视准轴处于水平位置而实现自动安平。

二、　DZS3-1 型自动安平水准仪

北京光学仪器厂生产的 DZS3-1 型自动安平水准仪有如下特点。

① 采用轴承吊挂补偿棱镜的自动安平机构,为平移光线式自动补偿器。

② 设有自动安平警告指示器,可以迅速判别自动安平机构是否处于正常工作范围,提

高了测量的可靠性。

③ 采用空气阻尼器，可使补偿元件迅速稳定。

④ 采用正像望远镜，观测方便。

⑤ 设置有水平度盘，可方便地粗略确定方位。

三、精密水准仪

精密水准仪主要应用于国家一、二等水准测量和高精度的工程测量中，如建筑物的变形观测、大型建筑物的施工及大型设备的安装等测量工作。

精密水准仪的构造与水准仪基本相同，也由望远镜、水准器和基座三个主要部件组成，国产 S_1 型精密水准仪（图3-17），其光学测微器的最小读数为0.05mm。

图3-17　国产 S_1 型精密水准仪

为了进行精密水准测量，精密水准仪必须具备下列几点要求。

① 高质量的望远镜光学系统：为了获得水准标尺的清晰影像，望远镜的放大倍率应大于40倍，物镜的孔径应大于50mm。

② 高灵敏的管水准器：精密水准仪的管水准器的格值为10/2mm。

③ 高精度的测微器装置：精密水准仪必须有光学测微器装置，以测定小于水准标尺最小分划线间格值的尾数，光学测微器可直读0.1mm，估读到格值的尾数。

④ 坚固稳定的仪器结构：为了相对稳定视准轴与水准轴之间的关系，精密水准仪的主要构件均采用特殊的合金钢制成。

⑤ 高性能的补偿器装置：精密水准仪配套使用的精密水准标尺，标尺全长为3m，在木质尺身中间的槽内，装有膨胀系数极小的因瓦合金带，带的下端固定，上端用弹簧拉紧，以保证因瓦合金带的长度不受木质尺身伸缩变形的影响。

 知识拓展

因瓦合金带

在因瓦合金带上漆有左右两排分划，每排的最小分划值均为10mm，彼此错开5mm，把两排分划合在一起便成为左、右交替形式的分划，其分划值为5mm。水准标尺分划的数字注记在因瓦合金带两旁的木质尺身上，右边从0~5注记米，左边注记分米，大三角形标志对准分米分划线，小三角形标志对准5cm分划线。注记的数值为实际长度的2倍，故用此水准标尺进行测量作业时，须将观测高差除以2才是实际高差。

第四章

角度测量

第一节　建筑工程施工常用的光学经纬仪

一、 DJ$_6$ 型光学经纬仪的构造

光学经纬仪是由照准部、水平度盘和基座三个部分组成，如图 4-1 所示为 DJ$_6$ 型光学经纬仪的外观及部件名称。

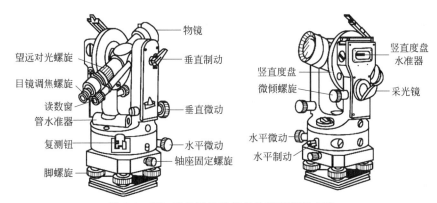

图 4-1　DJ$_6$ 型光学经纬仪的外观及部件名称

📚 知识拓展

　　经纬仪是以测角为主要功能的测量仪器。按照精度的不同，经纬仪可以划分为高精密经纬仪（J$_{07}$）、精密经纬仪（J$_1$）、中精度经纬仪（J$_2$）、普通经纬仪（J$_6$）和低精度经纬仪（J$_{30}$）五级。按照构造的不同，可以划分为光学经纬仪和电子经纬仪两种。

　　一般工程测量中较常使用的是 J$_2$ 型和 J$_6$ 型经纬仪（"J"表示经纬仪、"2"或"6"表示一测回水平方向的中误差为±2"或±6"），当精度要求较高时，采用 J$_2$ 型经纬仪。

1. 照准部

照准部主要包括望远镜、水准器、竖直度盘、读数显微镜和竖轴等。

（1）望远镜

经纬仪望远镜的构造与水准仪望远镜的构造基本相同，同样由十字丝中央交点和物镜光心的连线构成视准轴（CC），提供一条照准视线，并配有目镜对光螺旋和物镜对光螺旋。不同的是，十字丝竖丝一半是单丝，另一半是双丝。此外，经纬仪望远镜不仅能随照准部一起绕仪器的中心旋转轴（竖轴）做水平转动，而且能够绕自身的旋转轴（横轴，以 HH 表示）

做竖直转动。并配有水平制微动螺旋和竖直制微动螺旋，分别控制水平旋转和竖直旋转。通过调节以上三对螺旋（目镜、物镜对光螺旋；水平制微动螺旋；竖直制微动螺旋），可以使观测者照准并看清位于不同方向、不同高度的观测目标。

（2）水准器

在经纬仪上，水准器也包括圆水准器（水准盒）和长水准器（水准管）两种，水准器的水准轴定义与水准仪上的水准器水准轴相同。圆水准器用于概略整平，长水准器用于精密整平。

（3）竖直度盘

竖直度盘是一块垂直放置的、周边刻有 0°～360°刻划线的圆形或环形光学玻璃度盘，它主要用于竖直角的观测。

（4）读数显微镜

读数显微镜是一个读取度盘读数的装置，用它不仅可以读取水平度盘和竖直度盘的刻划读数，而且可以精确地读取度盘最小刻划值以下的数值读数。

读数显微镜位于望远镜旁边，它内部的视窗影像如图 4-2 所示。这是通过一套光学棱镜、透镜系统的折射和反射作用将度盘的影像投射进来的。

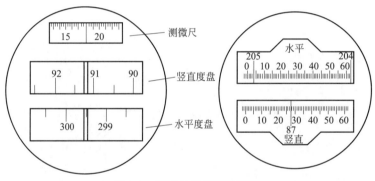

图 4-2 读数显微镜视窗影像

（5）竖轴

照准部进行水平转动的旋转轴称为竖轴，以 VV 表示。

2. 水平度盘

水平度盘是一个套在竖轴轴套之外的水平状态的玻璃圆环，它与照准部是分离的，当照准部转动时，度盘是不动的。因此，望远镜照准不同的方向，水平度盘指标就指向不同的读数。

3. 基座

经纬仪的基座与水准仪的基座基本相同，主要起支承仪器的上部构造（照准部）以及与三脚架进行连接的作用，不同的是它还具有一个可以悬挂垂球的吊钩，用于仪器的对中操作。

二、经纬仪的基本操作

1. 安置仪器

经纬仪的安置操作包括对中和整平两项。

（1）对中

对中是指将水平度盘的中心即仪器竖轴中心置于欲测角顶点（测站点）的铅垂线上。

依据仪器对中设备的不同可将对中操作分为垂球对中和光学对中两种。光学对中的操作需要与整平相配合来完成，所以放在整平之后介绍。以下介绍垂球对中的操作步骤。

① 打开三脚架，调整三个架腿到适当的长度，将其架设于地面，尽量使架面中心位于测站点的正上方，并使三个腿脚尖按适当跨度分立，尽量呈等边三角形，保持架面水平，高度适中。

② 打开仪器箱，取出经纬仪，放在三脚架架面上，通过连接螺旋将其固定。取出垂球，悬挂在三脚架连接螺旋下部的吊钩上，调整垂球线的长度，使垂球尖与地面接近但并不接触。

③ 通过相互垂直的两个方向观察，看垂球尖是否与测站点对正。若有较大偏离可在地面上平行移动三脚架达到对中状态，若偏离较小可稍微松开连接螺旋，将仪器在架面上平移，使垂球尖精确对准测站点后，再旋紧连接螺旋。

（2）整平

整平是指让仪器的竖轴处于铅垂状态，同时水平度盘也将处于水平状态。整平可分为概略整平和精密整平两个步骤。

① 概略整平。概略整平是要使圆水准器气泡居中，其操作方法与水准仪的概略整平相同。

② 精密整平。

a. 旋转照准部使水准管与任意两个脚螺旋的连线方向平行，如图4-3所示，水准管与1、2两个脚螺旋的连线方向平行，然后调整这两个脚螺旋使水准管气泡居中。调整时，气泡的移动方向与左手拇指旋动的方向是一致的，两手以相反的方向同时旋转这两个脚螺旋，可以迅速使气泡居中。

b. 将照准部旋转90°，使水准管与刚才那两个脚螺旋的连线方向垂直，调整第三个脚螺旋使水准管气泡居中（图4-3）。

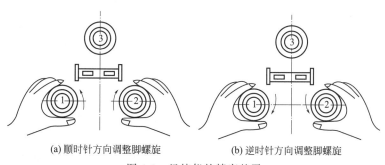

(a) 顺时针方向调整脚螺旋　　　　　　(b) 逆时针方向调整脚螺旋

图4-3　经纬仪的精密整平

c. 旋转照准部到任意位置，观察气泡是否仍然居中。如果不居中，重复上述整平步骤，直至水准管气泡在任何方向上都居中为止。

2. 具有光学对中设备的经纬仪的对中和整平方法

现在生产的各类经纬仪都具有光学对中设备，不仅可以避免刮风对对中的影响，也可大大提高对中的精度，如图4-4所示为光学对点器的基本构造及原理示意图。

① 按照垂球对中操作的步骤架设好三脚架，打开仪器箱，取出经纬仪，放在三脚架架面上，通过连接螺旋将其固定。

② 对光学对点器进行目镜和物镜对光，使可以清晰看到十字丝、圆圈和地面测站点标志（或地面），如图4-4所示。如果点标志与十字丝交点不重合，要用双手同时摆动两个架腿，使光学对点器的十字丝交点正好对准测站点，然后通过调整三脚架架腿高度的方法达到

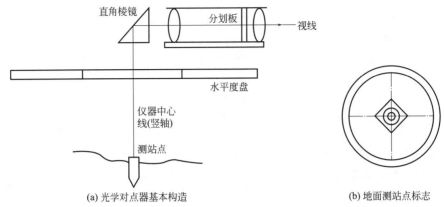

(a) 光学对点器基本构造   (b) 地面测站点标志

图 4-4 光学对点器的基本构造及原理示意图

概略整平的状态。

③ 进行精密整平，然后观察光学对点器，看十字丝交点是否依然对准测站点。如果没有对准，可稍微松开连接螺旋，在架面上平移仪器使光学对点器的十字丝交点对准测站点后，再将连接螺旋旋紧。

④ 旋转照准部到任意位置，观察光学对点器对中及水准管气泡居中情况，如果没有达到要求，可以重复以上步骤，直到满足要求为止。

三、照准目标

照准目标就是用望远镜的视准轴对准观测目标，即通过望远镜看到十字丝交点对准观测目标。照准操作的具体步骤如下。

① 水平旋转照准部同时上下转动望远镜，利用望远镜上的照门和准星对准目标后（称概略照准）进行水平制动和垂直制动。

② 进行望远镜目镜对光和物镜对光，消除视差，然后转动水平微动螺旋和垂直微动螺旋以精确对准目标。当测水平角时，要用十字丝竖向双丝夹准比较细小的目标或用十字丝竖向单丝平分比较粗大的目标；当测竖直角时，要用十字丝横丝切准目标，并使目标尽量靠近十字丝交点。

四、读数

读数是指对照准目标方向的度盘刻划的读取。读数时，先要打开进光窗并调整反光镜的方向及角度，使读数显微镜内亮度均匀适中，然后转动读数显微镜目镜对光螺旋，使度盘及测微尺影像清晰，最后进行读数（图 4-5）。

五、经纬仪操作常见问题及防治措施

经纬仪实际使用过程中常常会出现上盘水准管不垂直于竖轴的现象（将仪器大致置水平，使上盘水准管和任意两脚螺旋平行，调整脚螺旋，使气泡居中，当将上盘旋转 $180°$ 时，气泡不再居中）。

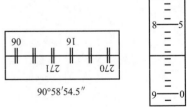

90°58′54.5″

图 4-5 光学经纬仪读数示意图

1. 原因分析

经纬仪上盘水准管与竖轴不垂直，存在偏差。

2. 防治措施

当发现上盘水准管轴不垂直于竖轴时，应及时对仪器进行校正，以免工程测量中产生过大偏差，其校正方法如下。

用校正针拨动水准管校正螺钉，使水准管的一端抬高或降低，让气泡退回偏离中点的一半，另一半调整脚螺旋使其居中。此项检验须反复进行，直至水准管无论在任何方向，气泡偏离中央不超过半格为止。为了便于仪器整平，有的仪器上装有圆水准器。圆水准器的校正可根据已校正好的水准管进行，即利用水准管将仪器置平，拨动圆水准器校正螺钉（一松一紧），使气泡居中。圆水准器也可单独进行校正。

第二节　经纬仪测量的基本原理

一、水平角与竖直角的概念

1. 水平角

地面上一点到两个目标点的方向线在水平面上的投影线之间的夹角称为水平角。如图 4-6 所示，A、O、B 为三个高度不同的地面点，连线 OA、OB 自然不是水平线。将 A、O、B 三点沿着各自的铅垂线向水平面 P 进行投影，得到 a、o、b 三个投影点，投影线 oa、ob 之间的夹角 β 即为地面直线 OA、OB 之间的水平角。

 知识拓展

角度测量

角度测量包括水平角测量和竖直角测量。水平角是确定地面点平面位置的基本要素，竖直角是确定地面点高程的一个要素。

2. 竖直角

在同一个铅垂面内，某一点到观测目标点的方向线与水平线之间的夹角称为竖直角。如图 4-7 所示，目标方向线 OA 在水平线之上，竖直角为正，称为仰角；目标方向线 OB 在水平线之下，竖直角为负，称为俯角。竖直角一般采用符号"α"表示。

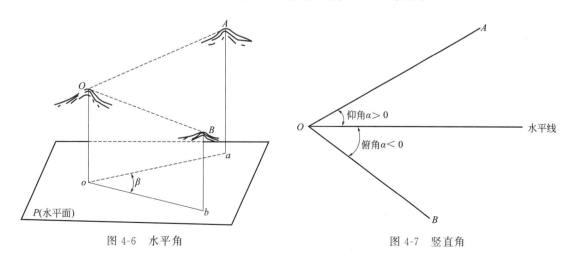

图 4-6　水平角　　　　　　　　　　　　　图 4-7　竖直角

二、角度的测量原理

1. 水平角的测量原理

如图 4-8 所示，A、O、B 是高程不等的三个地面点，将 OA、OB 沿铅垂方向投影到水平面上，得出 O_1A_1、O_1B_1 两条投影线，它们的夹角 β 就是 OA、OB 两条直线的水平角。欲测定 β 大小，可在 O 点的铅垂线上水平放置一个刻度盘，O_1A_1、O_1B_1 方向线在刻度盘上的对应读数分别为 a 和 b，则水平角 β 的大小为

$$\beta = b - a$$

式中　a——起始边方向（OA）的度盘读数，称为后视读数；

　　　b——终止边方向（OB）的度盘读数，称为前视读数。

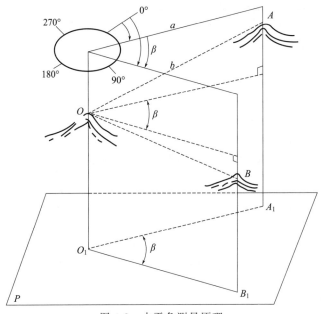

图 4-8　水平角测量原理

知识拓展

水平角的测量原理

概括地说，只要有一个能够水平放置的刻度盘、有一个照准装置以瞄准不同的目标、有一个读数的指标能够读取相应的度盘读数，就可以得到水平角 β 的大小。

2. 竖直角的测量原理

如图 4-9 所示，α 为 OA 方向线的竖直角，欲测定 α 的大小，可在 O 点上垂直放置一个刻度盘，OA 方向线在垂直刻度盘上的读数为 C，水平方向线在刻度盘上的读数一定，假设为 d，则竖直角 α 的大小为

$$\alpha = c - d$$

也就是说，只要有一个可以垂直放置的刻度盘、有一个照准装置和一个读数指标，就能够得到竖直角 α 的大小。

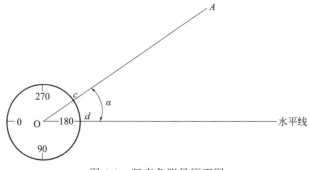

图 4-9 竖直角测量原理图

 知识拓展

竖直角的测量原理

综合上述分析，如果有一种仪器能够具备水平角和竖直角测角时所需要的装置，就可以实现角度的测量了。

三、经纬仪测量的常见问题及防治措施

经纬仪测量过程中常会出现十字点竖丝不垂直于横轴的现象，可将仪器安平，使望远镜十字丝对准远方一点目标，旋紧度盘制动螺旋（如为游标经纬仪，则旋紧游标盘及度盘制动螺旋），然后旋转望远镜微动螺旋，使其上下微动，若该点不在竖丝上移动，出现左右偏离竖行的现象，表示仪器不能满足使用条件。

1. 原因分析

经纬仪十字丝的竖丝不垂直于其横轴。

2. 防治措施

经纬仪应定期检查。当由于外界因素造成这一现象时，需及时校正，防患于未然。其校正方法如下：松开经纬仪十字丝的两相邻螺钉，并转动十字丝环使其满足条件。校正好以后，将松动的螺钉旋紧。由于目前各种规格的仪器望远镜目镜整套的结构各不相同，所以其校正方法也略有差异。

第三节　经纬仪的检验和校正

要想测得可靠的水平角与竖直角，经纬仪各部件之间必须满足一定的几何条件。仪器各部件间的正确关系，在制造时虽然已满足要求，但由于运输和长期使用，各部件间的关系必然会发生一系列变化，故进行测角作业前，应针对经纬仪必须满足的条件进行必要的检验与校正。

经纬仪的主要轴线（图 4-10）有：竖轴 VV、横轴 HH、望远镜视准轴 CC 和照准部水准管轴 LL。由测角原理可知，观测角度时，经纬仪的水平度盘必须水平；竖盘必须铅垂；望远镜上下转动的视准面（视准轴绕横轴的旋转面）必须为铅垂面；观测竖直角时，竖盘指标还应处于其正确的位置。因此，经纬仪应满足下列条件。

① 照准部水准管轴垂直于仪器的竖轴（$LL \perp VV$）。

② 十字丝竖丝垂直于仪器的横轴。

③ 望远镜的视准轴垂直于仪器的横轴（$CC \perp HH$）。

④ 仪器的横轴垂直于仪器的竖轴（$HH \perp VV$）。

⑤ 竖盘指标处于正确位置（$x = 0$）。

⑥ 光学对中器的视准轴经棱镜折射后，应与仪器的竖轴重合。

在经纬仪使用前，必须对以上各项条件按下列顺序进行检验，如不满足应进行校正。对校正后的残余误差，还应采取正确的观测方法消除其影响。

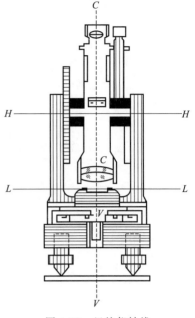

图 4-10　经纬仪轴线

一、照准部水准管的检验与校正

检校目的：使照准部水准管轴垂直于仪器的竖轴，这样可以利用调整照准部水准管气泡的方法使竖轴铅垂，从而整平仪器。

1. 检验方法

将仪器大致调平，转动照准部，使水准管平行于任意两个脚螺旋的连线，旋转这两个脚螺旋，使水准管气泡居中，此时水准管轴水平。将照准部旋转 180°，若水准管气泡仍然居中，表明条件满足，不用校正。若水准管气泡偏离中心，表明两轴不垂直，需要校正。

2. 校正方法

首先转动上述两个脚螺旋，使气泡向中央移动到偏离值的一半，此时竖轴处于铅垂位置，两水准管轴倾斜。用校正针调整水准管一端的校正螺钉，使气泡居中，此时水准管轴水平，竖轴铅垂，即水准管轴垂直于仪器的竖轴的条件满足。

校正后，应再次将照准部旋转 180°，若气泡仍不居中，应按上述方法再进行校正。如此反复，直至照准部在任意位置时，气泡均居中为止。

二、十字丝的检验与校正

检校目的：使竖丝垂直于横轴，这样观测水平角时，可用竖丝的任何部位照准目标；观测竖直角时，可用横丝的任何部位照准目标。显然，这将给观测带来方便。

1. 检验方法

整平仪器后，用十字丝交点照准一个固定的、明显的点状目标，固定照准部和望远镜，旋转望远镜的微动螺旋，使望远镜上下微动，若从望远镜内观察到该点始终沿竖丝移动，则条件满足，不用校正；否则，目标点偏离十字丝竖丝移动，说明十字丝竖丝不垂直于横轴，应进行校正。

2. 校正方法

卸下位于目镜一端的十字丝护盖，旋松四个固定螺钉，微微转动十字丝环，再次检验，重复校正，直至条件满足，然后拧紧固定螺钉，装上十字丝护盖。

三、视准轴的检验与校正

检验目的：使视准轴垂直于横轴，这样才能使视准面成为平面，为其成为铅垂面奠定基础。否则，视准面将成为锥面。

1. 检验方法

视准轴是物镜光心与十字丝交点的连线：仪器的物镜光心是固定的，而十字丝交点的位置是可以变动的。所以，视准轴是否垂直于横轴，取决于十字丝交点是否处于正确位置。当十字丝交点偏向一边时，视准轴横轴不垂直，形成视准轴误差。即视准轴横轴间的交角与 $90°$ 的差值，称为视准轴误差，通常用 c 表示。如图 4-11 所示，在一个平坦场地上，选择一条直线 AB，长约 100m。经纬仪安置在 AB 的中点 O 上，在 A 点竖立一个标志，在 B 点横置一根刻有毫米分划的小尺，并使其垂直于 AB。仪器以盘左精确瞄准 A 点的标志，倒转望远镜瞄准横放于 B 点的小尺并读取尺上读数 B_1。旋转照准部以盘右再次精确瞄准 A 点的标志，倒转望远镜瞄准横放于 B 点的小尺并读取尺上读数 B_2。如果 B_1 与 B_2 重合，表明视准轴垂直于横轴，否则应进行校正。

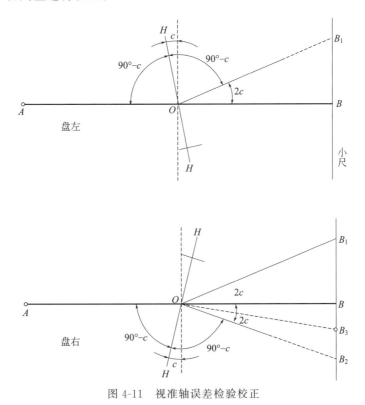

图 4-11 视准轴误差检验校正

2. 校正方法

由图 4-11 可以明显看出，由于视准轴误差 c 的存在，盘左瞄准 A 点到镜后实现偏离 AB 直线的角度为 $2c$，而盘右瞄准 A 点到镜后视线偏离 AB 线的角度等于 $2c$，单偏离方向与盘左相反，因此 B_1 与 B_2 两个读数之差所对的角度为 $4c$。为了消除视准轴误差 c，只需在小尺上定出一点 B_3，该点与盘右读数 B_2 的距离为 $B_1B_2/4$。

四、横轴的检验与校正

检校目的：使横轴垂直于竖轴，这样，当仪器整平后竖轴铅垂、横轴水平、视准面为一个铅垂面，否则，视准面将成为倾斜面。

 知识拓展

光学经纬仪的横轴是密封的，一般仪器均能保证横轴垂直于竖轴的正确关系，若发现大的横轴误差，一般应送仪器检修部门校正。

1. 检验方法

在距离高墙 $20\sim30m$ 处安置经纬仪，用盘左照准高处的一个明显点 M（仰角宜在 $30°$ 左右），固定照准部，然后将望远镜大致放平，指挥另一人在墙上标出十字丝交点的位置，设为 m_1，如图 4-12(a) 所示。

将仪器变换为盘右，再次照准目标 M 点，大致放平望远镜后，用同前的方法再次在墙上标出十字丝交点的位置，设为 m_2，如图 4-12(b) 所示。

如过两点 m_1、m_2 不重合，说明横轴不垂直于竖轴，即存在横轴误差，需要校正。

2. 校正方法

取 m_1 和 m_2 的中点 m，并以盘右或盘左照准 m 点，固定照准部，向上转动望远镜抬高物镜，此时的视线必然偏离了目标点 M，即十字丝交点与 M 点发生了偏移，如图 4-12(c) 所示。调节横轴偏心板，使其一端抬高或降低，则十字丝交点与 M 点即可重合，如图 4-12(d) 所示，横轴误差被消除。

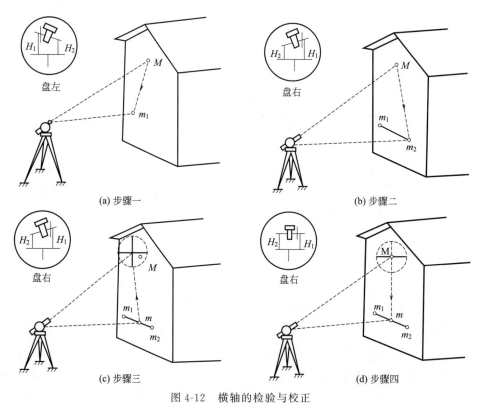

(a) 步骤一   (b) 步骤二

(c) 步骤三   (d) 步骤四

图 4-12　横轴的检验与校正

五、光学对中器的检验与校正

检校目的：使光学对中器的视准轴经棱镜折射后与仪器的竖轴重合，否则会产生对中误差。

知识拓展

光学对中器的校正螺钉随仪器类型而异，有些校正的是使视线转向的折射棱镜；有些校正的是分划板。

1. 检验方法

经纬仪严格整平后，在光学对中器下方的地面上放一张白纸，将对中器的刻画圈中心投绘在白纸上，设为 a_1 点；旋转照准部 $180°$，再次将对中器的刻画圈中心投绘在白纸上，设为 a_2 点；若 a_1 与 a_2 点两点重合，说明条件满足，不用校正，否则说明条件不满足，需要校正。

2. 校正方法

在白纸上定出 a_1 与 a_2 的连线中心 a，打开两支架脚的圆形护盖，转动光学对中器的校正螺钉，使对中器的刻画圈中心前后、左右移动，直至对中器的刻画圈中心与 a 点重合为止，此项校正也需反复进行。

六、经纬仪测量常见问题及防治措施

经纬仪测量中常常会出现视准轴不垂直于横轴的现象［选一个长为 $60\sim100m$ 的平坦场地，在一端设置一点 A，在另一端横置一个分划尺 B，分划尺要大致与 AB 方向垂直，安置仪器于 A、B 中间，并使三者的高度接近。用望远镜十字丝中心对准 A 点，固定照准部及水平度盘（游标经纬仪则固定上下盘），倒转望远镜，读出横尺上所截的数为 B'，转动照准部 $180°$，重新瞄准 A 点，再倒转望远镜，读出横尺上纵丝所截的数为 B''，发现 B'、B'' 读数不相同，说明视准轴与横轴不垂直］。

1. 原因分析

经纬仪视准轴与其横轴不垂直，产生系统误差。

2. 防治措施

经纬仪应定期检查，发现这种现象，应立即停止使用，对仪器进行校正，防止将误差带到工程测量中去，其校正方法如下。

用十字丝竖丝进行校正，即将左右两个十字丝校正螺钉一松一紧，使竖丝从 B'' 移至 B，$B''B$ 为两次读数差的 $1/4$。在校正时，对上下两个校正螺钉中之一还应略微放松，以免两旁拉力过大，损坏螺钉螺纹和镜片。此项检验必须重复校正，直到条件满足。如果在 B 处不设置横尺，可在该处贴一张白纸，将 B'、B'' 投于纸上，然后在 B'、B'' 之间定一点 B，使 $B''B = B'B''/4$，按同法校正。

第四节　建筑工程角度测量操作

在了解了经纬仪的结构和它的基本操作方法之后，现在再来学习角度的观测方法。由于角度分为水平角和竖直角两种，所以观测方法的介绍也分别来进行。

一、水平角的观测、记录与计算

根据要观测的方向数的多少，水平角观测可以采用测回法或全圆测回法进行。具体的测法可以依照表 4-1 的规定进行选择。

表 4-1　水平角测法的选择

方向数/个	适合的测法
2	测回法
3	测回法或全圆测回法
≥4	全圆测回法

知识拓展

当观测方向数多于 3 个时，要采用全圆测回法观测。全圆测回法观测是指在观测了起始方向并依次观测了其他所需观测的各个目标方向之后，再次观测起始方向的观测方法，又称为方向观测法。

有时，为了提高观测精度，可以采取多个测回观测，各测回值互差的绝对值按规范要求应小于 $24''$。

1. 测回法

（1）水平角的观测

如图 4-13 所示，O 点为欲观测角度的角顶点，OA 为水平角的起始方向（也称为后视方向），OB 为水平角的终止方向（也称为前视方向）。现以测定水平角 $\angle AOB$ 为例，说明测回法观测水平角的操作步骤。

① 将经纬仪安置在 O 点（称为测站点），进行对中、整平。在目标 A、B 上分别安置垂球架或觇标。

② 配置度盘读数为 $0°00'00''$，以盘左照准目标 A，读取后视读数 $\alpha_1 = 0°00'12''$；顺时针转动望远镜照准目标 B，读取前视读数 $\beta_1 = 52°55'30''$，则水平角 $\beta_1 = \angle AOB = \beta_1 - \alpha_1 = 52°55'30'' - 0°00'12'' = 55°55'18''$，此称为上（或前）半测回。

③ 以盘右照准目标 B，读取后视读数 $\beta_2 = 230°56'54''$；再逆时针转动望远镜照准目标，读取前视读数 $\alpha_2 = 180°00'24''$，则水平角 $\beta_2 = \angle AOB = \beta_2 - \alpha_2 = 230°56'54'' - 180°00'24'' = 50°56'30''$，此称为下（或后）半测回。

④ 当上、下半测回角值 $|\beta_1 - \beta_2| \leq 40''$ 时，可认为观测精度合格，取其平均值 $\beta = 1/2 \times (\beta_1 + \beta_2)$ 作为观测结果，称为测回角值。

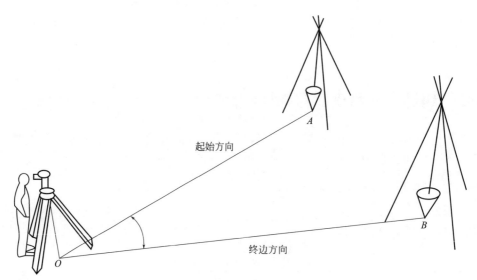

图 4-13　水平角的观测

（2）水平角观测数据的记录与计算

记录时，属于哪个方向的读数，就要对齐哪个目标点名称。计算半测回水平角值时，要以前视读数减后视读数，当不够减时，可先在前视读数上加 $360°$ 之后再减后视读数。

2. 全圆测回法观测

（1）全圆测回法的观测方法

① 如图 4-14 所示，O 点为测站点，A、B、C、D 为观测目标。首先安置经纬仪于 O 点，进行对中和整平。将望远镜调整为盘左位置，配置水平度盘读数为 $0°00'00''$（通常为略大于此值），照准目标 A（称为起始方向或零方向），读取水平度盘读数，记录于全圆测回法观测记录手簿中。

② 顺时针方向旋转照准部，依次照准观测目标 B、C、D 各点，分别进行读数、记录。

③ 为了校核，顺时针方向旋转照准部，再次照准起始目标 A（称为归零），进行读数、记录，此为上半测回。A 方向两次读数之差称为半测回归零差。

④ 纵转望远镜成盘右位置，逆时针方向依次瞄准起始方向 A、B、C、D，最后再归零到 A 点，分别读数并记录，此为下半测回。

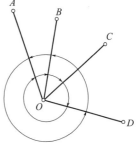

图 4-14　全圆测回法

根据精度需要，有时要观测多个测回，各测回也应按与测回法中介绍的度盘配置值计算公式计算并配置度盘。

（2）全圆测回法的记录与计算

① 记录。记录时要填写测站点名称、测回序号、观测目标点名称以及相应的度盘读数等，要求每个读数必须填写到对应的位置上，即横向对齐目标点、纵向对齐读数所属盘位栏。

② 计算。在记录手簿中，要计算盘左和盘右同一方向的 $2c$ 互差、平均读数、归零后方向值以及各测回归零后的方向值等项。

a. 计算 $2c$ 互差。$2c$ 互差，也称为 2 倍照准误差，是指由视准轴与横轴不垂直造成盘左、盘右照准同一目标的读数之差不等于 $180°$ 的偏差，计算公式为

$$2c = 盘左读数 - （盘右读数 \pm 180°）$$

b. 平均读数。平均读数是指盘左、盘右照准同一目标两次读数的平均值，计算公式为

$$平均读数 = \frac{盘左读数 + （盘右读数 \pm 180°）}{2}$$

c. 零方向的平均值。作为零方向，由于有初始读数和归零读数这两个读数，所以要取这两个读数的平均值作为零方向的唯一读数。

d. 归零后的方向值。归零后的方向值是指在一个测回中，各方向的平均读数分别减去起始方向的平均值之后的方向值。

e. 各测回归零后的方向值。当进行了多个测回观测时，同一目标方向上就会得到多个测回方向值，这时要取它们的平均值作为各测回归零后的方向值。

二、竖直角的观测、记录与计算

1. 竖直角的观测

竖直角的观测方法也称为测回法，具体步骤如下。

① 安置经纬仪于测站点 O 上，进行对中和整平。

② 盘左照准观测目标 P。对于具有竖直度盘指标水准管的仪器，需要先调整水准管微动螺旋，使指标水准管气泡居中，然后通过读数显微镜读取竖直度盘读数 L；对于具有竖直度盘指标自动补偿设备的仪器，则可以直接读取竖直度盘读数 L，此为前（上）半测回。

③ 盘右照准观测目标 P，读取竖直度盘读数 R，完成后（下）半测回。

④ 当前、后半测回竖直角角值之差小于或等于限差时，取两者的平均值作为一个测回的观测结果。

2. 竖直角的记录和计算

（1）记录

记录时，要填写测站点名称、观测目标点名称、观测盘位，读数填写要对齐目标点所在行及竖盘读数所在列。

（2）计算

计算时，可以参照以下公式。

$$\alpha_{左}=90°-L \; ; \; \alpha_{右}=R-270°$$

或

$$\alpha_{左}=L-90° \; ; \; \alpha_{右}=270°-R$$

式中 R——竖直度盘读数；

L——通过读数显微镜读取的竖直度盘读数。

对于公式的判断要掌握一个原则，那就是仰角为正、俯角为负。

三、经纬仪操作常见质量问题及防治措施

经纬仪在使用过程中常常会出现横轴不垂直于竖轴的现象（离建筑物 10～30m 的 A 点安置仪器，在建筑物上固定一个横尺，使之大致垂直于视平面，并应与仪器高度大约相同。使望远镜向上倾斜30°～40°，用望远镜十字丝的交点，照准建筑物高处一个固定点 M，固定照准部（游标经纬仪则固定上下盘），不使仪器在水平方向上转动，将望远镜放平，在横尺上得出读数 m_1，然后以倒镜位置瞄准 M，再向下俯视，在横尺上截取数值为 m_2，此时出现 m_1、m_2 位置不相同。

1. 原因分析

经纬仪横轴不垂直于竖轴所产生的系统误差。

2. 防治措施

对经纬仪定期进行检查，若发现此现象，应及时对仪器进行校核，预防将误差带到工程测量中去，其校正方法如下。以十字丝交点对准横尺上面 m_1、m_2 两数的平均值 m（即 m_1、m_2 的中点），然后固定照准部（游标经纬仪则固定上下盘），抬高望远镜，这时十字丝纵丝必不通过 M 点，而偏向 M' 点，用校正针拨动支架上横轴校正螺钉，改变支架高度，即抬高或降低横轴的一端，然后使十字丝对准 M 点。这项校验也需反复 2～3 次才能使条件满足。如果仪器上没有此项设备，校正时需在较低的一个支架上用锡纸填高，使之符合要求。如在建筑物上 m 处不设置横尺，可于该处贴一张白纸。以正倒镜瞄准 M 向下投出 m_1、m_2，然后取 m_1 和 m_2 的中点 m，按同法校正。

第五节　角度测量数据成果校核与处理

水平角观测的误差来源大致可归纳为仪器误差、观测误差和外界条件的影响。

 知识拓展

观测前应检验仪器，发现仪器有误差应立即进行校正，并在观测中采用盘左、盘右取平均值和用十字丝照准等方法，减小和消除仪器误差对观测结果的影响。

一、仪器误差

仪器误差可分为两个方面，一方面是仪器制造加工不完善而引起的误差，主要有度盘刻划不均匀误差、照准部偏心差（照准部旋转中心与度盘刻划中心不一致）和水平度盘偏心差（度盘旋转中心与度盘刻划中心不一致），这类误差一般都很小，并且大多数都可以在观测过程中采取相应的措施消除或减弱它们的影响。例如，通过观测多个测回，并在测回间变换度盘位置，使读数均匀地分布在度盘各个位置，以减小度盘分划误差的影响；水平度盘和照准部偏心差的影响可通过盘左、盘右观测取平均值消除。

另一方面是仪器检验校正后的残余误差。它主要是仪器的三轴误差（即视准轴误差、横轴误差和竖轴误差），其中，视准轴误差和横轴误差，均可通过盘左、盘右观测取平均值消除，而竖轴误差不能用正、倒镜观测消除。因此，在观测前除应认真检验、校正照准部水准管外，还应仔细地进行整平。

二、观测误差

1. 仪器对中误差

水平角观测时，由于仪器对中不精确，致使仪器中心没有对准测站点 O 而偏于 O' 点，OO' 之间的距离 e 称为测站点的偏心距，如图 4-15 所示。

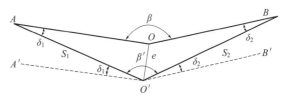

图 4-15 对中误差对水平角的影响

仪器在 O 点观测的水平角应为 β，而在 O' 处测得角值为 β'，过 O' 点作 $O'A'/\!/OA$，$O'B'/\!/OB$，则对中误差对水平角的影响为

$$\Delta\beta = \beta - \beta_1 = \delta_1 + \delta_2$$

因偏心距 e 较小，故 δ_1 和 δ_2 为小角度，于是可近似地把 e 看作一段小圆弧。设 $O'A = S_1$，$O'B = S_2$，则有

$$\Delta\beta = \delta_1 + \delta_2 = \left(\frac{1}{S_1} + \frac{1}{S_2}\right)e\rho$$

从上式可看出，对中误差对水平角的影响与偏心距 e、偏心距 e 的方向、水平角大小以及测站的距离有关。因此边长较短或观测角接近 $180°$ 时，应特别对中。

📖 知识拓展

水平角观测时，应以十字丝交点附近的竖丝照准目标根部，竖直角观测时，应以十字丝交点的横丝照准目标顶部。

2. 目标偏心误差

因照准标志没有竖直，使照准部位和地面测站点不在同一铅垂线上，将产生照准点上的目标偏心误差。其影响与仪器对中误差的影响类同，即

$$\Delta\beta = \beta - \beta' = \frac{d_1}{S_1\rho}$$

从上式可看出，$\Delta\beta$ 与 d_1 成正比，与 S_1 成反比。因此，进行水平角观测时，应将观测标志竖直，并尽量照准目标底部；当边长较短时，更应特别注意精确照准。

3. 整平误差

因照准部水准管气泡不居中，将导致竖轴倾斜而引起角度误差，该项误差不能通过正倒

镜观测消除。竖轴倾斜对水平角的影响，和测站点到目标点的高差成正比。因此，在观测过程中，尤其是在山区作业时，应特别注意整平。

4. 照准误差

照准误差与人眼的分辨能力和望远镜放大率有关。一般认为，人眼的分辨率为 $60''$。若借助放大率为 V 倍的望远镜，则分辨能力就可以提高 V 倍，故照准误差为 $60''/V$。DJ$_6$ 型经纬仪的放大倍率一般为 28 倍，故照准误差大约为 $\pm 2.1''$。在观测过程中，若观测员操作不正确或视差没有消除，都会产生较大的照准误差。因此，观测时应仔细地做好调焦和照准工作。

5. 读数误差

读数误差与读数设备、照明情况和观测员的经验有关，其中主要取决于读数设备。DJ$_6$ 型经纬仪一般只能估读到 $\pm 6''$，如照明条件不好，操作不熟练或读数不仔细，读数误差可能超过 $\pm 6''$。

三、外界条件的影响

角度观测是在自然界中进行的，自然界中各种因素都会对观测的精度产生影响。例如，地面不坚实或刮风会使仪器不稳定；大气能见度的好坏和光线的强弱会影响照准和读数；温度变化使仪器各轴线几何关系发生变化等。要完全消除这些影响是不可能的，只能采取一些措施，如选择成像清晰、稳定的天气条件和时间段观测，观测中给仪器打伞避免阳光对仪器直接照射等，以减弱外界不利因素的影响。

四、角度观测注意事项

① 安置仪器要稳定，脚架应踩踏，对中整平应仔细，短边时应特别注意对中，在地形起伏较大的地区观测时，应严格整平。

② 目标处的标杆应垂直，并根据目标的远近选择不同粗细的标杆。

③ 观测时应严格遵守各项操作规定。

④ 各项误差值应在规定的限差以内，超限必须重测。

⑤ 读数应准确，观测时应及时记录和计算。

第六节　其他经纬仪介绍

目前激光经纬仪、电子经纬仪、全站仪（亦称电子速测仪）、激光铅直仪、电子水准仪等新仪器在施工测量中已得到普遍的应用。新仪器的使用不仅提高了观测的精度，确保工程质量，而且也提高了观测的速度，改善了工作条件和环境，减轻了劳动强度。

一、电子经纬仪的电子测角原理

 知识拓展

电子测角原理

电子测角就是将原来的角度值转换成数码，再在显示器上显示出来。目前所采用的测角方法因所用的电子元件不同而不同，大致有增量法、编码法和格区式几种。无论哪种方法，测角精度只能测出 1′ 的角度值，要需到更精确的角度数值，还需进行电子测微。

1. 光栅度盘测角原理

光栅是具有刻成条纹和间隔都相等且为 d 的光学器件，d 称为栅距。当两个光栅以 θ 角互相重叠时即产生一种称为"莫尔"的条纹，莫尔条纹的宽度为 ω，ω 又称为纹距，如图 4-16(a) 所示。当 d 一定时，ω 的宽度取决于 θ 角的大小，在设计时可以使 $\omega > \theta$。当两片光栅相对平移一个栅距 d 时，则莫尔条纹会在光栅移动的垂直方向上平移一个条纹宽度 ω。

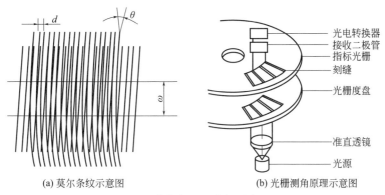

(a) 莫尔条纹示意图　　　　　　(b) 光栅测角原理示意图

图 4-16　莫尔条纹及光栅测角原理

莫尔条纹有如下特点。

① 两光栅之间的倾角越小，纹距 ω 越宽，则相邻明条纹或暗条纹之间的距离越大。

② 在垂直于光栅的平面方向上，条纹亮度按正弦规律周期性变化。

③ 当光栅在垂直于刻线的方向上移动时，条纹顺着刻线方向移动。

④ 纹距 ω 与栅距 d 之间满足如下关系。

$$\omega = \frac{d\rho'}{\theta}$$

式中　ρ'——3438′；

θ——两光栅之间的倾角。

例如，当 $\theta = 20'$ 时，纹距 $= 160d$，即纹距比栅距放大了 160 倍。这样，就可以对纹距进一步细分，以达到提高测角精度的目的。

在直径为 80mm 的度盘上径向刻有光栅，另外在读数指标上也刻有同样栅距的光栅，称为指标光栅，如图 4-16(b) 所示。通过光学系统将两个光栅重叠在一起，并使两个光栅略有偏心。当指标光栅随着望远镜转动时，使莫尔条纹在径向上移动。这种移动使得在某一点上接收到的莫尔条纹呈正弦曲线变化，它的一个周期即为一个莫尔条纹的宽度 ω。分析光栅转动一个栅距 d，则会有一个条纹宽度 ω。在度盘下方有一个光源，通过准直透镜，射入度盘的径向光栅和指标光栅，由上部的光敏二极管接收，最后由光电转换器转换、放大、整形，再记数，就得到一个相应的角度值。光栅度盘的测角是在相对运动中读出角度的变化量，因此这种测角方式属于"增量法"测角。

2. 编码度盘测角原理

编码度盘类似于普通光学度盘的玻璃码盘，在此平面上分若干宽度相等的同心圆环，而每个圆环又被刻成若干等长的透光区和不透光区，称为编码度盘的"码道"。每条码道代表一个二进制的数位，由里到外，位数由高到低（图 4-17）。在码道数目一定的条件下，整个编码度盘可以分成数目一定、面积相等的扇形区，称为编码度盘的码区。处于同一码区内的各码道的透光区和不透光区的一列组成编码度盘的编码，这一区所显示的角度范围称为编码度盘的角度分辨率。

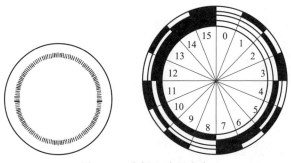

图 4-17　光栅和编码度盘

为了读取各码区的编码数，需要在编码度盘的码道一侧设置光源（通常为半导体二极管）。而在对应的码盘另一侧设置光电探测器（通常为光敏二极管），每个探测器对应一个光源。码盘上的发光二极管和光敏二极管组成测角的读定标志。把码盘上的透光和不透光，由光电二极管转换成电信号，以透光为"1"，不透光为"0"。这样码盘上的每一格就对应一个二进制，经过译码即成为十进制，从而能显示一个度盘上方位或角度值。因此，编码度盘的测角方式为"绝对法"测角。

3. 格区式度盘测角原理

将度盘分为 1024 个分划，每个分划间隔包括一个空隙和一条刻线（透光与不透光），其分划值为 ϕ_0，测角时度盘以一定速度旋转，所以称动态测角。度盘上装有两个指示光栅，L_S 为固定光栅，L_R 为可动光栅，可动光栅随照准部转动。两光栅分别安装在度盘的外缘。测角时可动光栅 L_R 随照准部旋转，L_S 和 L_R 之间构成一定的角度 ϕ。度盘在电动机的带动下以一定的速度旋转，其分划被光栅 L_S 和 L_R 扫描并计取两光栅之间的分划数，从而得到角度值。如图 4-18 为格区式度盘测角原理图。

测量角度，首先要测出各方向的方向值，有了方向值，角度也就可以得到。方向值表现为 L_S 与 L_R 间的夹角 ϕ。

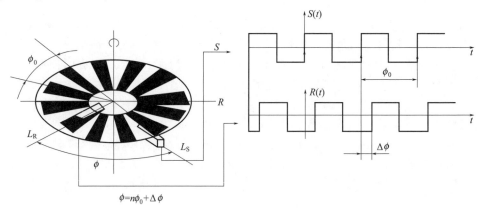

图 4-18　格区式度盘测角原理图

二、电子经纬仪的特点

电子经纬仪（图 4-19）是集光学、机械、电子为一体的新型测量仪器，它的主要特点如下。

① 采用电子测角的方法进行角度测量，其角度值在屏幕上用液晶显示，直接读数，免去光学经纬仪读数的过程，提高了读数精度。而且是盘左和盘右两面均可读数，使用十分方便。角度的显示可到 1″ 或 0.1″。

② 角度的模式有普通角度制、密位制和新度制三种形式，可任意选择。密位制是一个圆周等于 6400 密位，多用于军事上。新度制是一个圆周等于 400 新度，1 新度等于 100 新分，一新分等于 100 新秒，新度、新分、新秒记作 "g" "c" "cc"，写在数字的右上角，如 $361^g86^c32^{cc}$。水平度盘可以在任何位置 "置 0"，度盘的刻度方向可以是顺时针，也可以是逆时针，对角度测量是 "顺拨" 或是 "反拨"，都比较方便。

③ 竖直角的观测有自动补偿设备，可以使望远镜水平时的读数为 "0" 来观测竖直角，也可以使望远镜在垂直向上的读数为 "0" 来观测天顶距。天顶距是在垂直面内，以垂线的上端（天顶）为准，向下至一条直线所构成的夹角。竖直角可以是以角度的形式或以比例（%）的坡度形式显示。

④ 竖轴在 x、y 两个方向有补偿装置，如果竖轴稍有倾斜，仪器可自动进行纠正。

⑤ 有的电子经纬仪安装有激光发生器，在需要时可发出一束与视准轴同轴的红色可见激光，便于夜间或在隧道内进行观测，并用一束激光代替光学对中器，使对中更加准确方便。

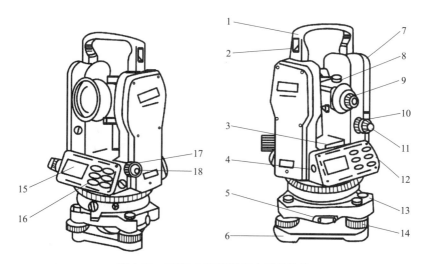

图 4-19　DJD2-2GJ 型激光电子经纬仪

1—提把；2—提把螺钉；3—长水准器；4—通信接口；5—基座固定钮；6—三脚架；7—电池盒；8—激光器；
9—目镜；10—垂直固定螺旋；11—垂直微动螺旋；12—RS-232c；13—圆水准器；14—脚螺旋；
15—显示器；16—操作键；17—激光对中器；18—激光对中器开关

电子经纬仪的检验校正与光学经纬仪基本相同，但竖盘指标的检验与校正则是自动进行的。

三、激光经纬仪

激光经纬仪是在普通光学经纬仪上安装氦氖激光发生器，并通过一套棱镜组和聚光透镜转向与聚焦后从望远镜发射出去，形成一束可见的红光。激光束与望远镜的视准轴是同轴且同焦距，即十字丝瞄准某一点位看到点位清楚时，激光束也是照准该点而激光斑也达到最小最亮。激光电源是用一个电池盒，它安装在望远镜的上方，盒内装 4 节五号碱性电池，可供连续工作 12h 左右。

　　激光经纬仪的检验校正与光学经纬仪相同，但它多一项激光束与视准轴的校正。如果激光束与视准轴不同轴，在电池盒的下方有 4 个校正螺钉，前后左右校正这 4 个螺钉，即可将激光束校正至与视准轴同轴。

 知识拓展

激光经纬仪

　　激光经纬仪用于夜间和地下观测。激光束白天在 200m 内可见，夜晚在 500～800m 可见。激光斑最大时直径为 5mm。

第五章

距离测量与直线定向

第一节 卷尺测量距离

一、丈量工具

1. 钢尺

钢尺又称钢卷尺，是由钢制成的带状尺，尺的宽度为 $10\sim15mm$，厚度约为 $0.4mm$，长度有 $20m$、$30m$、$50m$ 等数种。钢尺可以卷放在圆形的尺壳内，也有的卷放在金属尺架上（图 5-1）。

钢尺的基本分划为厘米，每厘米及每米处刻有数字注记，全长或尺端刻有毫米分划（图 5-2）。按尺的零点刻划位置，钢尺可分为端点尺和刻线尺两种，钢尺的尺环外缘作为尺子零点的称为端点尺，尺子零点位于钢尺尺身上的称为刻线尺。

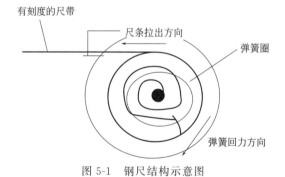

图 5-1 钢尺结构示意图

有刻度的尺带
尺条拉出方向
弹簧圈
弹簧回力方向

图 5-2 钢尺

🔖 知识拓展

钢尺的维护

钢尺易生锈，工作结束后，应用软布擦去尺上的泥和水，涂上机油，以防生锈。钢尺易折断，如果钢尺出现弯曲，切不可用力硬拉。在行人和车辆多的地区量距时，中间要有专人保护，严防尺子被车辆压过而折断。收卷钢尺时，应按顺时针方向转动钢尺摇柄，切不可逆转，以免折断钢尺。

2. 皮尺

皮尺是用麻线或加入金属丝织成的带状尺，长度有 $20m$、$30m$、$50m$ 等数种，亦可卷放在圆形的尺壳内，尺上基本分划为厘米。皮尺携带和使用都很方便，但是容易伸缩，量距精度低，一般用于低精度的地形的细部测量和土方工程的施工放样等。

3. 花杆和测钎

花杆［图 5-3(a)］又称为标杆，由直径 3～4cm 的圆木杆制成，杆上按 20cm 间隔涂有

红、白油漆，杆底部装有锥形铁脚，用来标点和定线，常用的有长 2m 和 3m 两种，也有金属制成的花杆，有的为节数，用时可通过螺旋连接，携带较方便。

测钎［图 5-3(b)］用粗铁丝做成，长 30～40cm，按每组 6 根或 11 根套在一个大环上，测钎主要用来标定尺段端点的位置和计算所丈量的尺段数。

在距离丈量的附属工具中还有垂球，它主要用于对点、标点和投点。

(a) 花杆　　(b) 测钎

图 5-3　花杆和测钎

二、直线定线

在距离丈量中，当地面上两点之间距离较远，不能用一尺段量完时，就需要在两点所确定的直线方向上标定若干中间点，并使这些中间点位于同一直线上，这项工作称为直线定线。根据丈量的精度要求可用标杆目测定线和经纬仪定位。

1. 目测定线

(1) 两点间通视时花杆目测定线

如图 5-4 所示，设 A、B 两点互相通视，要在 A、B 两点间的直线上标出 1、2 中间点。先在 A、B 点上竖立花杆，甲站在 A 点花杆后约 1m 处，目测花杆的同侧，由 A 瞄向 B，构成一视线，并指挥乙在 1 附近左右移动花杆，直到甲从 A 点沿花杆的同一侧看到 A、1、B 三个花杆同在一条线上为止。同法可以定出直线上的其他点。两点间定线，一般应由远到近进行。定线时，所立花杆应竖直。此外，为了不挡住甲的视线，乙持花杆应站立在垂直于直线方向的一侧。

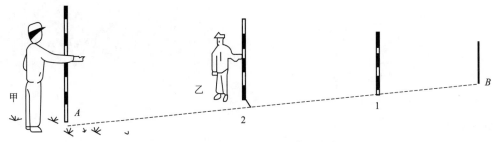

图 5-4　两点间通视时花杆目测定线

(2) 两点间不通视花杆目测定线

如图 5-5 所示，A、B 两点互不通视，这时可以采用逐渐趋近法定直线。先在 A、B 两点竖立花杆，甲、乙两人各持花杆分别站在 C 和 D 处，甲要站在可以看到 B 点处，乙要站在可以看到 A 点处。先由站在 C 处的甲指挥乙移动至 BC_1 直线上的 D_1 处，然后由站在 D_1 处的乙指挥甲移动至 AD_1 直线上的 C_2 处，接着再由站在 C_2 处的甲指挥乙移动至 D_2 处，这样逐渐趋近，直到 C、D、B 三点在同一直线上，则说明 A、C、D、B 在同一直线上。

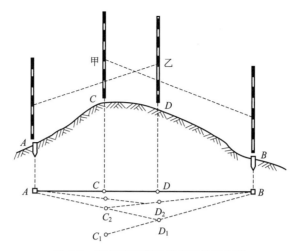

图 5-5　两点间不通视时花杆目测定线

2. 经纬仪定线

精确丈量时，为保证丈量的精度，需用经纬仪定线。

三、距离丈量

用钢尺或皮尺进行距离丈量的方法基本上是相同的，以下介绍用钢尺进行距离丈量的方法。钢尺量距一般要三个人，分别担任前尺手、后尺手和记录员的工作。

1. 平坦地面的丈量方法

如图 5-6 所示，丈量前，先进行花杆定线；丈量时，后尺手甲拿着钢尺的末端在起点 A，前尺手乙拿钢尺的零点一端沿直线方向前进，将钢尺通过定线时的中间点，保证钢尺在 A、B 直线上，不使钢尺扭曲，将尺子抖直、拉紧（30m 钢尺用 100N 拉力，50m 钢尺用 150N 拉力）、拉平。甲、乙拉紧钢尺后，甲把尺的末端分划对准起点 A 并喊"预备"，当尺拉稳拉平后喊"好"，乙在听到甲所喊出的"好"的同时，把测钎对准钢尺零点刻划垂直地插入地面，这样就完成了第一整尺段的丈量。甲、乙两人抬尺前进，甲到达测钎或划记号处停住，重复上述操作，量完第二整尺段。最后丈量不足一整尺段时，乙将尺的零点刻划对准 B 点，甲在钢尺上读取不足一整尺段值，则 A、B 两点间的水平距离为

$$D_{AB} = nl + q$$

式中　n——整尺段数；

　　　l——整尺段长；

　　　q——不足一整尺段值。

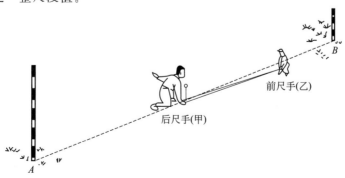

图 5-6　平坦地面的距离丈量

2. 斜地面的丈量方法

（1）平量法

如图 5-7 所示，当地面坡度不大时，可将钢尺抬平丈量。欲丈量 AB 间的距离，将尺的零点对准 A 点，将尺抬高，并由记录者目估使尺拉水平，然后用垂球将尺的末端投于地面上，再插以测钎。若地面倾斜度较大，将整尺段拉平有困难时，可将一尺段分成几段来平量，如图 5-7 中的 MN 段。

（2）斜量法

如图 5-7 所示，当地面倾斜的坡面均匀时，可以沿斜坡量出 AB 的斜距 L，测出 AB 两点的高差 h，或测出倾斜角 α，然后算得水平距离 D。

$$D = L\cos\alpha$$

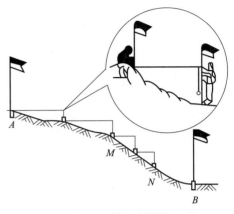

图 5-7　斜量法测距

四、钢尺丈量的精密方法

1. 丈量方法

直线丈量精度较高时，需采用精密丈量方法。丈量方法与一般方法相同，但需要注意以下几点。

① 必须采用经纬仪定线，且在分点上定木桩，桩高出地面 2～4cm，再用经纬仪在木桩桩顶精确定线。

② 丈量两个相邻点间的倾斜长度，测量其高差。每尺段要用不同的尺位读取三次读数，三次算出的尺段长度其较差如不超过 2～3mm，取其平均值作为丈量结果。每量一个尺段，均要测量温度，温度值按要求读至 0.5℃ 或 1℃。同法丈量各尺段长度，当往测完毕后，再进行返测。

③ 量距精度为 1/40000 时，高差较差不应超过 ±5mm；量距精度为 1/20000～1/10000 时，高差较差不应超过 ±10mm。若符合要求，取其平均值作为观测结果。

2. 成果整理

（1）尺长方程式

为了改正量取的名义长度，获得实际距离，故需要对使用的钢尺进行检定。通过检定，求出钢尺在标准拉力（30m 钢尺为 100N）、标准温度（通常为 20℃）下的实际长度，给出标准拉力下尺长随温度变化的函数关系式，这种关系式称尺长方程式。

$$l_t = l_0 + \Delta l_0 + \alpha(t - t_0)l_0$$

式中　l_t——钢尺在标准拉力 F 下，温度为 t 时的实际长度；

　　　l_0——钢尺的名义长度；

　　　Δl_0——在标准拉力、标准温度下钢尺名义长度的改正数，等于实际长度减去名义长度；

　　　α——钢尺的线膨胀系数，即温度变化 1℃，单位钢尺长度的变化量；

　　　t——量距时的钢尺温度，℃；

　　　l_0——标准温度，通常为 20℃。

（2）各尺段平距的计算

精密量距中，每一实测的尺段长度，都需要进行尺长改正、温度改正、倾斜改正，以求出改正后的尺段平距。

各尺段的水平距离求和，即为总距离。往、返总距离算出后，按相对误差评定精度。当精度符合要求时，取往、返测量的平均值作为距离丈量的最后结果。

五、钢尺量距的误差分析

1. 定线误差

分段丈量时，距离也应为直线，定线偏差使其成为折线，与钢尺不水平的误差性质一样使距离量长了。前者是水平面内的偏斜，而后者是竖直面内的偏斜。

2. 尺长误差

钢尺必须经过检定以求得其尺长改正数。尺长误差具有系统积累性，它与所量距离成正比。精密量距时，钢尺虽经检定并在丈量结果中进行了尺长改正，但结果中仍存在尺长误差，因为一般尺长检定方法只能达到 0.5mm 左右的精度。在一般量距时可不做尺长改正。

3. 温度误差

由于用温度计测量温度，测定的是空气的温度，而不是钢尺本身的温度。在夏季阳光暴晒下，此两者温度之差可大于 5℃。因此，钢尺量距宜在阴天进行，并要设法测定钢尺本身的温度。

4. 拉力误差

钢尺具有弹性，会因受拉力而伸长。量距时，如果拉力不等于标准拉力，钢尺的长度就会产生变化。精密量距时，用弹簧秤控制标准拉力，一般量距时拉力要均匀，不要或大或小。

5. 钢尺不水平的误差

钢尺量距时，如果钢尺不水平，总是使所量距离偏大。精密量距时，测出尺段两端点的高差，进行倾斜改正。常用普通水准测量的方法测量两点的高差。

6. 钢尺垂曲和反曲的误差

钢尺悬空丈量时，中间下垂，称为垂曲。故在钢尺检定时，应按悬空与水平两种情况分别检定，得出相应的尺长方程式，按实际情况采用相应的尺长方程式进行结果整理，这项误差在实际作业中可以不计。

在凹凸不平的地面量距时，凸起部分将使钢尺产生上凸现象，称为反曲。如在尺段中部凸起 0.5m，由此而产生的距离误差是不能允许的，应将钢尺拉平丈量。

7. 丈量本身的误差

它包括钢尺刻划对点的误差、插测钎的误差及钢尺读数误差等。这些误差是由人的感官能力所限而产生的，误差有正有负，在丈量结果中可以互相抵消一部分，但仍是量距工作的一项主要误差来源。

 知识拓展

钢尺量距的注意事项

① 测量前检查钢卷尺的合格证标签是否清晰，确认卷尺是否在有效期内，不在有效期内或标识不清晰的卷尺禁止使用。

② 被测量工件的起始端部应无毛边，保证测量的精度。

③ 尺带表面不得有锈迹和明显的斑点、划痕，线纹应十分清晰。

④ 检查卷尺的各个部位，拉出和收入卷尺时，应轻便、灵活，无卡住现象；制动时，

卷尺的按钮装置应能有效地控制尺带收卷，不得有阻滞失灵现象。

⑤ 尺带只能卷不能折；使用卷尺时，拉出尺带不得用力过猛，而应徐徐拉出，用完后也应让它徐徐退回；对卷尺制动时，应先按下制动按钮，然后徐徐拉出尺带，用完后按下制动按钮，尺带自动收卷；尺带自动收卷时，应防止尺带伤人。

六、卷尺测距操作常见问题及防治措施

在卷尺测距过程中常常会出现测距出现偏差的现象。

1. 原因分析

① 选用量距工具不当，不能满足精度要求。

② 距离全长超过一整尺时，直线花杆定线产生偏差。

③ 未吊铅球直接插测杆，分段点位置偏离，造成读数积累偏差。

④ 两人拉尺用力不均，或未拉紧拉平钢尺。

2. 预防措施

① 皮尺易伸缩，量距要求较低时使用。在距离测量中，应选用抗拉强度高、不易伸缩、经有资质计量单位检定过的钢尺。

② 当距离超出一整尺时，应采用"三点一线法"，距离较长时花杆采用经纬仪定线、定位。

③ 在吊锤球尖端指示地面点处，测杆与钢尺垂直后再插入。

④ 应两人同时用力均匀拉紧并抬平钢尺，然后读出数据。

⑤ 斜坡上量距离，应由坡顶向坡下丈量，以避免锤球在地上确定分段点时产生偏差。

⑥ 为了校核并提高丈量精度，要求进行往返丈量，取平均值作为结果，量距精度用往返测距值的差数与平均值之比表示。普通量距在平坦地区要求达到 1/3000；起伏变化较大地区要求达到 1/2000；丈量困难地区不得大于 1/1000。如果往测和返测距离值的差数，与往返丈量平均值之比超过范围时，应重新丈量，否则可以平差。

第二节　视距测量距离

一、水平视线下的视距测量

水平视线下进行视距测量的方法按照使用仪器的不同可分为水准仪视距测量和经纬仪视距测量。

🔰 **知识拓展**

视距测量是使用水准仪或经纬仪配合水准尺进行距离测量的一种测距方法，其优点是操作比较简单、观测速度较快，而且具有一定的精度。利用经纬仪还可以通过测定竖直角间接测定水平距离和高差。这种方法一般用于地形测图中或仅需要得到距离而对精度要求并不很高的情况。

1. 水准仪视距测量

如图 5-8 所示，欲测定 A、B 两点间的水平距离 D_{AB}，首先将水准仪安置于 A 点（或 B 点）上进行大致对中和整平，在另一点上铅垂竖立一个水准尺。旋转望远镜概略照准水准尺，进行对光并消除视差，精密整平望远镜使视线水平。以望远镜十字丝的上丝和下丝在

水准尺上读取相应的读数 m、n，则 A、B 两点间的水平距离 D_{AB} 为

$$D_{AB}KL = K(m-n)$$

式中　K——视距常数，一般取 $K=100$；

　　　　L——上、下丝读数 m、n 的差值（取绝对值），称为视距间隔。

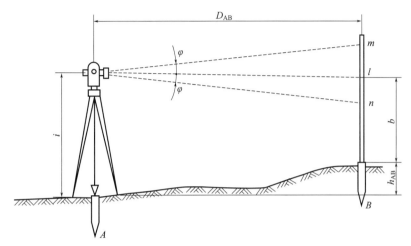

图 5-8　水平视线下的视距测量

2. 经纬仪视距测量

　　经纬仪视距测量的关键在于调整望远镜使视线达到水平状态。欲测定 A、B 两点间的水平距离 D_{AB}，先将经纬仪安置于 A 点（或 B 点）上进行对中和整平，在另一点上铅垂竖立一个水准尺，旋转照准部及望远镜概略照准水准尺（使视线大致水平）。进行对光并消除视差后，利用水平微动螺旋精确照准水准尺（使纵丝平分水准尺），调整竖盘水准管微动螺旋使水准管气泡居中（即竖盘指标归零），旋转测微轮使测微尺读数为 $0'00''$，再调整竖直微动螺旋使望远镜上下微动达到竖盘读数为 $90°$ 或 $270°$，此时望远镜视线水平。剩余操作与水准仪视距测量步骤相同，即通过望远镜十字丝的上丝和下丝在水准尺上读取读数，以公式计算出两点间的水平距离 D_{AB}。

二、倾斜视线下的视距测量

　　倾斜视线下的视距测量只能使用经纬仪测定方法。在进行视距测量时，基本方法与水平视线下的经纬仪视距测量方法大体相同，所不同的是：在照准水准尺后除了读取上丝和下丝的读数以外，还要按照竖直角测量的方法读取竖直度盘读数，求出竖直角 α。由于经纬仪视线倾斜，它与水准尺尺面不垂直，所以视线水平时的视距公式不能直接应用，需要进行修正。

　　如图 5-9 所示，将倾斜视线在水准尺上的视距间隔 l 化为垂直于水准尺视线的视距间隔 l'，并以此计算斜距 D'，则有

$$l' = l\cos\alpha \quad D' = Kl' = kl\cos\alpha$$

将斜距 D' 化为平距 D，则

$$D = D'\cos\alpha \quad D = kl\cos^2\alpha$$

　　在视距测量读取上丝、下丝读数及竖盘读数的同时，还要读取中丝读数 b，并量出仪器的高度 i。则 A、B 两点间的高差 h_{AB} 计算如下。

　　视线水平时

$$h_{AB} = i - b$$

视线倾斜时

$$h_{AB} = h' + i - b$$

其中

$$h' = D'\sin\alpha = KL\sin\alpha\cos\alpha$$

式中 h'——仪器横轴中心点与水准尺上中丝对准刻划点之间的高差；

b——中丝读数；

i——仪器高度。

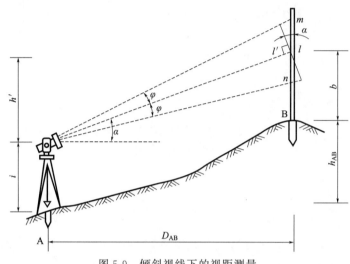

图 5-9 倾斜视线下的视距测量

三、视距测量的误差

视距测量的误差见表 5-1。

表 5-1   视距测量的误差

误差类型	主要内容
用视距丝读取尺间隔的误差	视距丝的读数是影响视距精度的重要因素，视距丝的读数误差与尺子最小分划的宽度、视距的远近、成像清晰情况有关。在视距测量中一般根据测量精度要求限制最远视距
标尺倾斜误差	视距计算的公式是在视距尺严格垂直的条件下得到的。如果视距尺发生倾斜，将给测量带来不可忽视的误差影响，故测量时立尺要尽量竖直。在山区作业时，由于地表有坡度而给人以一种错觉，使视距尺不易竖直，因此应采用带有水准器装置的视距尺
视距常数的误差	通常认定视距常数 $K=100$，但由于视距丝间隔有误差，视距尺系统性刻划误差，以及仪器检定的各种因素影响，都会使 K 值不为 100。K 值一旦确定，误差对视距的影响是系统性的
外界条件的影响	（1）大气竖直折射的影响，大气密度分布不均匀，特别在晴天接近地面部分密度变化更大，使视线弯曲，给视距测量带来误差。根据经验，只有在视线离地面超过 1m 时，折射影响才比较小 （2）空气对流使视距尺的成像不稳定。此现象在晴天，视线通过水面上空和视线离地太近时较为突出，成像不稳定造成读数误差的增大，对视距精度影响很大 （3）风力使尺子抖动。如果风力较大使尺子不易立稳而发生抖动，分别用两根视距丝读数时又不可能严格在同一时候进行，所以对视距间隔将产生影响

四、精密量距常见问题及防治措施

精密量距操作过程中常会出现精密量距偏差过大的现象。

1. 原因分析

① 精密量距使用的钢尺相对误差偏大。

② 传距桩预埋深度不统一，倾斜改正值未计算。

③ 拉尺时弹簧秤施加的拉力与检定时拉力不符。

④ 钢尺受环境因素的直接影响。

⑤ 精密量距的计算方法不当，未全面考虑影响因素产生的改正值。

2. 防治措施

① 精密量距使用的整尺段长度丈量钢尺和零尺段丈量的补尺，必须经过有资质的计量单位检定，其丈量的相对误差不应大于 1/100000。

② 传距桩要使用经纬仪定线预理，要用水准仪测量其高度，应计算其斜距改正值。

③ 使用的钢尺在开始量距前应先打开与空气接触，经 10min 后，施加和钢尺检定时相同的拉力进行读数，随后调整起始分划线，重新对准桩顶标志读出读数，要求记录三组读数。读数应估读到 0.1～0.5mm，每次较差为 0.5～1mm。每次记录读数时，应同时测出钢尺量距时的实际温度。全段距离丈量，应往返两测回以上，相对误差应不大于 1/10000～1/5000。

第三节　光电测量距离

一、光电测距仪的测距原理

如图 5-10 所示，欲测定 A、B 两点间的距离 D，可在 A 点安置光电测距仪，B 点设置反射棱镜。光电测距仪发出一束光波到达 B 点，经过棱镜反射之后，返回到 A 点，被光电测距仪接收。通过测定光波在 A、B 两点之间往返传播的时间 t，并根据光波在大气中的传播速度 c，可计算得出距离 $D = ct/2$。

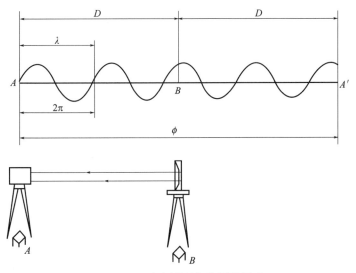

图 5-10　光电测距仪的测距原理

光电测距仪按照测定时间 t 的方式，分为直接测定时间的脉冲测距法和间接测定时间的相位测距法。脉冲测距法采用电子脉冲计数的方式测定时间，但精度相对较低，不能满足工程测量的精度要求，因此高精度的测距仪，一般采用相位式。

相位式光电测距仪的测距原理是：由光源发出的光通过调制器后，变成光强随着高频信号而变化的调制光，通过测量调制光在待测距离上往返传播的相位差来计算距离。为了方便说明，在图 5-10 中将从 B 点返回 A 点的光波沿测线方向展开绘制出来到 A'。假设调制光的波长为 λ，其光强变化一个周期的相位移为在往返距离间的相位移为 ϕ，则波的周期数为 $\phi/(2\pi)$，它一定包含整波个数 N 和不足一个整波的零波数 ΔN，因此可以得出：$D = \lambda/2 (N + \Delta N)$。

相位法测距相当于采用"光尺"代替钢尺量距，而将 $\lambda/2$ 作为光尺长度。在相位式测距仪中，相位计只能测出相位移的尾数，而不能测出其整周期数 N，因此对于大于光尺的距离就不可测定。这就需要选择较长的光尺（大于所要测量的距离），以扩大测程。

📖 知识拓展

为了解决既能扩大测程，又能保证精度的问题，在光电测距仪上一般采用两个不同固定波长的调制波，即两把光尺：一把是精测尺，作为短尺；另一把是粗测尺，作为长尺。光波经过传播到达反射棱镜后反射回来被测距仪接收，通过相位计分别测定出整个传播过程中长尺的相位移尾数作为 N 以及短尺的相位移尾数，加以自动组合处理后再在显示屏上显示出来，这就是所测距离的结果。

二、光电测距仪的使用方法

使用光电测距仪测距时，需要将测距仪和反射棱镜分别安置在距离段两端点（对中和整平），然后使测距仪照准反射棱镜，打开电源，按动测距按钮，仪器会自动进行多次观测并取中显示。需要时，还可以输入气压、温度等气象参数，进行距离改正；若视线倾斜时，还可以输入竖直角，将斜距改算为水平距离。

由于各种测距仪的结构型式有所不同，所以操作方法也会有所不同，具体的测距操作方法应参照仪器生产厂家提供的使用说明书进行。

三、光电测距时的注意事项

① 气象条件对光电测距的结果影响较大，应在成像清晰和气象条件良好时进行，阴天而有微风是观测的最佳条件；在气温较低时作业，应对测距仪进行提前预热，使其各电子部件达到正常稳定的工作状态时再开始测距，读数应在信号指示器处于最佳信号范围内时进行。

② 测线应尽量离开地面障碍物 1.3m 以上，避免通过发热体和较宽水域的上空，视线倾角不宜过大。

③ 测线应避开强电磁场干扰的地方，例如测线不宜接近变压器、高压线等。

④ 测站和镜站的周围不应有反光镜和其他强光源等，以免产生干扰信号。

⑤ 严防阳光及其他强光直射接收物镜，以免光线经镜头聚焦进入机内，将部分元件烧坏，阳光下作业应打伞保护仪器。

⑥ 运输中避免撞击和震动，迁站时要停机断电。

第四节　直线定向

一、标准方向线

标准方向线的种类见表 5-2。

表 5-2 标准方向线的种类

种类	主要内容
真子午线方向	通过地面上一点并指向地球南北极的方向线,称为该点的真子午线方向。真子午线方向是用天文测量方法测定的。指向北极星的方向可近似地作为真子午线的方向
磁子午线方向	通过地面上一点的磁针,由静止时其轴线所指的方向(磁南北方向)称为磁子午线方向。磁子午线方向可用罗盘仪测定 由于地磁两极与地球两极不重合,致使磁子午线与真子午线之间形成一个夹角 δ,称为磁偏角。磁子午线北端偏于真子午线以东为东偏,δ 为正;以西为西偏,δ 为负
坐标纵横方向	测量中常以通过测区坐标原点的坐标纵轴为准,测区内通过任意一点与坐标纵轴平行的方向线,称为该点的坐标纵轴方向 真子午线与坐标纵横轴间的夹角 γ 称为子午线收敛角。坐标纵轴北端在真子午线以东为东偏,γ 为"+";以西为西偏,γ 为"—" 如图 5-11 所示为三种标准方向间关系的一种情况,δ_m 为磁针对坐标纵轴的偏角 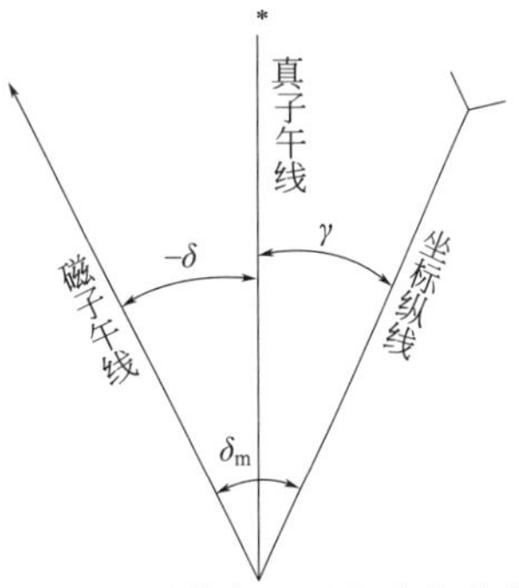 图 5-11 磁偏角和子午线收敛角

📖 知识拓展

直线定向

在测量工作中常常需要确定两点平面位置的相对关系,此时仅仅测得两点间的距离是不够的,还需要知道这条直线的方向,才能确定两点间的相对位置,在测量工作中,一条直线的方向是根据某一标准方向线来确定的,确定直线与标准方向线之间的夹角关系的工作称为直线定向。

二、方位角

由标准方向的北端起,按顺时针方向量到某直线的水平角,称为该直线的方位角,取值范围为 0°～360°。由于采用的标准方向不同,直线的方位角有如表 5-3 所示的三种。

表 5-3 方位角的种类及内容

种类	内容
真方位角	从真子午线方向的北端起,按顺时针方向量至某直线间的水平角,称为该直线的真方位角,用 A 表示
磁方位角	从磁子午线方向的北端起,按顺时针方向量至某直线间的水平角,称为该直线的磁方位角,用 A_m 表示
坐标方位角	从平行于坐标纵轴的方向线的北端起,按顺时针方向量至某直线的水平角,称为该直线的坐标方位角,以 α 表示,通常简称为方向角

三、用罗盘仪测定磁方位角

当测区内没有国家控制点可用,需要在小范围内建立假定坐标系的平面控制网时,可用罗盘仪测量磁方位角，作为该控制网起始边的坐标方位角。将过起始点的磁子午线作为坐标纵轴线，下面简单介绍罗盘仪的构造和使用方法。

1. 罗盘仪的构造

罗盘仪是测量直线磁方位角的仪器。仪器构造简单（图 5-12），使用方便，但精度不高，外界环境对仪器的影响较大，如钢铁建筑和高压电线都会影响其精度。

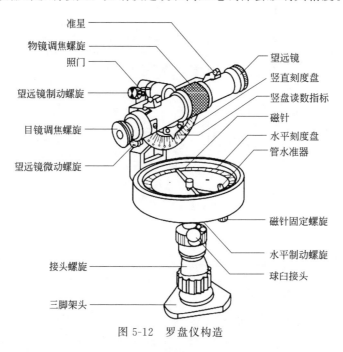

图 5-12 罗盘仪构造

罗盘仪的主要部件有磁针、刻度盘、望远镜和基座，见表 5-4。

表 5-4 罗盘仪的主要部件

部件名称	主要内容
磁针	磁针用人造磁铁制成，磁针在度盘中心的顶针尖上可自由转动。为了减轻顶针尖的磨损，在不用时，可用位于底部的固定螺旋升高杠杆，将磁针固定在玻璃盖上
刻度盘	用钢或铝制成的圆环，随望远镜一起转动，每隔 10° 有一个注记，按逆时针方向从 0° 注记到 360°，最小分划为 1° 或 30′。刻度盘内装有一个圆水准器或两个相互垂直的管水准器，用于控制气泡居中，使罗盘仪水平
望远镜	与经纬仪的望远镜结构基本相似，也有物镜对光螺旋、目镜对光螺旋和十字丝分划板等，其望远镜的视准轴与刻度盘的 0° 分划线共面
基座	采用球臼结构，松开球臼接头螺旋，可摆动刻度盘，使水准气泡居中，度盘处于水平位置，然后拧紧接头螺旋

2. 用罗盘仪测定直线磁方位角的方法

欲测直线的磁方位角，可将罗盘仪安置在直线起点 A，挂上垂球对中，松开球臼接头螺旋，用手前、后、左、右转动刻度盘，使水准器气泡居中，拧紧球臼接头螺旋，使仪器处于对中和整平状态。松开磁针固定螺旋，让它自由转动，然后转动罗盘，用望远镜照准 B 点标志，待磁针静止后，按磁针北端（一般为黑色一端）所指的度盘分划值读数，即为边的磁方位角角值，如图 5-13 所示。

使用时，要避开高压电线和避免铁质物体接近罗盘，在测量结束后，要旋紧固定螺旋将磁针固定。

四、正反坐标方位角

测量工作中的直线都具有一定的方向，如图 5-14 所示，以 A 点为起点，B 点为终点的直线的坐标方位角 α_{AB}，称为直线 AB 的正坐标方位角。而直线的坐标方位角称为直线 AB 的反坐标方位角。同理，α_{BA} 为直线的正坐标方位角，α_{BA} 为直线 BA 的反坐标方位角，由图 5-14 可以看出，正、反坐标方位角线的磁方位角间的关系为

$$\alpha_{AB} = \alpha_{AB} \pm 180°$$

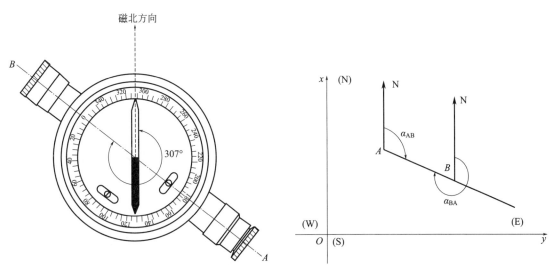

图 5-13　用罗盘仪测定直线磁方位角的原理　　　　图 5-14　正反坐标方位角间的关系

五、象限角

由坐标纵轴的北端或南端起，顺时针或逆时针至某直线间所夹的锐角，并注出象限名称，称为该直线的象限角，以尺表示之，角值范围为 $0° \sim 90°$。如图 5-15 所示，直线 01、02、03、04 的象限分别为北东 R_{01}、南东 R_{02}、南西 R_{03} 和北西 R_{04}。

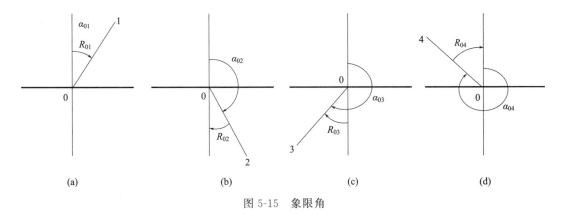

图 5-15　象限角

六、直线定线

1. 目测定线

目测定线就是用目测的方法，用标杆将直线上的分段点标定出来。如图 5-16 所示，M、N 是地面上互相通视的了两个固定点，C、D 为待定段点。定段时，先在 M、N 点上竖立标杆，测量员甲位于点后 $1\sim2\mathrm{m}$ 处，视线将 M、N 梁标杆同一侧相连成线，然后指挥测量员乙持标杆在 C 点附近左右移动标杆，直至三根标杆的同侧重合到一起时为止。同法可定出 MN 方向上的其他分段点。定线时要将标杆竖直。在平坦区，定线工作常与丈量距离同时进行，即边定线边丈量。

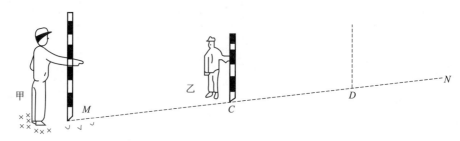

图 5-16　目测定线

2. 过高地定线

如图 5-17 所示，M、N 两点在高地两侧，互不通视，欲在 M、N 两点间标定直线，可采用逐渐趋近法。现在 M、N 两点上竖立标杆，甲、乙两人各持标杆分别选择 O_1 和 P_1 处站立，要求 N、O_1、P_1 位于同一直线上，且甲能看到 N 点。可先由甲站在 O_1 处指挥乙移动至 NO_1 直线上的 P_1 处。然后，由站在 P_1 处的乙指挥甲移至 MP_1 直线上的 O_2 点，要求在 O_2 处能看到 N 点，接着再由站在 O_2 处的甲指挥乙移至能看到 M 点的 P_2 处，这样逐渐趋近，直至 O、P、N 在一条直线上，同时 M、O、P 也在一条直线上，这时说明 M、O、P、N 在同一条直线上。

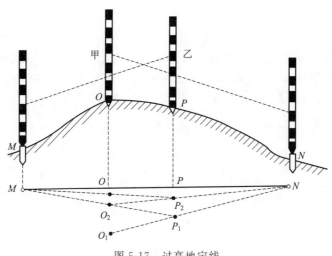

图 5-17　过高地定线

3. 经纬仪定线

若量距的精度要求较高或两端点距离较长时，宜采用经纬仪定线（图 5-18）。欲在 MN

直线上定出点 1、2、3…在 M 点安置经纬仪，对中、整平后，用十字丝交点瞄准 N 点标杆根部尖端，然后制动照准部，望远镜可以上、下移动，并根据定点的远近进行望远镜对光，指挥标杆左右移动，直至 1 点标杆下部尖端与竖丝重合为止。其他点的标定只需将望远镜的俯角变化，即可定出。

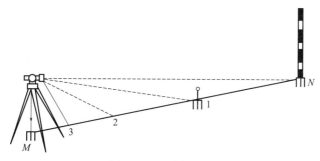

图 5-18　经纬仪定线

第六章

全站仪和卫星定位测量

扫码看视频

第一节　全站仪构造与测量原理（附视频）

一、相位法测距原理

目前使用的全站仪均采用相位法测距。如图 6-1 所示，设欲测定的
A、B 两点间的距离为 D，在 A 点安置仪器，在 B 点安置反射镜，由仪器发射调制光，经过距离 D 到达反射镜，再由反射镜返回到仪器接收系统，如果能测出速度为 c 的调制光在距离 D 上往返传播的时间 t，则距离 D 即可按下式求得。

$$D = \frac{ct}{2}$$

式中　D——待测距离，m；

　　　c——调制光在大气中的传播速度，m/s；

　　　t——调制光在往、返距离上的传播时间，s。

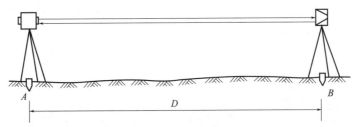

图 6-1　红外光电测距原理

用光电测距时，是将发光管发出的高频波，通过调制器改变其振幅，而且使改变后的振幅的包络线呈正弦变化，同时具有一定的频率。发光管直接发出的高频波称为截波，经过调制而形成的波称为调制波，调制波的波长为 λ。为便于说明，把光波在往返距离上的传播展开形成一条直线，如图 6-2 所示，显然，调制光返回到 A 点的相位比发射时延迟了 ϕ。

由于侧向装置不能测定一个整周期的相位差 $\Delta\phi$，不能测出整周期 N 值，因此只有当光尺长度大于待测距离时（此时 $N=0$），距离方可以确定，否则就存在多值解的问题。换句话说，测程与光尺长度有关。要想使仪器具有较大的测程，就应选用较长的"光尺"。例如用 10m 的"光尺"，只能测定小于 10m 的距离数据；若用 1000m 的"光尺"，则能测定 1000m 的距离。但是，由于仪器存在测相误差，它与"光尺"长度成正比，约为 1/1000 的光尺长度，因此"光尺"长度越长，测距误差就越大。10m 的"光尺"测距误差为 ±10mm，而 1000m 的"光尺"测距误差则达到 ±1m，这样大的误差是过程中所不允许的。

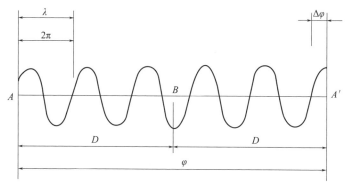

图 6-2　调制光波在被测往返距离上的展开图

二、测角原理

扫码看视频

全站仪操作2

全站仪测读角系统是利用光电扫描度盘，自动显示于读数屏幕，使观测时操作更简单，且避免了人为读数误差。目前电子测角有三种度盘形式，即编码度盘、光栅度盘和格区式度盘。

1.编码度盘的绝对法电子测角原理

编码度盘属于绝对式度盘，即度盘的任意一个位置均可读出绝对的数值。

编码度盘通常是在玻璃圆盘上支撑多道同心圆环，每一个同心圆环成为码道。度盘按码道数 n 等分成 2^n 个扇形区，度盘的角度分辨率为 $360°/2^n$。如图 6-3 所示是一个 4 码道的纯二进制的编码度盘，度盘分成 16 个扇形区。图中黑色部分表示透光区，白色部分表示不透光区。透光表示二进制代码"1"，不透光表示二进制代码"0"。通过各区间的 4 个码道的透光和不透光，即可由里向外读出 4 位二进制数。

利用这样一种度盘测量角度，关键在于识别瞄准的方向所在的区间。例如已知角的方向在区间 1，某一瞄准方向在区间 8，则中间所隔 6 个区间所对应的角度即为该角值。

如图 6-4 所示的光电识别系统可译出码道的状态，以识别所在的区间。图中 8 个二极管的位置不动，度盘上方的 4 个发光二极管加上电压就发光，当度盘停止转动后，处于度盘下方的光电二极管就接收来自上方的信号，由于码道分为透光和不透光两种状态，接收二极管上有无光照就取决于各码道的状态。如果透光，光电二极管受到光照后阻值大大减小，使原来处截止状态的晶体二极管导通，输出高电位，表示 1；而不受光照的二极管阻值很大，晶体二极管仍处于截止状态，输出低电

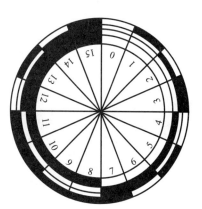

图 6-3　4 码道的纯二进制的编码度盘

位，表示 0。这样，度盘的透光与不透光状态就变成电输出，通过对两组电信号的译码，就可得到两个度盘的位置，即为构成角度的两个方向值，两个方向值之间的差值就是该角值。

对于上述的 4 码道、16 个扇形区码盘，角度分辨率＝22.5°。显然这样的码盘不能在实际中应用，必须提高角度分辨率。要提高角度分辨率必须缩小区间间隔，要增加区间的状态数，就必须增加码道数。由于测角的度盘不能制作得很大，因此码道数就受到光电二极管的尺寸限制。由此可见，单利用编码度盘测角是很难达到很高的精度的，因此在实际中，多采用码道和各种电子测微技术相结合进行读数。

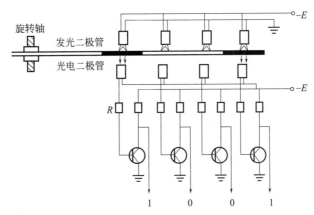

图 6-4　编码度盘码道光电识别系统

2. 光栅度盘的增量法电子测角原理

光栅度盘是在光学玻璃上全圆（360°）均匀而密集地刻划出许多径向刻线，构成等间距的明暗条纹（光栅）。通常光栅的刻线宽度与缝隙宽度相同，两者之和称为光栅的栅距，栅距所对的圆心角即为栅距的分化值。

三、全站仪的外部结构

扫码看视频

如图 6-5 所示为全站仪的外部结构。由图 6-5 可见，其结构与经纬仪相似，区别主要是全站仪上有一个可供进行各项操作的键盘。

全站仪操作3

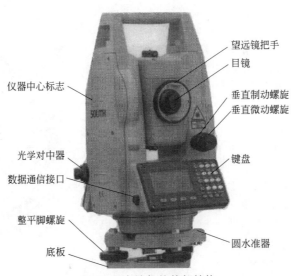

望远镜把手
目镜
垂直制动螺旋
垂直微动螺旋
键盘
圆水准器
整平脚螺旋
底板
数据通信接口
光学对中器
仪器中心标志

图 6-5　全站仪的外部结构

四、全站仪的辅助设备

扫码看视频

全站仪要完成预定的测量工作，必须借助于必要的辅助设备。全站仪常用的辅助设备有：三脚架、反射棱镜或反射片、垂球、管式罗盘、温度计和气压表、打印机连接电缆、数据通信电缆、阳光滤色镜以及电池及充电器等。全站仪各部件的功能见表 6-1。

全站仪操作4

表 6-1　全站仪各部件的功能

部件名称	主要内容
三脚架	用于测站上架设仪器，其操作与经纬仪相同
反射棱镜或反射片	用于测量时立于测点，供望远镜照准(图 6-6)。在工程中，根据工程的不同，可选用三棱镜、九棱镜等
垂球	在无风天气下，垂球可用于仪器的对中，使用方法同经纬仪
管式罗盘	供望远镜照准磁北方向，使用时，将其插入仪器提柄上的管式罗盘插口即可，松开指针的制动螺旋，旋转全站仪照准部，使罗盘指针平分指标线，此时望远镜指向北方
打印机连接电缆	用于连接仪器和打印机，可直接打印输出仪器内的数据
温度计和气压表	提供工作现场的温度和气压，用于仪器参数设置
数据通信电缆	用于连接仪器和计算机进行数据通信
阳光滤色镜	对着太阳进行观测时，为了避免阳光造成对观测者视力的伤害和仪器的损坏，可将翻转式阳光滤色镜安装在望远镜的物镜上
电池机充电器	为仪器提供电源

知识拓展

全站仪

全站仪的优点：小型望远镜，便于照准目标时的操作；轻巧紧凑的设计；横轴、竖轴、视准轴误差自动补偿；电子气泡；双速调焦操作；用户自定义按键的功能。

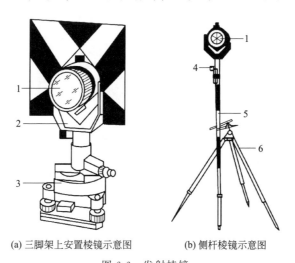

(a) 三脚架上安置棱镜示意图　　(b) 侧杆棱镜示意图

图 6-6　发射棱镜

1—棱镜；2—棱镜框；3—棱镜底座；4—圆水准器；5—测杆；6—轻型三脚架

第二节　全站仪测量的基本测量方法（附视频）

一、测量前的准备工作

测量前的准备工作见表 6-2。

扫码看视频

全站仪操作5

表 6-2　测量前的准备工作

步骤要点	注意内容
安装电池	在测量前应先检查内部电池的充电情况,如电力不足,要及时充电。充电时要用仪器自带的充电器进行充电,充电时间需 12～15h,不要超出规定时间。整平仪器前应装上电池,因为装上电池后仪器会发生微小的倾斜。观测完毕须将电池从仪器上取下
架设仪器	全站仪的安置同经纬仪相似,也包括对中和整平两项工作。对中均采用光学对中器,具体操作方法与经纬仪相同
开机和显示屏显示的测量模式	检查已安装上的内部电源,即可打开电源开关。电源开启后主显示窗随即显示仪器型号、编号和软件版本,数秒后发生鸣响,仪器自动转入自检,通过后显示检查合格。数秒后接着显示电池电力情况。若电压过低,应关机更换电池
设置仪器参数	根据测量的具体要求,测前应通过仪器的键盘操作来选择和设置参数。主要包括:观测条件参数设置、日期和时钟的设置、通信条件参数的设置和计量单位的设置等
其他方面	对于不同型号的全站仪,必要情况下,应根据测量的具体情况进行其他方面的设置,如恢复仪器参数出厂设置、数据初始化设置、水平角恢复、倾角自动补偿、视准差改正及电源自动切断等

 知识拓展

全站仪出厂时，开机后主显示屏显示的测量模式一般是水平度盘和竖直度盘模式，要进行其他测量可通过菜单进行调节。

二、全站仪的操作与使用

全站仪可以完成角度（水平角、垂直角）测量、距离（斜距、平距、高差）测量、坐标测量、放样测量、交会测量及对边测量等十多项测量工作。这里仅介绍水平角、距离、坐标及放样测量等基本方法。

扫码看视频

全站仪操作6

1. 水平角测量

（1）基本操作方法

① 首先选择水平角显示方式。水平角显示具有左角 HAL（逆时针角）和右角 HAR（顺时针角）两种形式可供选择，进行测量前，应首先将显示方式进行定义。

② 然后进行水平度盘读数设置。

扫码看视频

全站仪操作7

a.水平方向置零。测定两条直线间的夹角，先将其中任一点作为起始方向，并通过键盘 0Set 操作，将望远镜照准该方向时水平度盘的读数设置为 $0°00'00''$，简称为水平方向置零。

b.方位角设置（水平度盘定向）。当在已知点上设站，照准另一个已知点时，则该方向的坐标方位角是已知量，此时可设置水平度盘的读数为已知坐标方位角值，称为水平度盘定向。此后，照准其他方向时，水平度盘显示的读数即为该方向的坐标方位角值。

（2）水平角测量

用全站仪测量水平角时，首先选择水平角表示方式。精确照准后视点并进行水平方向置零（水平度盘的读数设置为 $0°00'00''$），再旋转望远镜精确照准前视点，此时显示屏幕上的读数，便是要测的水平角值，记入测量手簿即可。

（3）竖直角测量

如图 6-7 所示，某视线与通过该视线的竖直面内的水平线的夹角称为竖直角，通常以"°"表示。视线在水平线之上称为仰角，符号为正 [图 6-7(a)]；反之称为俯角，符号为负

［图 6-7（b）］。角值范围为 $0°\sim90°$。

竖直角也可以用天顶距表示。天顶距是指视线所在竖面内，天顶方向（即竖直方向）与视线的夹角，通常以 Z 表示，天顶距无负值，角值范围为 $0°\sim180°$。

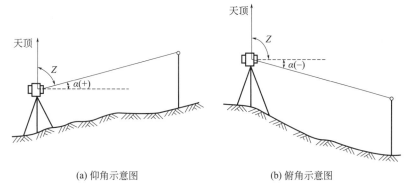

| (a) 仰角示意图 | (b) 俯角示意图 |

图 6-7　竖直角测量

2. 距离测量

（1）参数设置

① 棱镜常数等参数。由于光在玻璃中的折射率为 $1.5\sim1.6$，而光在空气中的折射率近似等于 1，也就是说，光在玻璃中的传播要比空气中慢，因此光在反射棱镜中传播所用的超量时间会使所测距离增大某一数值，通常称作棱镜常数。棱镜常数的大小与棱镜直角玻璃锥体的尺寸和玻璃的类型有关，可按下式确定。

$$P_C = -\left(\frac{N_C}{N_R}a - b\right)$$

式中　N_C——光通过棱镜玻璃的群折射率；

　　　N_R——光在空气中的群折射率；

　　　a——棱镜前平面（透射面）到棱镜顶部的高；

　　　b——棱镜前平面到棱镜装配支架竖轴之间的距离。

实际上，棱镜常数已在厂家所附的说明书或在棱镜上标出，供测距时使用。在精密测量中，为减少误差，应使用仪器检定时使用的棱镜类型。

② 大气改正。由于仪器作业时的大气条件一般不与仪器选定的基准大气条件（通常称为气象参考点）相同，光尺长度会发生变化，使测距产生误差，因此必须进行气象改正（或称大气改正）。

（2）返回信号检测

当精确地瞄准目标点上的棱镜时，即可检查返回信号的强度。在基本模式或角度测量模式的情况下进行距离切换。如返回信号无音响，则表明信号弱，先检查棱镜是否瞄准，如果已精确瞄准，应考虑增加棱镜数，这对长距离测量尤为重要。

（3）距离测量

① 测距模式的选择。全站仪距离测量有精测、速测（或称粗测）和跟踪测等模式可供选择，故应根据测距的要求通过键盘预先设定。

② 开始测距。精确照准棱镜中心，按距离测量键，开始距离测量，此时有关测量信息将闪烁显示在屏幕上。短暂时间后，仪器发出一声短声响，提示测量完成，屏幕上显示出有关距离值。

3. 坐标测量

全站仪可进行三维坐标测量，在输入测站点坐标、仪器高、目标高和后视方向坐标方位角后，用其坐标测量功能可以测定目标的三维目标。

如图 6-8 所示，O 点为测站点，A 点为后视点，1 点为待定点（目标点）。已知 A 点的坐标为 N_A、E_A、Z_A，O 点的坐标为 N_O、E_O、Z_O，并设 1 点的坐标为 N_1、E_1、Z_1，据此，可由坐标反算公式 $\alpha_{OA} = E_A - E_O / (N_A - N_O)$，计算 OA 边的坐标方位角 α_{OA}（称后视方位角）。

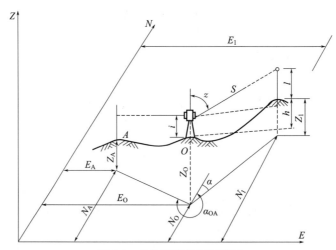

图 6-8 坐标测量计算原理图

坐标测量可按如表 6-3 所示的程序进行。

表 6-3 坐标测量的程序

步骤	操作要点	主要内容
1	坐标测量前的准备工作	仪器已正确地安装在测点上，电池电量充足，仪器参数已按观测条件设置好，度盘定标已完成，测距模式已准确设置，返回信号检验已完成，并适合测量
2	输入仪器高	仪器高是指仪器的横轴中心（一般仪器上设有标志标明位置）至测站点的垂直高度。一般用 2m 钢卷尺量出，在测前通过操作键盘输入
3	输入棱镜高	棱镜高是指棱镜中心至测站点的垂直高度。测前通过操作键盘输入
4	输入测站点数据	在进行坐标测量前，需将测站点坐标 N、E、Z 通过操作键盘依次输入
5	输入后视点坐标	在进行坐标测量前，需将后视点坐标 N、E、Z 通过操作键盘依次输入
6	设置气象改正数	在进行坐标测量前，应输入当时的大气温度和气压
7	设置后视方向坐标方位角	照准后视点，输入测站点和后视点坐标后，通过键盘操作确定后，水平度盘读数所显示的数值，就是后视方向坐标方位角。如果后视方的坐标方位角已知（可以通过测站点坐标和后视点坐标反算得到），此时仪器可先照准后视点，然后直接输入后视方向坐标方位角数值。在此情况下，就无需输入后视点坐标
8	三维坐标测量	精确照准立于待测点的棱镜中心，按坐标测量键，短暂时间后，坐标测量完成，屏幕显示出待测点（目标点）的坐标值，测量完成

4. 放样测量

放样测量用于实地上测设出所要求的点。在放样过程中，通过对照准点角度、距离或坐标的测量，仪器将显示出预先输入的放样数据与实测值之差以指导放样进行。显示的差值由下式计算。

$$水平角差值＝水平角实测值－水平角放样值$$
$$斜距差值＝斜距实测值－斜距放样值$$
$$平距差值＝平距实测值－平距放样值$$
$$高差差值＝高差实测值－高差放样值$$

全站仪均有按角度和距离放样及按坐标放样的功能。

（1）按角度和距离放样测量（又称极坐标放样测量）

角度和距离放样是根据相对于某参考方向转过的角度和至测站点的距离测设处所需要的点位（图6-9）。

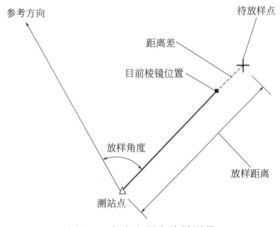

图6-9　角度和距离放样测量

① 全站仪安置于测站，精确照准选定的参考方向，并将水平度盘读数设置为$0°00'00''$。

② 选择放样模式，依次输入距离和水平角的放样数值。

③ 进行水平角放样：在水平角放样模式下，转动照准部，当转过的角度值与放样角度值的差值显示为零时，固定照准部。此时仪器的视线方向即角度放样值的方向。

④ 进行距离放样：在望远镜的视线方向上安置棱镜，并移动棱镜被望远镜照准，选取距离放样测量模式，按照屏幕显示的距离放样引导，朝向或背离仪器方向移动棱镜，直至距离实测值与放样值的差值为零时，定出待放样的点位。

（2）坐标放样测量

按坐标进行放样测量的步骤如下。

① 按表6-3中步骤1～7进行操作。

② 输入放样点坐标：将放样点坐标N_1、E_1、Z_1通过操作键盘一次输入。

③ 参照按水平角和距离进行放样的步骤，将放样点1的平面位置定出。

④ 高程放样，将棱镜置于放样点1上，在坐标放样模式下，测量1点的坐标Z，根据其余已知点Z_1的差值，上、下移动棱镜，直至差值显示为零时，放样点1的位置定出。

第三节　GPS 定位系统简介（附视频）

一、GPS 定位的基本原理

利用 GPS 进行定位，就是把卫星视为"动态"的控制点，在已知其瞬时坐标（可根据卫星轨道参数计算）的条件下，以卫星和用户接收机天线之间的距离（或距离差）为观测量，进行空间距离后方交会，从而确定用户接收机天线所处的位置。

扫码看视频

GPS测量1

1. 静态定位与动态定位

GPS 绝对定位示意图如图 6-10 所示。

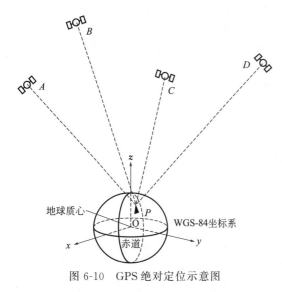

图 6-10　GPS 绝对定位示意图

静态定位是指接收机在进行定位时，待定点的位置相对其周围的点位没有发生变化，其天线位置处于固定不动的静止状态。此时接收机可以连续地在不同历元同步观测不同的卫星，获得充分的多余观测量，根据卫星的已知瞬间位置，计算出接收机天线相位中心的三维坐标。由于接收机的位置固定不动，就可以进行大量的重复观测，所以静态定位可靠性强，定位精度高，在大地测量、工程测量中得到了广泛的应用，是精密定位中的基本模式。

动态定位是指在定位过程中，接收机位于运动着的载体上，天线也处于运动状态的定位。动态定位是用信号实时地测得运动载体的位置。如果按照接收机载体的运行速度，还可将动态定位分为低动态（几十米/秒）、中等动态（几百米/秒）、高动态（几千米/秒）三种形式。其特点是测定一个动点的实时位置，多余观测量少，定位精度较低。

2. 单点定位和相对定位

众所周知，测量工作的直接目的是要确定地面点在空间的位置。早期解决这一问题是采用天文测量的方法，即通过测定北极星、太阳或其他天体的高度角和方位及观测时间，进而确定地面点在该时间的经纬度位置和某一方向的方位角。这种方法受到气候条件的制约，而且定位精度较低。

GPS 单点定位也叫绝对定位，就是采用一台接收机进行定位的模式，它所确定的是接收机天线相位中心在 WGS-84 坐标系中的绝对位置，所以单点定位的结果也属于该坐标系。其基本原理是以卫星和用户接收机天线之间的距离（或距离差）观测量为基础，并根据已知可见卫星的瞬时坐标，来确定用户接收天线相位中心的位置。该定位方法广泛地应用于导航和测量中的单点定位工作。

GPS 单点定位的实质，即是空间距离后方交会。对此，在一个测站上观测 3 颗卫星获取 3 个独立的距离观测量就够了。但是由于 GPS 采用了单程测距原理，此时卫星钟与用户接收机钟不能保持同步，所以实际的观测距离均含有卫星钟和接收机钟不同步的误差影响，习惯上称为伪距。其中卫星的钟差可以用卫星电文中提供的钟差参数加以修正，而接收机的钟差只能作为一个未知参数，与测站的坐标在数据的处理中一并求解。因此，在一个测站上为了求解出 4 个未知参数（3 个点位坐标分量和 1 个钟差系数），至少需要 4 个同步伪距观测值。也就是说，至少必须同时观测 4 颗卫星。

单点定位的优点是只需一台接收机即可独立定位，外业观测的组织及实施较为方便，数据处理也较为简单。缺点是定位精度较低，受卫星轨道误差、钟同步误差及信号传播误差等因素的影响，精度只能达到米级。所以该定位模式不能满足大地测量精密定位的要求。但它在地质矿产勘查等低精度的测量领域，仍然有着广泛的应用前景。

相对定位又称为差分定位，是采用两台以上的接收机（含两台）同步观测相同的卫星，以确定接收机天线间的相互位置关系的一种方法。其最基本的情况是用两台接收机分别安置在基线的两端（图 6-11），同步观测相同的 GPS 卫星，确定基线端点在 WGS-84 坐标系中的相对位置或坐标差（基线向量），在一个端点坐标已知的情况下，用基线向量推求另一待定点的坐标。相对定位可以推广到多台接收机安置在若干条基线的端点，通过同步观测卫星确定多条基线向量。

由于同步观测值之间有着多种误差，其影响是相同的或大体相同的，这些误差在相对定位过程中可以得到消除或减弱，从而使相对定位获得极高的精度。当然，相对定位时需要多台（至少两台）接收机进行同步观测，故增加了外业观测组织和实施的难度。

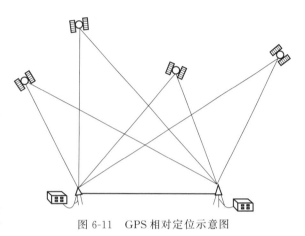

图 6-11　GPS 相对定位示意图

在单点定位和相对定位中，又都可能包括静态定位和动态定位两种方式。其中静态相对定位一般均采用载波相位观测值为基本观测量。这种定位方法是当前 GPS 测量定位中精度最高的一种方法，在大地测量、精密工程测量、地球动力学研究和精密导航等精度要求较高的测量工作中被普遍采用。

二、GPS 定位的基本方法

前面所述的静态定位或动态定位，所依据的观测量都是所测的卫星至接收机天线的伪距。但是，伪距的基本观测量又区分为码相位观测（简称测码伪距）和载波相位观测（简称测相伪距）。这样，根据信号的不同观测量，可以区分为四种定位方法，见表 6-4。

表 6-4　GPS 定位的基本方法

方法	主要内容
卫星射电干涉测量	利用卫星射电信号具有白噪声的特性，由两个测站同时观测一颗 GPS 卫星，通过测量这颗卫星的射电信号到达两个站站的时间差，可以求得站间距离。由于在进行干涉测量时，只把 GPS 卫星信号当作噪声信号来使用，因而无需了解信号的结构，所以这种方法对于无法获得 P 码的用户很有吸引力。其模型与在接收机间求一次差的载波相位测量定位模型十分相似
多普勒定位法	根据多普勒效应原理，利用卫星较高的射电频率，由积分多普勒计数得出伪距差。当采用积分多普勒计数法进行测量时，所需观测时间一般较长（数小时），同时在观测过程中接收机的振荡器要求保持高度稳定。为了提高多普勒频移的测量精度，卫星多普勒接收机不是直接测量某一历元的多普勒频移，而是测量在一定时间间隔内多普勒频移的积累数值，称为多普勒计数
伪距定位法	伪距定位法是利用全球卫星定位系统进行导航定位的最基本的方法，其基本原理是：在某一瞬间利用接收机同时测定至少四颗卫星的伪距，根据已知的卫星位置和伪距观测值，采用距离交会法求出接收机的三维坐标和时钟改正数。伪距定位法定一次位的精度并不高，但定位速度快，经几小时的定位也可达到米级的精度，若再增加观测时间，精度还可提高
载波相位测量	载波信号的波长很短，L_1 载波信号波长为 19cm，L_2 载波信号波长为 24.4cm。若把载波作为量测信号，对载波进行相位测量可以达到很高的精度。通过测量载波的相位而求得接收机到卫星的距离，是目前大地测量和工程测量中的主要测量方法。在载波相位测量基本方程中，包含着两类不同的未知数：一类是必要参数，如测站的坐标；另一类是多余参数，如卫星和接收机的钟差、电离层和对流层延迟等，并且多余参数在观测期间随时间变化，给平差计算带来麻烦

◈ 知识拓展

① 对于静态用户而言，多普勒频移的最大值为 ± 4.5 kHz。如果知道用户的概略位置和可见卫星的历书，便可估算出 GPS 多普勒频移，而实现对 GPS 信号的快速捕获和跟踪，这很有利于 GPS 动态载波相位测量的实施。

② 解决这个问题有两种办法：一种是找出多余参数与时空关系的数学模型，给载波相位测量方程一个约束条件，使多余参数大幅度减少；另一种更有效、精度更高的办法是，按一定规律对载波相位测量值进行线性组合，通过求差达到消除多余参数的目的。

三、导航定位系统的特点

导航定位系统的特点见表 6-5。

表 6-5　导航定位系统的特点

特点	主要内容
定位精度高	应用实践证明，GPS 相对定位精度在 50km 以内可达到 10^{-6} m，$100\sim500$km 可达到 10^{-7} m，1000km 以上可到 10^{-9} m，在 $300\sim1500$m 的工程精度定位中，1h 以上观测的解，其平面位置误差小于 1mm，与 ME-5000 电磁波测距仪测定的边长比较，其边长较差最大为 0.5mm，较差中误差为 0.3mm
观测时间短	随着 GPS 系统的不断完善，软件的不断更新，目前 20km 以内的相对静态定位，仅需 $15\sim20$min；快速静态相对定位测量时，当每个流动站与基准站相距在 15km 以内时，流动站观测时间只需 $1\sim2$min；动态相对定位测量时，流动站出发时观测 $1\sim2$min，然后可随时定位，每站观测仅需几秒钟
测站间无需通视	GPS 测量不要求测站之间互相通视，只需测站上空开阔即可，因此可省大量的造标费用。由于无需点间通视，点位位置根据需要，可稀可密，使选点工作甚为灵活，也可省去经典大地网中的传算点、过渡点的测量工作
可提供三维坐标	经典大地测量将平面与高程采用不同方法分别施测。GPS 可同时精确测定测站点的三维坐标。目前可满足四等水准测量的精度
操作简便	随着 GPS 接收机不断改进，自动化程度越来越高；接收机的体积越来越小，重量越来越轻，极大地减轻了测量工作者的工作紧张程度和劳动强度，使野外工作变得轻松
全天候作业	目前观测可在一天 24h 内的任何时间进行，不受阴天黑夜、起雾刮风、下雨下雪等气候的影响。但雷雨天气不要进行观测，要注意防雷电
功能多、应用广	GPS 系统不仅可用于测量、导航，还可用于测速、测时。测速的精度可达 0.1m/s，测时的精度可达几十纳秒。其应用领域不断扩大

第四节　卫星定位测量的坐标系（附视频）

扫码看视频

GPS测量2

一、坐标系之间的转换

坐标系之间的转换，包括不同参心大地坐标系之间的转换、参心大地坐标系与地心大地坐标系之间的转换，以及大地坐标与高斯平面坐标之间的转换等。实际应用中，通常是将 GPS 测量的 WGS-84 坐标系的坐标，转换为实用的国家或地方坐标系的坐标。

1. 不同空间直角坐标系之间的转换

进行两个不同空间直角坐标系之间的坐标转换，需要求出坐标系之间的转换参数，转换参数一般是利用重合点的两套坐标值，通过一定的数学模型进行计算，当重合点数为 3 个以上时，可以采用布尔莎七参数法进行转换。

设 X_{Di} 为地面网点的参心或地心坐标向量，X_{Gi} 为 GPS 网点的地心坐标向量，由布尔莎模型可知

$$X_{Di} = \Delta X + (1+k) R(\varepsilon_z) R(\varepsilon_y) R(\varepsilon_x) X_{Gi}$$

其中
$$X_{Di} = (x_{Di}, y_{Di}, z_{Di})$$
$$X_{Gi} = (x_{Gi}, y_{Gi}, z_{Gi})$$
$$\Delta X = (\Delta x, \Delta y, \Delta z)$$

$$R(\varepsilon_x) = \begin{bmatrix} 1 & 0 & 0 \\ 0 & \cos\varepsilon_x & \sin\varepsilon_x \\ 0 & -\sin\varepsilon_x & \cos\varepsilon_x \end{bmatrix}$$

$$R(\varepsilon_y) = \begin{bmatrix} \cos\varepsilon_y & 0 & -\sin\varepsilon_y \\ 0 & 1 & 0 \\ \sin\varepsilon_y & 0 & \cos\varepsilon_y \end{bmatrix}$$

$$R(\varepsilon_z) = \begin{bmatrix} \cos\varepsilon_z & \sin\varepsilon_z & 0 \\ -\sin\varepsilon_z & \cos\varepsilon_z & 0 \\ 0 & 0 & 1 \end{bmatrix}$$

式中　　　　X_{Di}，X_{Gi}，ΔX——平移参数矩阵；

k——尺度变化参数；

$R(\varepsilon_x)$，$R(\varepsilon_y)$，$R(\varepsilon_z)$——旋转参数矩阵；

Δx，Δy，Δz，ε_x，ε_y，ε_z——坐标系间的转换参数；

Δx，Δy，Δz——平移转换参数；

k——尺度变化参数；

ε_x、ε_y、ε_z——旋转转化参数。

为了简化计算，当 k、ε_x、ε_y、ε_z 为微小量时，忽略期间的互乘项，且 $\cos\varepsilon \approx 1$，$\sin\varepsilon \approx \varepsilon$，则上述模型写为

$$\begin{bmatrix} x_{Di} \\ y_{Di} \\ z_{Di} \end{bmatrix} = \begin{bmatrix} \Delta x \\ \Delta y \\ \Delta z \end{bmatrix} + (1+k) \begin{bmatrix} 0 & \varepsilon_z & -\varepsilon_y \\ -\varepsilon_z & 0 & \varepsilon_x \\ \varepsilon_y & \varepsilon_x & 0 \end{bmatrix} \begin{bmatrix} x_{Gi} \\ y_{Gi} \\ z_{Gi} \end{bmatrix}$$

通过上述模型，利用重合点的两套坐标值，采取平差的方法可以求得转换参数。求得转换参数后，再利用上述模型进行各点的坐标转换（包括重合点和非重合点的坐标转换）。对于重合点来说，转换后的坐标值与已知值有一个差值，其差值的大小反映转换后坐标的精度，其精度与被转换的坐标精度有关，也与转换参数的精度有关。

各种 GPS 用户设备的软件，无论是测量控制手簿中预装的软件，还是后处理软件，均有坐标转换功能。

2. 不同大地坐标系的换算

不同大地坐标系的换算，除了上述几个参数外，还应增加两个转换参数，即两种大地坐标系所对应的地球椭球元素变化参数（Δa，$\Delta \alpha$）。不同大地坐标系的换算公式又称大地坐标微分公式或变换椭球微分公式。根据 3 个以上公共点的两套大地坐标值，列出若干大地坐标

微分方程式，求出 9 个转换参数。

3. 大地坐标（B,L,H）与地球空间直角坐标（x,y,z）的转换

大地坐标系的定义是：地球椭球的中心与地球质心重合，椭球短轴与地球自转轴重合的坐标系。大地纬度 B 为过地面点的椭球法线与椭球赤道面的夹角，大地经度 L 为过地面点的椭球子午面与起始子午面（过格林尼治的子午面）之间的夹角，大地高 H 为地面点沿椭球法线至椭球面的距离。

地球空间直角坐标系的定义是：坐标系原点 O 与地球质心重合，z 轴指向地球北极，x 轴指向起始子午面（过格林尼治的子午面）与地球赤道的交点，y 轴垂直于 xOz 平面构成右手坐标系。

将大地坐标（B,L,H）转换为地球空间直角坐标（x,y,z）的公式为

$$\left.\begin{array}{l} x=(N+H)\cos B\cos L \\ y=(N+H)\cos B\sin L \\ z=[N(1-e)^2+H]\sin B \end{array}\right\}$$

式中　N——椭球的卯酉圈曲率半径；

　　　e——椭球的第一偏心率。

若 a、b 为椭球的长半径的短半径，则有如下关系式。

$$\left.\begin{array}{l} N=\dfrac{a}{W} \\[2mm] W=\sqrt{1-e^2\sin^2 B} \\[2mm] e^2=\dfrac{a^2-b^2}{a^2} \end{array}\right\}$$

将地球空间直角坐标（x,y,z）转换为大地坐标（B,L,H），公式为

$$\left.\begin{array}{l} B=\arctan\left[\tan\phi\left(1+\dfrac{ae^2}{z}\times\dfrac{\sin B}{W}\right)\right] \\[3mm] L=\arctan\dfrac{y}{x} \\[3mm] H=\dfrac{R\cos\phi}{\cos B}-N \end{array}\right\}$$

其中

$$\left.\begin{array}{l} \phi=\arctan\dfrac{z}{\sqrt{x^2+y^2}} \\[3mm] R=\sqrt{x^2+y^2+z^2} \end{array}\right\}$$

二、坐标转换注意事项

① 进行两种不同类型的坐标转换，坐标转换的正确与否，取决于坐标转换的转换模型。对于未知转换模型的现成软件，使用应谨慎，如果使用则必须对转换结果加以检核。

② 求解转换参数的精度，与公共点的数量有关。条件允许的情况，应使用多于 3 个具有两种坐标类型的公共点，采用最小二乘法原理，进行七参数的求解。

③ 公共点的位置分布应均匀，且能够覆盖整个区域。最好是有几个点分布在测区周边，有至少 1 个点位于测区中部。

④ 对于较大的测区，地面网可能存在一定的系统误差，且在不同区域并非完全一样，所以可以采用分区求解转换参数、分区进行坐标转换，这样可以提高坐标转换的精度。

第五节　卫星定位静态测量（附视频）

一、外业观测

1. GPS 静态测量的方案设计

GPS 测量的方案设计，即依据有关 GPS 测量规范及 GPS 网的用途、用户要求等，对 GPS 测量的网形、精度及基准等进行设计。

（1）GPS 测量技术设计的依据

GPS 测量技术设计的主要依据是 GPS 测量规范和测量任务书。

① GPS 测量规范。GPS 测量规范是国家测绘管理部门或行业部门制定的技术法规，如国家测绘部门发布的测绘行业标准《全球定位系统（GPS）测量规范》（GB/T 18314—2009）；国家各部委根据本部门 GPS 工作的实际情况，制定的 GPS 测量规程或细则。

② 测量任务书。测量任务书是施测单位的主管部门或合同甲方下达的技术要求文件，这种技术文件是指令性的，一般会明确测量的范围、目的、精度和密度要求，提交成果资料的项目和时间，完成任务的经济指标等。

在 GPS 测量方案设计时，一般首先依据测量任务书提出的 GPS 网的精度、密度和经济指标，再结合规范规定并现场踏勘，确定各点间的连接方法，各点设站观测的次数、时段长短等布网观测方案。

（2）GPS 网的精度、密度设计

① GPS 测量精度标准。对于各类 GPS 网的精度设计主要取决于网的用途，用于地壳形变及国家基本大地测量的 GPS 网，可参照《全球定位系统（GPS）测量规范》（GB/T 18314—2009）中 A、B 级的精度分级，见表 6-6；用于城市、区域或工程的 GPS 控制网，可根据规模按 C、D、E 级的要求，见表 6-7。

表 6-6　GPS 测量精度分级（一）

级别	主要用途	固定误差 a/mm	比例误差 $b/\times10^{-6}$
A	地壳形变测量或国家高精度 GPS 网建立	≤5	≤0.1
B	国家基本控制测量	≤8	≤1

表 6-7　GPS 测量精度分级（二）

等级	平均距离/km	固定误差 a/mm	比例误差 $b/\times10^{-6}$	最弱边相对中误差
C	10～15	≤10	≤2	1/12 万
D	5～10	≤10	≤5	1/8 万
E	0.5～5	≤10	≤10	1/4.5 万

各等级 GPS 相邻点间弦长精度的计算式为

$$\sigma=\sqrt{a^2+(bD)^2}$$

式中　σ——GPS 基线向量的弦长中误差，亦即等效距离误差；

　　　a——GPS 接收机标称精度中的固定误差，mm；

　　　b——GPS 接收机标称精度中的比例误差系数，$D\times10^{-6}$；

D——GPS 网中相邻点间的距离。

② GPS 点的密度标准。各种不同的任务要求和服务对象，对 GPS 点的分布要求不同。对于 A、B 级，主要用于提供国家级基准、精密定轨、星历计划及高精度形变信息，布设点的平均距离可达数百千米。对于 C、D、E 级，主要是满足城市、区域的测图控制和其他工程测量的需要，平均边长一般为几千米，见表 6-7。

（3）GPS 网的基准设计

GPS 测量获得的是 GPS 基线向量，它属于 WGS-84 坐标系的三维坐标差，而实际需要的是国家坐标系或地方独立坐标系的坐标，所以在进行 GPS 网的技术设计时，必须明确 GPS 网所采用的基准，也就是 GPS 成果所采用的坐标系统和起算数据，这项工作称为 GPS 网的基准设计。

GPS 网的基准包括位置基准、方位基准和尺度基准。位置基准一般都由给定的起算点坐标确定。方位基准一般以给定的起算方位角值确定，也可以由 GPS 基线向量的方位作为方位基准。尺度基准一般由两个以上的起算点间的距离确定，也可以由地面的电磁波测距边确定，条件不具备也可由 GPS 基线向量的距离确定。

在进行基准设计时，应充分考虑以下几个问题。

① 为求定 GPS 点在地面坐标系的坐标，应在地面坐标系中选定起算数据和联测原有地方控制点若干个，用以坐标转换。在选择联测点时，既要考虑充分利用旧资料，又要使新建的高精度 GPS 网不受旧资料精度的影响。因此，一般大中城市或较大区域的 GPS 控制网应与附近的国家控制点联测 3 个以上，小城市、较小区域或工程控制可以联测 2～3 个点。

② 为保证 GPS 网进行约束平差后，坐标精度的均匀性以及减少尺度比误差影响，除未知点构成观测图形外，对 GPS 网内重合的高等级国家或地方控制网点，也要适当地构成长边图形。

③ GPS 网经平差计算后，可以得到 GPS 点在地面参照坐标系中的大地高，为求得 GPS 点的正常高，可视具体情况联测高程点，联测的高程点需均匀分布于网中。对丘陵或山区联测高程点，应按高程拟合曲面的要求进行布设，联测宜采用不低于四等水准或与其精度相当的方法进行。

④ 新建 GPS 网的坐标系应尽量与测区过去采用的坐标系统一致。如果采用的是地方独立或工程坐标系，还应该了解所采用的参考椭球元素、坐标系的中央子午线经度、纵横坐标加常数、坐标系的投影面高程及测区平均高程异常值、起算点的坐标值等参数。

（4）GPS 网构成的几个基本概念及网特征条件

在进行 GPS 网图形设计前，需明确有关 GPS 网构成的几个概念，掌握 GPS 网特征条件的计算方法。

① GPS 网图形构成的几个基本概念。

a. 观测时段。观测时段是指测站上开始接收卫星信号到观测停止连续工作的时间段，简称时段。

b. 同步观测。同步观测是指两台或两台以上接收机同时对同一组卫星进行的观测。

c. 同步观测环。同步观测环是指三台或三台以上接收机同步观测获得的基线向量所构成的闭合环，简称同步环。

d. 独立观测环。独立观测环是指由独立观测所获得的基线向量构成的闭合环，简称独立环。

e. 异步观测环。在构成多边形环路的所有基线向量中，只要有非同步观测基线向量，则该多边形环路叫异步观测环，简称异步环。

f. 同步环中的独立基线。对于 N 台 GPS 接收机构成的同步观测环，有 J 条同步观测基线，其中独立基线数为 $N-1$。

　　g.同步环中的非独立基线。除独立基线外的其他基线叫非独立基线，总基线数与独立基线数之差即为非独立基线数。

　　② GPS网特征条件的计算。观测时段数计算公式为

$$C = n\frac{m}{N}$$

式中　C——观测时段数；

　　　　n——网点数；

　　　　m——每点平均设站次数；

　　　　N——接收机数。

　　在 GPS 网中，基线数的计算式如下。

　　总基线数：

$$J_{总} = \frac{CN(N-1)}{2}$$

　　必要基线数：

$$J_{必} = n-1$$

　　独立基线数：

$$J_{独} = C(N-1)$$

　　多余基线数：

$$J_{多} = C(N-1)-(n-1)$$

　　③ GPS网同步图形构成及独立边的选择。对于由 N 台 GPS 接收机构成的同步图形中，一个时段包含的 GPS 基线（GPS 边）数为

$$J = \frac{N(N-1)}{2}$$

　　其中仅有 $N-1$ 条边是独立的 GPS 边，其余为非独立 GPS 边。图 6-12 给出了当接收机数 $N=2\sim5$ 时所构成的同步图形。对应于如图 6-12 所示的独立 GPS 边可以有不同的选择，如图 6-13 所示。

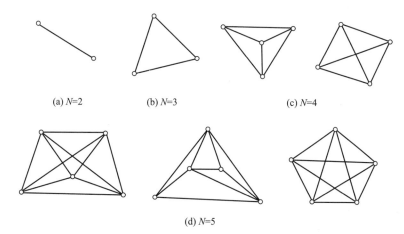

(a) $N=2$　　　(b) $N=3$　　　(c) $N=4$

(d) $N=5$

图 6-12　N 台接收机同步观测所构成的同步图形

　　理论上，同步闭合环中各 GPS 边的坐标差之和（即闭合差）应为 0，但由于有时各台 GPS 接收机并不是严格同步，同步闭合环的闭合差并不等于零，GPS 规范规定了同步闭合差的限差，对于同步较好的情况，应遵守此限差的要求，但当由于某种原因，同步不是很好

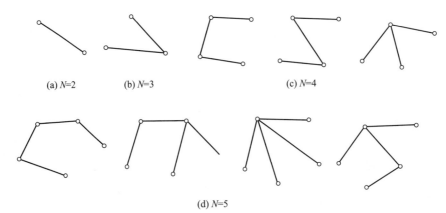

图 6-13   GPS 独立边的不同选择

的，可适当放宽此项限差。

值得注意的是，当同步闭合环的闭合差较小时，通常只能说明 GPS 基线向量的计算合格，并不能说明 GPS 边的观测精度高。此外，如果接收的信号受到干扰而产生粗差，也不能用同步闭合环的闭合差去确定有无或大小。

为了确保 GPS 观测质量的可靠性，有效地发现观测成果中的粗差，必须使 GPS 网中的独立边构成一定的几何图形，这种几何图形，可以是由数条 GPS 独立边构成的非同步多边形（亦称非同步闭合环），如三边形、四边形、五边形……当 GPS 网中有若干个起算点时，也可以是由两个起算点之间的数条 GPS 独立边构成的附合路线。

对于异步环的构成，一般应按所设计的网图选定。当接收机多于 3 台时，也可按软件功能自动挑选独立基线构成环路。

（5）GPS 网的图形设计

常规测量中，对控制网的图形设计要求是，既要保证通视，又要考虑图形结构（几何强度）。而在 GPS 测量图形设计时，因 GPS 观测不要求通视，所以其图形设计具有较大的灵活性。GPS 网的图形设计主要取决于用户的要求、经费、时间、人力以及所投入接收机的类型、数量和后勤保障条件等。

GPS 网的图形可以布设成点连式、边连式、网连式及边点混合连接式 4 种基本方式，也可布设成星形连接、附合导线连接、三角锁形连接等。选择什么样的组网，取决于工程所要求的精度、野外条件及 GPS 接收机台数等因素。

① 点连式。点连式是指相邻同步图形之间仅有一个公共点的连接，这种方式布点所构成的图形几何强度很弱，没有或极少有非同步图形闭合条件。

如图 6-14 所示为点连式图形，有 13 个定位点，没有多余观测（无异步检核条件），最少观测时段 6 个（同步环），最少必要观测基线为点数 $n-1=12$（条），6 个同步图形中总共有 12 条独立基线。显然这种点连式网的几何强度很差。

② 边连式。如图 6-15 所示为边连式图形，同步图形之间由一条公共基线连接，这种布网方案，网的几何强度高，有较多的复测边和非同步图形闭合条件。在相同的仪器台数条件下，观测时段数将比点连式大大增加。

如图 6-15 所示的网形中，有 13 个定位点，12 个观测时段，9 条重复边，3 个异步环。最少观测同步图形为 11 个，总基线为 33 条，独立基线数 22 条，多余基线数 10 条。比较图 6-14 与图 6-15，显然边连式布网有较多的非同步图形闭合条件，几何强度和可靠性均大大高于点连式。

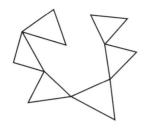

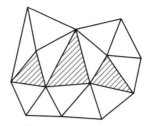

图 6-14　点连式图形　　　　　图 6-15　边连式图形

③ 网连式。网连式是指相邻同步图形之间有两个以上的公共点相连接，这种方法需要 4 台以上的接收机。这种密集的布图方法，几何强度和可靠性指标是相当高的，但花费的经费和时间较多，一般用于较高精度的控制测量。

④ 边点混合连接式。边点混合连接式是指把点连式与边连式有机地结合起来组成的 GPS 网，既能保证网的几何强度，提高可靠性指标，又能减少外业工作量，降低成本，是一种较常用的布网方法，如图 6-16 所示。

图 6-16 是在点连式（图 6-14）基础上加测 4 个时段，把边连式与点连式结合起来，就可得到几何强度改善的布网设计方案。若使用 3 台接收机的观测，共有 10 个同步三角形，2 个异步环，6 条复测基线边，总基线数为 29 条，独立基线数为 20 条，多余基线数为 8 条，必要基线数为 12 条。显然该图线呈封闭状，可靠性指标比点连式大为提高，而外业工作量比边连式有一定的减少。

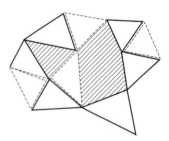

图 6-16　边点混合连接图形

⑤ 导线网形连接（环形网）。将同步图形布设为直伸状，形如导线结构式的 GPS 网，如图 6-17 所示。各独立边组成封闭状，形成非同步图形，用以检核 GPS 点的可靠性，适用于一般精度的 GPS 布网。该布网方法也可与点连式结合起来布设。

⑥ 星形布设。星形网的几何图形如图 6-18 所示。星形图的几何图形简单，其直接观测边之间不构成任何闭合图形，所以其检查与发现粗差的能力比点连式更差，但这种布网只需 2 台仪器就可以作业。若有 3 台仪器，一个可作为中心站，其他 2 台可流动作业，不受同步条件限制。测定的点位坐标为 WGS-84 坐标系，每点坐标还需使用坐标转换参数进行转换。由于方法简便，作业速度快，星形布网广泛应用于精度较低的测量，如勘探定点、地形碎部测量等。

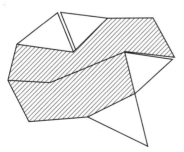

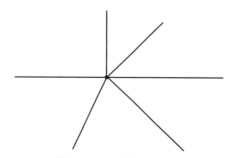

图 6-17　导线网形连接图形　　　　　图 6-18　星形的几何图形

⑦ 三角锁（或多边形）连接。用点连式或边连式组成连续发展的三角锁同步图形，此

连接形式适用于狭长地区的 GPS 布网,如道路、河道及管线工程的勘测。

在实际布网设计时还应注意以下几点。

① 尽管 GPS 网点与点间不要求通视,但考虑到 GPS 点可能会提供给常规测量使用,如作为全站仪测量的测站点或定向点,所以每点应有一个以上通视方向。

② 对于特定区域或特定工程,为了顾及原有测绘成果资料以及各种比例尺地形图的沿用,应尽量采用原有坐标系统。对凡符合 GPS 网点要求的旧点,应充分利用其标石。

③ GPS 网必须由非同步独立观测边构成若干个闭合环或附合路线,各级 GPS 网中每个闭合环或附合路线中的边数应符合表 6-8 的规定。

表 6-8　网闭合环或附合线路边数的规定

等级	C	D	E
闭合环或附合线路边数	≤6	≤8	≤10

2. GPS 静态测量的外业实施

(1) 观测工作依据的主要技术指标

GPS 测量在外业观测作业中按表 6-9 的有关技术指标执行。

表 6-9　各级 GPS 测量作业的基本技术要求

项目	方法	等级		
		C	D	E
卫星高角度 /(°)	静态	≥15	≥15	≥15
	快速静态			
有效观测卫星数 量/个	静态	≥5	≥4	≥4
	快速静态	—	≥5	≥5
观测时段数 量/个	静态	≥2	≥2	≥2
	快速静态			
平均重复设站数量/个	静态	≥2	≥2	≥2
	快速静态			
观测时段长度 /min	静态	≥90	≥60	≥45
	快速静态	—	≥20	≥15
数据采样间隔/s	静态	10~30	10~30	10~30
	快速静态			
PDOP	静态	<6	<6	<8
	快速静态			

(2) 安置天线

一般情况下,是将接收机安装在三脚架上,在 GPS 点标志中心上方直接对中整平。

架设接收机天线不宜过低,一般应距地面 1m 以上。天线架好后,量取天线高,对于圆盘天线(接收机),在间隔 120°的 3 个方向上分别量取天线高,对于方形天线(接收机),在几个边的方向上分别量取天线高,各次测量结果之差不应超过 3mm,取各次结果的平均值记入测量手簿中,天线高的记录取值到 0.001m。

对于较高等级(C、D 级)的 GPS 测量,要求测定气象元素,每时段气象观测应不少于 3 次(时段开始、中间、结束)。气压值读至 0.1mbar(1bar=10^5Pa),气温读至 0.1℃,对

E 级及以下 GPS 测量，可只记录天气状况。

核对点名并记入测量手簿中。

（3）开机观测

观测作业的目的是捕获 GPS 卫星信号，并对其进行跟踪、处理和量测，以获得所需要的定位信息和观测数据。天线安置完成确认就绪后，开启接收机电源进行观测。

接收机锁定卫星并开始记录数据后，观测员可按照仪器随机提供的操作手簿进行输入和查询操作，在未掌握有关操作系统之前，不要随意按键和输入，在正常接收过程中禁止更改任何设置参数。

（4）记录

在外业观测工作中，所有信息资料均须妥善记录，记录形式主要有以下两种。

① 存储记录。存储记录由 GPS 接收机自动进行，其主要内容有：载波相位观测值及相应的观测历元，同一历元的测码伪距观测值，GPS 卫星星历及卫星钟差参数，实时绝对定位结果，测站控制信息及接收机工作状态信息。

② 测量手簿。测量手簿是在接收机启动前及观测过程中，由观测者随时填写的。其记录格式参照现行的 GPS 测量规范，也可按照技术设计书的要求记录。

存储记录和测量手簿都是 GPS 定位测量的依据，必须认真、及时填写，杜绝事后补记或追记。

外业观测中仪器自动记录的数据文件应及时拷贝，妥善保管。存储介质的外面，适当处应贴制标签，注明文件名、网区名、点名、时段名、采集日期、测量手簿编号等。接收机内存数据文件在转录到外存介质上时，不得进行任何剔除或删改，不得调用任何对数据实施重新加工组合的操作指令。

二、数据处理

1. 数据处理软件及选择

GPS 网数据处理分基线解算和网平差两个阶段。各阶段数据处理软件可采用随机软件（购置接收机的配套软件）或经正式鉴定的专门软件，对于高精度的 GPS 网成果处理应选用国际著名 GPS 软件。

2. 基线解算（数据预处理）

用两台及两台以上接收机同步观测，产生独立基线向量（坐标差），对独立基线向量的平差计算即基线解算，也称作观测数据预处理。

预处理的主要目的是对原始数据进行编辑、加工整理、分流并产生各种专用信息文件，为进一步的平差计算做准备，包括如下基本内容。

① 数据传输。将 GPS 接收机记录的观测数据传输到计算机或其他介质上。

② 数据分流。从原始记录中，通过解码将各种数据分类整理，剔除无效观测值和冗余信息，形成各种数据文件，如星历文件、观测文件和测站信息文件等。

③ 统一数据文件格式。将不同类型接收机的数据记录格式、项目和采样间隔，统一为标准化的文件格式，以便统一处理。

④ 卫星轨道的标准化。采用多项式拟合法，平滑 GPS 卫星每小时发送的轨道参数，使观测时段的卫星轨道标准化。

⑤ 探测周跳、修复载波相位观测值。

⑥ 对观测值进行必要改正，如加入对流层改正和电离层改正。基线向量的解算一般采用多站、多时段自动处理的方法进行，具体处理中应注意以下几个问题。

a. 基线解算一般采用双差相位观测模型，对于边长超过 30km 的基线，解算时也可采用三差相位观测模型。

b. 卫星广播星历坐标值，可作基线解的起算数据。对于规模较大的首级控制网，也可采用其他精密星历作为基线解算的起算值。

c. 基线解算中所需的起算点坐标，应按以下优先顺序采用：国家 GPS 中 A、B 级网控制点或其他高等级 GPS 网控制点的已有 WGS-84 坐标系；国家或地区较高等级控制点转换到 WGS-84 坐标系后的坐标值；不少于观测 30min 的单点定位结果的平差值提供的 WGS-84 坐标系。

d. 在采用多台接收机同步观测的一个同步时段中，可采用单基线模式解算，也可以只选择独立基线按多基线处理模式统一解算。

e. 同一级别的 GPS 网，根据基线长度不同，可采用不同的数据处理模型。但短基线如 1km 内的基线，须采用双差固定解。30km 以内的基线，可在双差固定解和双差浮点解中选择最优结果。30km 以上的基线，可采用三差解作为基线解算的最终结果。

f. 对于所有同步观测时间短于 30min 的快速定位基线，必须采用合格的双差固定解作为基线解算的最终结果。

3. 观测成果的检核

对野外观测资料首先要进行核查，包括成果是否符合计划和规范的要求、进行的观测数据质量分析是否符合实际等，然后进行下列项目的检核。

(1) 每个时段同步边观测数据的检核

① 剔除的观测值数量与应获取的观测值数量的比值称为数据剔除率，同一时段观测值的数据剔除率应小于 10%。

② 采用单基线处理模式时，对于采用同一种数学模型的基线解，其同步时段中任意的三边同步环的坐标分量相对闭合差和全长相对闭合差不得超过表 6-10 所列限差。

表 6-10　同步坐标分量及环线全长相对闭合差限差　　　　　　单位：ppm·D

等级	C 级	D 级	E 级
坐标分量相对闭合差	3.0	6.0	9.0
环线全长相对闭合差	5.0	10.0	15.0

(2) 重复观测边的检核

同一条基线边若观测了多个时段，则可得到多个边长结果，这种具有多个独立观测结果的边就是重复观测边。对于重复观测边的任意两个时段的成果互差，均应小于相应等级规定精度（按平均边长计算）的 $2\sqrt{2}$ 倍。

(3) 同步观测环检核

当环中各边为多台接收机同步观测时，由于各边是不独立的，所以其闭合差应恒为零，例如三边同步环中只有两条同步边可以视为独立的成果，第三边成果应为其余两边的代数和。但是由于模型误差和处理软件的内在缺陷，使得这种同步环的闭合差实际上仍可能不为零，这种闭合差一般数值很小，不至于对定位结果产生明显影响，所以也可把它作为成果质量的一种检核标准。

三边同步环中第三边处理结果与前两边的代数和之差值应小于下列数值。

$$\omega_x \leqslant \frac{\sqrt{3}}{5}\sigma, \omega_y \leqslant \frac{\sqrt{3}}{5}\sigma, \omega_z \leqslant \frac{\sqrt{3}}{5}\sigma$$

$$\omega = \sqrt{\omega_x^2 + \omega_y^2 \omega_z^2} \leqslant \frac{3}{5}\sigma$$

式中　σ——相应级别的规定中误差（按平均边长计算）。

对于四站以上的多边同步环，可以产生大量同步闭合环，在处理完各边观测值后，应检查一切可能的环闭合差。

所有闭合环的分量闭合差不应大于 $\dfrac{\sqrt{n}}{5}\sigma$，而环闭合差为

$$\omega=\sqrt{\omega_x^2+\omega_y^2\omega_z^2}\leqslant\dfrac{\sqrt{3n}}{5}\sigma$$

（4）异步观测环检核

无论采用单基线模式或多基线模式解算基线，都应在整个 GPS 网中选取一组完全的独立基线构成独立环，各独立环的坐标分量闭合差和全长闭合差应符合下式的要求。

$$\left.\begin{array}{l}\omega_x\leqslant 2\sqrt{n}\,\sigma\\[4pt]\omega_y\leqslant 2\sqrt{n}\,\sigma\\[4pt]\omega_z\leqslant 2\sqrt{n}\,\sigma\\[4pt]\omega_s\leqslant 2\sqrt{3n}\,\sigma\end{array}\right\}$$

当发现边闭合数据或环闭合数据超出上述规定时，应分析原因并对其中部分或全部成果重测。需要重测的边，应尽量安排在一起进行同步观测。

对经过检核超限的基线在充分分析基础上，进行野外返工观测，基线返工应注意如下几个问题。

① 无论何种原因造成一个控制点不能与两条合格独立基线相连，则在该点上应补测或重测不少于一条独立基线。

② 可以舍弃在复测基线边长较差、同步环闭合差、独立环闭合差检验中超限的基线，但必须保证舍弃基线后的独立环所含基线数不得超过表 6-8 的规定，否则应重测该基线或者有关的同步图形。

③ 由于点位不符合 GPS 测量要求，造成一个测站多次重测仍不能满足各项限差技术规定时，可按技术设计要求另增选新点进行重测。

4. GPS 网平差处理

（1）无约束平差

在各项质量检核符合要求后，以所有独立基线组成闭合图形，以三维基线向量及其相应方差的协方差阵作为观测信息，以一个点的 WGS-84 坐标系三维坐标作为起算依据，进行 GPS 网的无约束平差。基线向量的改正数绝对值应满足

$$\left.\begin{array}{l}V_{\Delta x}\leqslant 3\sigma\\[4pt]V_{\Delta y}\leqslant 3\sigma\\[4pt]V_{\Delta z}\leqslant 3\sigma\end{array}\right\}$$

式中　σ——该等级基线的精度。

若不能满足要求，认为该基线或其附近存在粗差基线，应采用软件提供的方法或人工方法剔除粗差基线，直至符合上式要求。

无约束平差结果有：各控制点在 WGS-84 坐标系下的三维坐标，各基线向量三个坐标差观测值的总改正数，基线边长以及点位和边长的精度信息。

（2）约束平差

在无约束平差确定的有效观测量基础上，在国家坐标系或地方独立坐标系下，进行三维约束平差或二维约束平差。约束点的已知坐标、已知距离或已知方位，可以作为强制约束的

固定值，也可作为加权观测值。

约束平差中，基线向量的改正数，与剔除粗差后的无约束平差结果的改正数，两者的较差（$dv_{\Delta x}$，$dv_{\Delta y}$，$dv_{\Delta z}$）应符合

$$\left.\begin{array}{l} dv_{\Delta x} \leqslant 2\sigma \\ dv_{\Delta y} \leqslant 2\sigma \\ dv_{\Delta z} \leqslant 2\sigma \end{array}\right\}$$

式中　σ——相应等级基线的规定精度。

若不能满足上式的要求，认为作为约束的已知坐标、已知距离、已知方位与GPS网不兼容，采用软件提供的或人为的方法，剔除某些误差大的约束值，重新平差计算，直至符合要求。

约束平差的结果有：在国家坐标系或地方独立坐标系中的三维或二维坐标，基线向量改正数，基线边长、方位，坐标、边长、方位的精度信息，转换参数及其精度信息。

三、静态测量误差分析及注意事项

1. 误差分析

GPS测量是通过地面接收设备接收卫星传送的信息，确定地面点的三维坐标，测量结果的误差主要来源于GPS卫星、卫星信号的传播过程和地面接收设备。在高精度的GPS测量中，还应注意到与地球整体运动有关的地球潮汐、负荷潮及相对论效应等的影响。

上述误差，按误差性质可分为系统误差与偶然误差两类。偶然误差主要包括信号的多路径效应和接收机的安置误差，系统误差包括卫星的星历误差、卫星钟差、接收机钟差以及大气折射的误差等。其中系统误差无论是误差的大小还是对定位结果的危害性，都比偶然误差要大得多，所以系统误差是GPS测量的主要误差源，然而系统误差有一定的规律可循，可采取一定的措施加以消除。

下面分别讨论GPS测量中信号传播、卫星本身及接收机等误差，对测量定位的影响及其处理方法。

（1）与信号传播有关的误差

与信号传播有关的误差有电离层折射误差、对流层折射误差及多路径效应误差。

① 电离层折射误差。所谓电离层，是指地球上空距地面高度在50～1000km之间的大气层。电离层中的气体分子由于受到太阳等天体各种射线辐射，产生电离形成大量的自由电子和正离子。当GPS信号通过电离层时，如同其他电磁波一样，信号的路径会发生弯曲，传播速度也会发生变化，所以用信号的传播时间乘以理论的传播速度而得到的距离，就会不等于卫星至接收机间的几何距离，这种偏差叫电离层折射误差。电离层改正的大小主要取决于电子总量和信号频率。载波相位测量时的电离层折射改正和伪距测量时的改正数大小相同，符号相反。对于GPS信号来讲，这种距离改正在天顶方向最大可达50m，在接近地平方向时（高度角为20°）则可达150m，因此必须加以改正，否则会严重影响观测值的精度。

② 对流层折射误差。对流层是高度为50km以下的大气底层，其大气密度比电离层更大，大气状态也更复杂。对流层与地面接触并从地面得到辐射热能，其温度随高度的上升而降低，GPS信号通过对流层时，使传播的路径发生弯曲，从而使测量距离产生偏差，这种现象叫做对流层折射误差。

③ 多路径效应误差。在GPS测量中，如果测站周围的反射物所反射的卫星信号（反射波）进入接收机天线，就将和直接来自卫星的信号（直接波）产生干涉，从而使观测值偏离真值产生所谓的"多路径误差"。这种由于多路径的信号传播所引起的干涉时延效应，被称

作多路径效应误差。

（2）与卫星有关的误差

与卫星有关的误差有卫星星历误差、卫星钟的钟误差及相对论效应。

① 卫星星历误差。由星历所给出的卫星在空间的位置与实际位置之差称为卫星星历误差。由于卫星在运行中要受到多种摄动力的复杂影响，而通过地面监测站又难以充分可靠地测定这些作用力并掌握它们的作用规律，因此在星历预报时会产生较大的误差。在一个观测时间段内星历误差属于系统误差特性，是一种起算数据误差，它会严重影响单点定位的精度，也是精密相对定位中的重要误差源。

② 卫星钟的钟误差。卫星钟的钟误差包括由钟差、频偏、频漂等产生的误差，也包含钟的随机误差。在 GPS 测量中，无论是码相位观测或载波相位观测，均要求卫星钟和接收机钟保持严格同步。尽管 GPS 卫星设有高精度的原子钟（铷钟和铯钟），但与理想的 GPS 时之间仍存在着偏差或漂移，这些偏差的总量即便在 1ms 以内，由此引起的等效距离误差也可能达 300km。

③ 相对论效应。相对论效应是由于卫星钟和接收机钟所处的状态（运动速度和重力位）不同，而引起卫星钟和接收机钟之间产生相对钟误差的现象。

（3）与接收机有关的误差

与接收机有关的误差主要有接收机钟误差、接收机位置误差、天线相位中心位置误差等。

① 接收机钟误差。GPS 接收机一般采用高精度的石英钟，其稳定度约为 10^{-9}。若接收机钟与卫星钟间的同步差为 $1\mu s$，则由此引起的等效距离误差约为 300m。

② 接收机位置误差。接收机天线相位中心相对测站标石中心位置的误差称为接收机位置误差，包括天线的置平误差和对中误差、量取天线高误差。例如，当天线高度为 1.6m、置平误差为 $0.1°$ 时，会产生对中误差 3mm。因此，安置接收机时必须仔细操作，以尽量减少这种误差的影响。对于精度要求较高时，有条件的宜采用有强制对中装置的观测墩。

③ 天线相位中心位置误差。在 GPS 测量中，观测值都是以接收机天线的相位中心位置为准的，所以天线的相位中心与几何中心在理论上应保持一致，可是实际上天线的相位中心随着信号输入的强度和方向不同而有所变化，即观测时相位中心的瞬时位置（称相位中心）与理论上的相位中心将有所不同，这种差别叫天线相位中心位置误差，这种误差的影响，可达数毫米甚至厘米。如何减少相位中心的偏移是天线设计中的一个重要问题。

在实际工作中，如果使用同一类型的天线，在相距不远的两个或多个观测站上同步观测同一组卫星，便可以通过观测值的求差来削弱相位中心偏移的影响，不过这时各观测站的天线应按天线附有的方位标进行定向，可使用罗盘使之指向磁北极，定向偏差保持在 3° 以内。

GPS 测量的误差来源是很复杂的，随着对定位精度要求的不断提高，研究误差的来源及其影响规律具有重要的意义。

2. 注意事项

（1）选点注意事项

GPS 测量观测站之间不一定要求相互通视，而且网的图形结构也比较灵活，所以选点工作比常规控制测量的选点要简便。但由于点位的选择对于保证观测工作的顺利进行和保证测量结果的可靠性有着重要的意义，所以在选点工作开始前，除收集和了解有关测区的地理情况和原有测量控制点分布及标架、标型、标石完好状况外，选点工作还应遵守以下原则。

① 点位应设在易于安装接收设备、视野开阔的较高点上。

② 点位视场周围 15° 以上不应有障碍物，以减小 GPS 信号被遮挡或障碍物吸收。

③ 点位应远离大功率无线电发射源（如电视台、微波站等），其距离不小于 200m，远

离高压输电线，其距离不小于 50m，以避免电磁场对 GPS 信号的干扰。

④ 点位附近不应有大面积水域或有强烈干扰卫星信号接收的物体，以减弱多路径效应的影响。

⑤ 点位应选在交通方便、利于其他观测手段扩展与联测的地方。

⑥ 地面基础稳定，易于点的保存。

⑦ 选点人员应按技术设计进行踏勘，在实地按要求选定点位。

⑧ 网形应有利于同步观测边、点联结。

⑨ 当所选点位需要进行水准联测时，选点人员应实地踏勘水准路线，提出有关建议。

⑩ 当利用旧点时，应对旧点的稳定性、完好性，以及觇标是否安全可用进行检查，符合要求方可利用。

（2）观测注意事项

在观测工作中，仪器操作人员应注意以下事项。

① 确认外接电源电缆及天线等各项连接完全无误后，方可接通电源，启动接收机。

② 开机后接收机有关指示显示正常并通过自检后方能输入有关测站和时段控制信息。

③ 接收机在开始记录数据后，应注意查看有关观测卫星数量、卫星号、相位测量残差、实时定位结果及其变化、存储介质记录等情况。

④ 一个时段观测过程中，不允许进行以下操作：关闭又重新启动、进行自测试（发现故障除外）、改变卫星高度角、改变天线位置、改变数据采样间隔、按动关闭文件和删除文件等功能键。

⑤ 每一观测时段中，气象元素一般应在始、中、末各观测记录一次，若时段较长可适当增加观测次数。

⑥ 在观测过程中要特别注意供电情况，作业中观测人员不要远离接收机，听到仪器的低电压报警要及时予以处理，否则可能会造成仪器内部数据的破坏或丢失。

⑦ 仪器高要按规定始、末各量测一次，并及时输入仪器及记入测量手簿中。

📑 知识拓展

在观测过程中不要在接收机附近使用通信设备，雷雨季节架设天线要防止雷击，雷雨过境时应关机停测，并卸下天线；观测站的全部预定作业项目，经检查均已按规定完成，且记录与资料完整无误后方可迁站；观测过程中要随时查看仪器内存或硬盘容量，每日观测结束后，应及时将数据转存至计算机硬盘或移动盘上，确保观测数据不丢失。

第六节　卫星定位差分测量（附视频）

一、差分测量概述

差分技术，简单理解就是，在不同观测量之间进行求差，其目的在于消除公共项，包括公共误差和公共参数，在以前的无线电定位系统中已被广泛应用。卫星定位差分测量，是将一台接收机安置在一个固定不动的点（称作"基准站"）上进行观测，根据基准站已知精密坐标，计算出基准站到卫星的距离改正数，并由基准站通过发送电台（称作"数据链"），实时将这一数据发送出去。用户接收机在进行观测（接收卫星信号）的同时，也接收基准站发出的改正数，以此对定位结果进行改正，从而提高定位精度。差分 GPS（称作 DGPS）定位，根据差分基准站发送的信息方式可分为 3 类：位置差分、伪距差分和载波相位差分。

1. 位置差分

安装在基准站上的 GPS 接收机，观测 4 颗卫星后便可进行三维定位，解算出基准站的坐标。由于存在着轨道误差、时钟误差、大气影响、多径效应以及其他误差，解算出的坐标与基准站的已知坐标不一致，即

$$\left.\begin{aligned} \Delta X &= X - X' \\ \Delta Y &= Y - Y' \\ \Delta Z &= Z - Z' \end{aligned}\right\}$$

式中　$\Delta X, \Delta Y, \Delta Z$——坐标改正量。

基准站利用数据链将坐标改正数发送给用户站，用户站用该坐标改正数对其观测坐标进行改正，即

$$\left.\begin{aligned} X_k &= X'_k + \Delta X \\ Y_k &= Y'_k + \Delta Y \\ Z_k &= Z'_k + \Delta Z \end{aligned}\right\}$$

坐标差分的优点是传输的差分改正数较少，计算方法简单，任何一种 GPS 接收机均可改装和组成这种差分系统。其缺点为，要求基准站与用户站必须同步观测同一组卫星，如果接收机基准站与用户站接收机配备及观测环境不完全相同，就难以保证同步观测同一组卫星，这样必将导致定位误差的不匹配，从而影响定位精度。

2. 伪距差分

伪距差分即码（C/A 码、P 码）相位差分技术。在基准站上的接收机，观测求得它至可见卫星的距离，将此计算出的距离与含有误差的测量值加以比较。利用滤波器将此差值滤波并求出其偏差，然后将所有卫星的测距误差传输给用户，用户利用此测距误差来改正测量的伪距。最后，用户利用改正后的伪距来解出本身的位置，就可消去公共误差，提高定位精度。

与位置差分相似，伪距差分能将两站公共误差抵消，但随着用户到基准站距离的增加又出现了系统误差，这种误差用任何差分法都是不能消除的。用户和基准站之间的距离对精度有决定性影响。

3. 载波相位差分

利用卫星信号使用的 L 波段的两个无线载波（L_1 和 L_2，L_1 波长为 19cm，L_2 波长为 24cm），由基准站通过数据链，将其载波观测量及站坐标信息，一同传送给用户站。用户站将接收卫星的载波相位与来自基准站的载波相位，组成相位差分观测值进行及时处理，获得高精度的定位结果。

二、　RTK 测量

1. RTK 测量作业步骤

RTK 测量系统由基准站和移动站两部分组成，测量时，其操作步骤是先启动基准站，后进行移动站操作。

（1）基准站操作

将基准站的接收机组装在对中基座上，然后安装在三脚架上进行对中整平。基准站的发射电台有两种情况：一种是内置方式，即接收机主机、接收机天线、发射电台及发

扫码看视频

RTK 内置电台入门

射天线、电池组合在一起；另一种是分离方式，即接收机主机、接收机天线、发射电台及发射天线、电池（或蓄电池）是分离的，需通过电缆连接。基站架设好后，打开主机电源，设置为基准站模式。查看卫星信号闪烁灯及电台发射闪烁灯，若均正常表明基准站架设完成。

（2）移动站连接

移动站由接收机、对中杆和控制手簿组成。将接收机安装在对中杆上，利用固定支架将手簿也固定在对中杆的适当位置，以方便操作。接收机与手簿一般通过蓝牙连接（也可以通过电缆连接）。打开移动站接收机电源，设置接收机为移动站，并设置电台模式。打开手簿电源，点开手簿蓝牙，搜索移动站串号与移动站配对（记清楚配对的 COM 口是多少），然后打开手簿中的测量软件，配置里面的 COM 口设置，和蓝牙里面的必须一样，点连接并确定连接到移动站接收机，在手簿上看是否接收到卫星信号及电台信号，若均能正常接收，待手簿显示移动站达到固定解，则移动站连接完毕。

（3）测量项目设置

在手簿上，根据软件的提示，新建测量项目（若还是用上次的测量项目则不必新建，只需打开以前的项目即可，看屏幕上显示的项目名称），选择坐标系（与测量项目要求的坐标系一致），填入正确的当地工作地点的中央子午线数据，确认后，则测量项目建立完毕。如果新建的测量项目、坐标系及工作区域与手簿中存有的项目相同，则直接套用原有项目即可。

（4）求转换参数

如果已经获得工作区域的参数，可根据软件向导的提示，在设置菜单下的测量参数中输入即可。

如果没有转换参数，就需要用控制点求转换参数，转换参数有四参数和七参数之分，两者只能用其一。四参数计算至少需要 2 个控制点，七参数计算至少需要 3 个控制点，控制点等级和分布直接决定参数的控制范围。

各种 GPS 品牌手簿中的程序，一般都会提供两种计算转换参数的方式：一种是用"控制点坐标库"中的数据计算；另一种是现场输入和采点数据进行计算。

① 用"控制点坐标库"中的数据计算转换参数。假设利用 A、B 两个已知点求四参数。首先要有 A、B 两点的 WGS-84 坐标系原始记录坐标和实用坐标系（测量项目）坐标。操作时，先在控制点坐标库中输入 A 点的已知坐标，之后软件会提示输入 A 点的 WGS-84 坐标，然后再输入 B 点的已知坐标和 B 点的 WGS-84 坐标，所有的控制点都输入以后，查看水平精度和高程精度。查看确定无误后点击"保存"，出现路径界面，选择参数文件的保存路径并输入文件名，控制点坐标库会自动计算出四参数，完成之后点击"确定"。之后可以在"设置/测量参数/四参数"查看四参数。

七参数求解与四参数求解的方法相似，但至少需要 3 个控制点。

② 用现场输入和采点数据计算转换参数。在软件的向导提示下，将控制点的已知坐标通过键盘输入手簿，利用移动站直接对控制点测量 WGS-84 坐标，测量时可以没有任何校正参数起作用，但必须是在固定解状态。注意：控制点的已知坐标和刚刚采集的 WGS-84 坐标一定要一一对应，在精度可以的情况下，"计算/保存/应用"。

转换参数求取后，至少找一个具有已知坐标的控制点进行检验，确认没有问题即可开始任意点的测量工作。以后如果是在同一区域工作，则打开相应的参数文件，做一个点校正即可。所谓点校正，即根据软件的校正向导提示，把移动站对中杆立在有已知坐标的控制点上，把控制点的坐标和移动站的杆高输入，点击"校正"并确定。

如果为新建的测量项目，坐标系及工作区域与手簿中存有的项目相同，则无需求转换参数，可直接套用原有项目，利用一个已知坐标的控制点，做一个点校正即可。

（5）测量点坐标采集

转换参数求好之后，便可以开始正常的作业了。移动站对中杆立在待测量点上，在手簿屏幕显示固定解的状态下测量，输入测点名并保存。在作业过程中，可以随时查看测量点的数据。

2. CORS RTK 测量

（1）CORS 概念

CORS 即连续运行参考站网络，定义为一个或若干个固定的、连续运行的 GPS 参考站，利用计算机、数据通信和互联网（LAN/WAN）技术组成的网络，实时地向不同类型、不同需求、不同层次的用户，自动地提供经过检验的不同类型的 GPS 观测值（伪距，载波相位）、各种改正数参数、状态信息以及其他 GPS 服务项目。

CORS 系统的理论源于 20 世纪 80 年代中期，加拿大学者提出的"主动控制系统"。该理论认为，GPS 主要误差源自卫星星历，D. E. Wells 等人提出利用一批永久性参考站点，为用户提供高精度的预报星历以提高测量精度。之后由于基准站点概念的提出，使这一理论的实用化推进了许多。它的主要理论基础是认为在同一批测量的 GPS 点中选出一些点位可靠、对整个测区具有控制意义的测站，并进行较长时间的连续跟踪观测，通过这些站点组成的网络解算，获取覆盖该地区和该时间段的"局域精密星历"及其他改正参数，以用于测区内其他基线观测值的精密解算。

（2）CORS 技术简述

目前应用较广的 CORS 技术有 Trimble 的 VRS 技术和 Leica 的主辅站技术。两种技术的基本思想都是将所有的固定参考站数据发送到数据处理中心，联合解算后，以 CMR、RTCM 等通信标准格式播发到移动站，但两者还有不同的地方。

① Trimble 的 VRS 技术。VRS 是虚拟参考站的意思，与常规 RTK 不同，VRS 网络中，各固定参考站不直接向移动用户发送任何改正信息，而是将所有的原始数据通过数据通信线发给控制中心。同时，移动用户在工作前，先通过 GSM 的短信息功能向控制中心发送一个概略坐标，控制中心收到这个位置信息后，根据用户位置，由计算机自动选择最佳的一组固定基准站，根据这些站发来的信息，整体地改正 GPS 的轨道误差，电离层、对流层和大气折射引起的误差，将高精度的差分信号发给移动站。这个差分信号的效果相当于在移动站旁边，生成一个虚拟的参考基站。由上述可见，在 VRS 网络中，需要移动站先将接收机的位置信息发送到数据处理中心，数据处理中心会根据移动站的位置"虚拟"出一个参考站，然后，将虚拟出的参考站改正数据播发给移动站，所以在这条通信线路上是双向通行目的。

② Leica 的主辅站技术。Leica 的主辅站技术，认为数据处理中心播发给移动站的数据由两个部分组成：一部分是主参考站的位置信息及改正信息；另一部分是辅参考站相对于主参考站的改正信息。一个参考站网中只有一个主站，剩下的都是辅站。Leica 的主辅站技术不需要用户播发位置信息，所以在这条通信线路上是单向通信的（最新的 Leica 技术也需要移动站发数据给基准站）。

目前，各地建成的 CORS 系统有单基站 CORS 系统、多基站 CORS 系统和网络 CORS 系统之分。单基站系统类似于 1+1 或 1+N 的 RTK，只不过其基准站是一个连续运行的基准站。多基站系统由分布在一定区域内的多个单基站组成，各基准站均将数据发送到同一个服务器内。网络 CORS 系统是将所有分布在一定区域内多台基准站的原始数据传回控制中心，利用系统软件对接收到的坐标和原始数据进行系统综合误差的建模。

（3）CORSRTK 特点

CORS 差分测量技术使得卫星定位测量变得更加快速、高效。CORS 系统摆脱了无线电技术的束缚，采用互联网、GPRS 或 CDMA 作为差分信号传输的载体，借用成熟的网络和移动通信技术，使差分信号的传输不受距离的限制，充分发挥 RTK 技术的效能，具有如下特点。

① CORS 系统，测量外业无需架设基站，只需携带移动站设备，使得外业工作更加轻松便捷。

② CORS 系统，可大大减小系统误差，并有效地避免基准站粗差的产生。成熟的移动通信技术保证差分信号质量，保障移动站的初始化速度。

③ CORS 系统，一次求取转换参数，外出测量只需套用即可直接进行测量作业。

④ CORS 系统，有效地增加 RTK 作业范围，对于单基站 CORS 系统，基站服务半径约 50km，而对于多基站 CORS 系统及网络 CORS 系统，其作业范围则更大，例如一些省级网络 CORS 系统，可以在全省范围内任何地方进行测量作业。

⑤ CORS 系统，服务器可实时监控移动站状态，并可保存移动站实时返回的信息，保证 RTK 数据的完整性。

（4）CORS RTK 测量操作

下面简要介绍 CORS RTK 测量的一般操作步骤。

① 连接接收机和手簿。将接收机安装在对中杆上，打开接收机和手簿电源，默认情况下手簿和接收机会自动进行蓝牙连接，如果弹出提示窗口"端口打开失败"，则重新连接，点击设置菜单下的连接仪器，软件会自动搜索，搜索连接成功后，手簿屏幕上会有个"R"标志。

② 新建测量项目。测量软件默认打开上一次的测量项目，如果是新建项目，根据测量软件提示向导，输入项目名称并确认。

③ 配置网络参数。手簿与 GPS 主机连通之后，手簿读取主机的模块类型，点击"设置"下拉菜单下面的"网络连接"。

连接方式根据手机卡类型选择 GPRS 或 CDMA，然后输入 IP 地址、域名、端口、用户名和密码（用户名和密码事先联系使用的 CORS 系统中心进行申请）。设置完成后点击设置按钮，提示设置成功后退出。该设置只需要输入一次，以后无需重复设置。

④ 套用坐标系统。CORS RTK 测量一般是套用手簿中预存的坐标系统，如：1954 年北京坐标系，或 1980 西安坐标系，或 2000 国家大地坐标系，或地方坐标系。如果测量项目与预存的坐标系统均不同，转换参数的求取与前面普通 RTK 测量中介绍的方法相同。

⑤ 测量及成果输出。对中杆立在待测量点上，在手簿屏幕显示固定解的状态下测量，输入测点名并保存。在作业过程中，可以随时查看测量点的数据。

测量完成后，测量结果可以以不同的格式输出，例如：点名，属性，X，Y，H；或点名，属性，Y，X，H。

一般的操作方法为：项目名称/文件输出，点击"文件输出"，在数据格式里面选择需要输出的格式，再确定文件输出的路径，即点击"源文件"，选择需要转换的原始数据文件，点击"确定"，然后点击"目标文件"，输入目标文件名（注意转换后保存文件的名称不要和已有文件重名），点击"确定"。

三、差分测量误差分析及注意事项

1. 差分测量误差分析

卫星定位差分测量误差可分类为：卫星轨道误差及卫星信号传播误差；与仪器和信号干扰有关的误差；数据链误差和转换参数求解误差。

（1）卫星轨道误差及卫星信号传播误差

对于轨道误差，其相对误差很小，就短基线（小于 10km）而言，对测量结果的影响可忽略不计，但是对长距离基线，则可达到几厘米。

卫星信号传播误差主要指电离层误差和对流层误差。电离层引起电磁波传播延迟从而产生误差，其延迟强度与电离层的电子密度密切相关，电离层的电子密度随太阳黑子活动状况、地理位置、季节变化、昼夜不同而变化。利用双频接收机将 L_1 和 L_2 的观测值进行线性组合，利用两个以上观测站同步观测量求差（短基线），利用电离层模型加以改正，均可以有效地消除电离层误差的影响。实际上，差分测量技术一般都考虑了上述因素和办法。对流层误差，即 GPS 信号通过对流层时使传播的路径发生弯曲，从而使距离测量产生偏差，这种现象叫做对流层折射。对流层的折射与地面气候、大气压力、温度和湿度变化密切相关，这也使得对流层折射比电离层折射更复杂。

（2）与仪器和信号干扰有关的误差

接收机天线的机械中心（或者叫几何中心）和电子相位中心一般不重合，而且电子相位中心是变化的，它取决于接收信号的频率、方位角和高度角。天线相位中心的变化，可使点位坐标的误差一般达到 3～5cm。因此，若要提高 RTK 测量的定位精度，必须进行天线检验校正。

多路径误差是 RTK 测量中较严重的误差，其大小取决于天线周围的环境，一般为几厘米，高反射环境下可超过 10cm。多路径误差可通过有效措施予以削弱，如选择地形开阔、不具反射面的点位，采用具有削弱多径误差的天线，基准站附近铺设吸收电波的材料等。

信号干扰可能有多种原因，如无线电发射源、雷达装置、高压线等，干扰的强度取决于频率、发射台功率和接收机至干扰源的距离。

气象因素也可能导致观测坐标有较大误差，如快速运动中的气象锋面，因此，在天气急剧变化时不宜进行 RTK 测量。

（3）数据链误差和转换参数求解误差

差分测量的基本思想即由基准站通过发送电台（称作"数据链"），实时将改正参数发送出去，用户接收机在进行观测的同时，也接收基准站发出的改正数，以此对定位结果进行改正，从而提高定位精度。数据链发送的效果与移动站至基准站的距离有关，所以 RTK 的有效作业半径是有限制的（一般为几千米），虽然 CORS RTK 可以通过网络和移动通信技术有效地解决这一问题，但对于网络信号欠佳的地方，数据链发送的效果也会不理想。

RTK 测量的转换参数是通过具有已知坐标的控制点求解的，其精度不仅与控制点本身精度有关，也与控制点的数量和控制点分布有关。

2. RTK 测量注意事项

（1）基准站注意事项

① 基准站的点位选择，应尽量设置于相对制高点上，以方便播发差分改正信号。

② 基准站周围应视野开阔，截止高度角应超过 15°，周围无信号反射物（大面积水域、大型建筑物、玻璃幕墙等），以减少多路径干扰，并要尽量避开交通要道、过往行人的干扰。

③ 若使用外接电台及蓄电池供电模式，要把主机、电台和蓄电池连接起来，注意电源的正负极，确保所有的连接线都连接正确后方可打开电台电源开关。

④ 基准站启动后，需等到差分信号正常发射方可离开。

⑤ RTK 作业期间，基准站不允许移动或关机又重新启动，若必须重启则需要重新点校正。

（2）移动站注意事项

① 在进行 RTK 测量作业前，应首先检查仪器内存容量能否满足工作需要，并备足电源。

② 确保手簿与主机蓝牙已配置好端口。

③ 在信号受影响的点位，为提高效率，可将仪器移到开阔处或升高天线，待数据链锁

定且差分解达到固定状态后，再小心、无倾斜地移回待定点或放低天线，一般可以初始化成功。

④ 移动站一般采用默认值 2m 长对中杆作业，当高度改变时，应注意在手簿中修正杆高。

 知识拓展

套用坐标系统或求解转换参数注意事项

① 套用预存坐标系统后，进行点校正控制点，应选择在测区中央。对于较大测区，宜分区测量，分区域建立项目，套用预存坐标系统后，选择区域里面的控制点进行点校正。

② 对于必须求解转换参数的测量项目，最好利用 3 个以上已知坐标的控制点进行求解，而且控制点应均匀分布于测区周围。如果利用两点校正，一定要注意尺度比是否接近于 1。要利用坐标转换中误差对转换参数的精度进行评定。

第七节　卫星定位测高

一、高程系统

高程系统有大地高系统、正高系统和正常高系统，如图 6-19 所示。

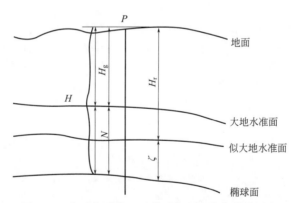

图 6-19　大地高系统、正高系统和正常高系统示意

1. 大地高系统

大地高系统是以参考椭球面为基准面的高程系统。某点的大地高是指，该点沿通过该点的参考椭球的法线方向，到参考椭球面的距离。大地高也称为椭球高，大地高一般用符号 H 表示。大地高是一个纯几何量，不具有物理意义，不难理解，同一个点，在不同定义的椭球的基准下，具有不同的大地高。

2. 正高系统

正高系统是以大地水准面为基准面的高程系统。某点的正高是指，沿通过该点的铅垂线方向，到与大地水准面的交点之间的距离，正高用符号 H_g 表示。因为正高系统是以大地水准面为基准面的高程系统，所以它具有明确的物理意义。大地水准面至椭球面的距离为大地水准面差距，用 N 表示。

$$N = H - H_g$$

3. 正常高系统

正常高系统是以似大地水准面为基准的高程系统。某点的正常高是指，沿通过该点的铅垂线方向，到与"似大地水准面"的交点之间的距离，正常高用符号 H_r 表示。正常高与大地高之差，称作高程异常，用 ζ 表示。

$$\zeta = H - H_r$$

补充说明："似大地水准面"严格说不是水准面，它与大地水准面不完全吻合，但接近于大地水准面，是用于计算的辅助面。似大地水准面与大地水准面之间的差距，即正常高与正高之差，称作重力异常。重力异常的大小与点位的高程和地球内部的质量分布有关，在我国青藏高原等西部高海拔地区，两者差异最大可达 3m，在中东部平原地区这种差异约几厘米，在海洋面上似大地水准面与大地水准面重合。

二、高程拟合

由 GPS 定位测定的点的高程属于 WGS-84 坐标系的大地高，因此，需要找出 GPS 点大地高系统高程与正常高系统高程的关系，并采用一定的模型进行转换。目前，主要是采用几何的曲面拟合方法，即利用测区内若干具有 GPS 大地高高程和水准高程的公共点，通过这些点的高程异常值，构造一种曲面来逼近似大地水准面。下面介绍几种常用的拟合方法。

1. 平面拟合法

在小区域且较为平坦的测区，可以考虑用平面逼近局部似大地水准面。设某公共点的高程异常 ζ_i 与该点的平面坐标 (x, y) 的关系式为

$$\zeta_i = a_i + a_2 x_i + a_3 y_i$$

式中　$a_1 \sim a_3$——模型参数。

如果公共点的数目大于 3 个，则相应的误差方程为

$$v_i = a_1 + a_2 x_i + a_3 y_i - \zeta_i (i = 1, 2, 3 \cdots)$$

写成矩阵形式有

$$V = AX - \zeta$$

式中，$V = \begin{bmatrix} V_1 \\ V_2 \\ \vdots \\ V_n \end{bmatrix}$；$A = \begin{bmatrix} a_1 \\ a_2 \\ a_3 \end{bmatrix}$；$X = \begin{bmatrix} 1, & x_2, & y_3 \\ 1, & x_2, & y_3 \\ & \vdots & \\ 1, & x_2, & y_3 \end{bmatrix}$；$\zeta = \begin{bmatrix} \zeta_1 \\ \zeta_2 \\ \vdots \\ \zeta_n \end{bmatrix}$。

根据最小二乘原理可求得

$$A = (X^T X)^{-1} X^T \zeta$$

对于平面拟合方法，在约 100km^2 的平原地区，拟合精度为 3~4cm。

2. 二次曲面拟合法

二次曲面拟合法拟合似大地水准面，是将某公共点的高程异常 ζ 与平面坐标的关系写成如下关系式。

$$\zeta_i = a_0 + a_1 x_i + a_2 y_i + a_3 x_i^2 + a_4 y_i^2 + a_5 x_y$$

式中　$a_0 \sim a_5$——待定模型参数。

因此，区域内至少需要 6 个公共点。当公共点的数目大于 6 个时，同上，可根据最小二乘原理求解。

曲面拟合法还可以进一步扩展为更多项和更高次的曲面，其关系式可写为：

$$\zeta_i = a_0 + a_1 x_i + a_2 y_i + a_3 x_i^2 + a_4 y_i^2 + a_5 x_y + a_6 x_i^3 + a_7 y_i^3 + \cdots$$

3. 多面函数拟合法

多面函数拟合法的基本思想是，任何数学表面和任何不规则的圆滑表面，总可以用一系列有规则的数学表面的总和以任意精度逼近。

4. 其他方法

曲面拟合法中还有样条函数法、非参数回归曲面拟合法、有限元法、移动曲面法等。此外，还可以运用地球重力场模型法、重力场模型与曲面拟合相结合方法等，进行大地高向正常高的化算。

三、卫星定位测高注意事项

影响卫星定位测高精度的因素包括卫星定位测量获得的大地高精度、公共点几何水准高程的精度、公共点的密度与分布、高程拟合的模型及方法等。

① 具有高精度的 GPS 大地高高程是获得高精度正常高高程的前提，因此必须采取措施以获得高精度的大地高高程，包括改善 GPS 星历的精度，提高基线解算中起算点坐标的精度，减弱电离层、对流层、多路径效应及观测误差的影响等。

② 几何水准测量应认真组织实施，以保证提供具有足以满足精度要求的水准测量高程值。此外，应有足够数量的高程公共点，且点的位置应均匀分布于测区。

🔁 知识拓展

卫星定位测高时应根据不同的测区情况，选用合适的拟合模型。对大范围测区，可采用重力场模型与曲面拟合相结合的方法，并宜采取分区进行平差计算。

第七章

大比例尺地形图测绘及应用

第一节　地形图的基本知识

一、测图比例尺

比例尺是地形测量中的必备工具。它是指图上两点间直接的长度 d 与其相对应地面上的实际水平距离 D 之比，其表示形式分为数字比例尺和图示比例尺两种。

1. 比例尺的表示方法

（1）数字比例尺

数字比例尺以分子为 1、分母为整数的分数表示，即

$$\frac{d}{D}=\frac{1}{\dfrac{D}{d}}=\frac{1}{M} \text{或} 1:M$$

式中　M——比例尺分母。

分母 M 数值越大，则图的比例尺就越小；反之 M 越小，比例尺就越大，图面表示的内容就越详细。

数字比例尺一般写成：1：500、1：1000、1：2000。

（2）图示比例尺

如图 7-1 所示，常用图示比例尺为直线比例尺，图中表示的为 1：1000 的直线比例尺，取 1cm 长度为基本单位，从直线比例尺上可直接读得基本单位的 1/10，可以估到 1/100。图示比例尺一般绘于图纸的下方，它和图纸一起复印或晒蓝纸，因此用它量取图上的直线长度，可以消除图纸伸缩变形的影响。

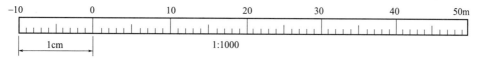

图 7-1　图示比例尺

2. 地形图按比例尺分类

（1）大比例尺地形图

通常把 1：500、1：1000、1：2000 和 1：5000 比例尺的地形图，称为大比例尺地形图。对于大比例尺地形图的测绘，传统测量方法是利用经纬仪或平板仪进行野外测量；现代测量方法是利用电磁波测距仪、光电测距照准仪或全站仪，从野外测量、计算到内业一体化的数

字化成图测量，它是在传统方法的基础上建立起来的。

（2）中比例尺地形图

把1∶10000、1∶25000、1∶50000、1∶100000的地形图称为中比例尺地形图。中比例尺地形图一般采用航空摄影测量或航天遥感数字摄影测量方法测绘，一般由国家测绘部门完成。

（3）小比例尺地形图

把小于1∶100000的如1∶20万、1∶25万、1∶50万、1∶100万等的地形图称为小比例尺地形图。小比例尺地形图一般是以比其大的比例尺地形图为基础，采用编绘的方法完成。

 知识拓展

1∶1万、1∶2.5万、1∶5万、1∶10万、1∶25万、1∶50万和1∶100万的比例尺地形图，被确定为国家基本比例尺地形图。

3.比例尺精度

正常情况，人们用肉眼在图纸上能分辨的最小长度为0.1mm，即在图纸上当两点间的距离小于0.1mm时，人眼就无法再分辨。因此把相当于图纸上0.1mm的实地水平距离，称为地形图的比例尺精度（表7-1），即

$$比例尺精度 = 0.1M(\text{mm})$$

式中　M——比例尺分母。

表7-1　比例尺精度

测图比例尺	1∶500	1∶1000	1∶2000	1∶5000	1∶10000
比例尺精度/m	0.05	0.1	0.2	0.5	1.0

比例尺精度的概念，对测图和用图都具有十分重要的意义。

① 根据测图的比例尺，确定实地量距的最小尺寸。例如用1∶1000的比例尺测图时，实地量距只需量到大于0.1m的尺寸，因为若量得再精细，在图上也无法表示出来。

② 根据要求，选用合适的比例尺。例如，在测图时要求在图上能反映出地面上5cm的细节，则由比例尺精度可知所选用的测图比例尺不应小于1∶500。

二、地形图的图外注记

标准地形图在图外注有图名、图号、接合图表、比例尺、外图廓、坐标格网、三北方向线及坡度尺等内容。

1.图名、图号和接合图表

（1）图名

一幅地形图的名称（图名），一般用图幅中最具有代表性的地名、景点名、居民地或企事业单位名称命名，图名标在图的上方正中位置。

（2）图号

为便于储存、检索和使用系列地形图，每张地形图除有图名外，还编有一定的图号，图号是该图幅相应分幅方法的编号，图号标在图名和上图廓线之间。

知识拓展

地形图的分幅和编号有两种方法：一种是按经纬线划分为梯形分幅并编号；另一种是按坐标格网划分为正方形与矩形分幅并编号。前者用于中小比例尺的国家基本图的分幅；后者用于工程建设上大比例尺地形图的分幅。

现仅介绍按坐标格网划分为正方形分幅与编号的方法。

在各种工程建设中，大比例尺地形图按坐标格网划分为正方形图幅，对于 1：5000 比例尺的地形图为 40cm×40cm，其他比例尺如 1：2000、1：1000、1：500 均用 50cm×50cm 图幅。现将以上四种比例尺的地形图的图幅大小、实地测图面积等列于表 7-2 中。

表 7-2　按正方形分幅的不同比例尺图幅

比例尺	图幅大小 /cm	图廓边的实地长度 /m	图幅实地面积 /km²	一幅 1：5000 图中包含该 比例尺图幅数/幅
1：5000	40×40	2000	4	1
1：2000	50×50	1000	1	4
1：1000	50×50	500	0.25	16
1：500	50×50	250	0.0625	64

正方形图幅以 1：5000 的比例尺为基础，采用图幅西南角点的坐标千米数编号，纵坐标 Y 在前，横坐标 X 在后。

如图 7-2 所示，该图幅西南角坐标 $x=20000m$，$y=30000m$，故其 1：5000 比例尺地形图的编号为：20-30。

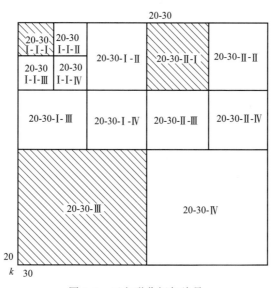

图 7-2　正方形分幅与编号

按一幅 1：5000 图中包含该比例尺图幅数，将一幅 1：5000 的地形图作四等分，便得到四幅 1：2000 比例尺的地形图，分别以Ⅰ、Ⅱ、Ⅲ、Ⅳ表示，图幅中左上角为Ⅰ、右上角为Ⅱ、左下角为Ⅲ、右下角为Ⅳ。其图的编号可在 1：5000 图编号后加上各自的代号Ⅰ、Ⅱ、Ⅲ、Ⅳ作为 1：2000 图的编号，例如图 7-2 中左下角打阴影为：20-30Ⅲ。以此类推，一幅

1∶2000 图又可分成四幅 1∶1000 图；一幅 1∶1000 图可再分成四幅 1∶500 图，其后附加各自的代号均为罗马字 Ⅰ、Ⅱ、Ⅲ、Ⅳ。在图 7-2 中，1∶1000 的图幅（打阴影）编号为 20-30-Ⅱ-Ⅰ，而 1∶500 的图幅（打阴影）编号为 20-30-Ⅰ-Ⅰ-Ⅰ。

 知识拓展

当测区较小时，也可根据工程条件和要求，采用自然序数编号或行列编号法，也可采用其他编号法。总之应本着从实际出发，根据测图、用图和管理方便及用图单位的要求灵活运用。

（3）接合图表

接合图表是表示本图幅与四邻图幅的邻接关系的图表，表上注有邻接图幅的图名或图号，它绘在本幅图的上图廓的左上方。

2. 图廓和坐标格网

（1）图廓

地形图都有内、外图廓，内图廓线较细，是图幅的范围线，绘图必须控制在该范围线以内；外图廓线较粗，主要是对图幅起装饰作用。

（2）坐标格网

矩形图幅的内廓线亦是坐标格网线，在内外图廓之间和图内绘有坐标格网交点短线，图廓的四角注记有该角点的坐标值。梯形图幅的内廓线是经纬线，图廓的四角注有经纬度，内外图廓间还有分图廓，分图廓绘有经差和纬差，用 1′ 间隔的黑白分度带表示，只要把分图廓对边相应的分度线连接，就构成了经、纬差各为 1′ 的地理坐标格网。梯形图幅内还有 1km 的直角坐标格网，称其为千米坐标格网。内图廓和分图廓之间注有千米格网坐标值，如图 7-3(a) 所示。

3. 三北方向线

在中、小比例尺地形图的下图廓外偏右处，绘有真子午线、磁子午线和坐标纵轴线这三个北方向线之间的角度关系图，称为三北方向线。绘制时真子午线应垂直下图廓边，如图 7-3（b）所示。该图幅中，磁偏角为 9°50′（西偏）；坐标纵轴线偏于真子午线以西 0°5′；而磁子午线偏于坐标纵线以西 9°45′。利用该关系图，可对图上任一方向的真方位角、磁方位角和坐标方位用三者间进行相互换算。

4. 直线比例尺和坡度比例尺

在下图廓正下方注记测图的数字比例尺。在数字比例尺的下方绘制直线比例尺，如图 7-3(c) 所示，以便图解距离，消除图纸伸缩的影响。

对于梯形图幅，在其下图廓偏左处，绘有坡度比例尺，如图 7-3(d) 所示，用以图解地面坡度和倾角，它按下式计算。

$$i = \tan\alpha = \frac{h}{dM}$$

即

$$d = \frac{d}{iM}$$

式中　i——地面坡度；

　　　α——地面倾角；

　　　h——两点间的高差；

　　　d——两点间的水平距离；

　　　M——测图比例尺分母。

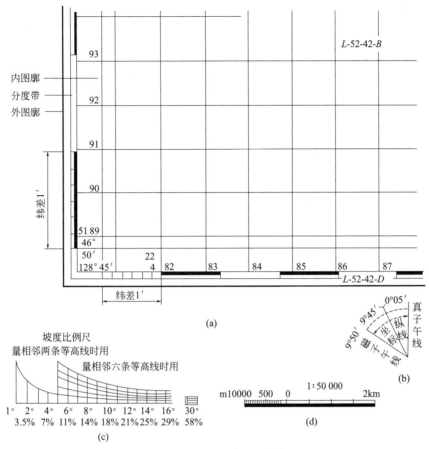

图 7-3　地形图的图廓和图外标记

使用时利用分规量出相邻两点间的水平距离，在坡度比例尺上即可读取地面坡度 i。

除了上述注记外，图上还注记有测图时间、测图方法、测图所用的坐标系统、高程系统以及测绘单位和测绘者等说明。

第二节　地形和地貌在图上的表示方法

一、地物在图上的表示方法

地物在地形图中是用地物符号来表示的。地物符号按其特点又分为：比例符号、半比例符号和非比例符号三种。有些占地面积较大（以比例尺精度衡量）的地物，如地面上的房屋、桥、旱田、湖泊、植被等地物可以按测图比例尺缩小，用地形图图式中的规定符号绘出，称为比例符号；而有些地物由于占地面积很小，如三角点、导线点、水准点、水井、旗杆等按比例缩小无法在图上绘出，只能用特定的、统一尺寸的符号表示它的中心位置，这样的符号称为非比例符号；对于那些呈线状延伸的地物，如铁路、公路、管线、河流、渠道、围墙、篱笆等，其长度能按测图比例尺缩绘，但其宽度则不能，这样的符号称为半比例符号。

在不同比例尺的地形图上表示地面上同一地物，由于测图比例尺的变化，所使用的符号也会变化。某一地物在大比例尺地形图上用比例符号表示，而在中、小比例尺地形图上则可能就变成为非比例符号或半比例符号。

二、地貌在图上的表示方法

在地形图上表示地貌的方法有多种。目前最常用的表示地面高低起伏变化的方法是等高线法，所以等高线是常见的地貌符号。但对梯田、峭壁、冲沟等特殊的地貌，不便用等高线表示时，可根据《地形图图式》绘制相应的符号。

1. 等高线的概念

地面上高程相等的相邻各点连接的闭合曲线，称为等高线。如图 7-4 所示，设想有一座小岛在湖泊中，开始时水面高程为 40m，则水面与山体的交线即为 40m 的等高线；若湖泊水位不断升高，达到 60m 时，则山体与水面的交线为 60m 的等高线；以此类推，直到水位上升到 100m 时，淹没山顶而得 100m 的等高线。然后把这些实地的等高线沿铅垂方向投影到水平面上，并按规定的比例尺缩小绘在图纸上，就得到与实地形状相似的等高线。显然，图上的等高线形态，取决于实地山头的形态，陡坡则等高线密，缓坡则等高线疏。所以，可从图上等高线的形状及分布来判断实地地貌的形态。

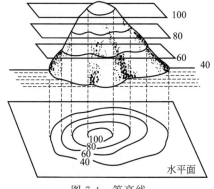

图 7-4　等高线

2. 等高距和等高线平距

相邻两等高线间的高差称为等高距，用 h 表示。

在同一幅地形图上只能有一个等高距，通常按测图的比例尺和测区地形类别，确定测图的基本等高距，如表 7-3 所列。

表 7-3　地形图基本等高距

地形类别	不同比例尺的基本等高距/m			
	1:500	1:1000	1:2000	1:5000
平原	0.5	0.5	1.0	1.0
微丘	0.5	1.0	2.0	2.0
重丘	1.0	1.0	2.0	5.0
山岭	1.0	2.0	2.0	5.0

相邻两等高线间的水平距离称为等高线平距，用 h 表示。它随实地地面坡度的变化而改变。h 与 d 的比值就是地面坡度 i，即

$$i = \frac{h}{d} \times 100\%$$

3. 等高线的种类

为了充分表示出地貌的特征以及用图的方便，等高线按其用途分为以下四类。

① 基本等高线（又称首曲线），即按基本等高距测绘的等高线。

② 加粗等高线（又称计曲线），为易于识图，逢五逢十（指基本等高距的整五或整十倍），即每隔四条首曲线加粗一条等高线，并在其上注记高程值。

③ 半距等高线（又称间曲线），在个别地方的地面坡度很小，用基本等高距的等高线不足以显示局部的地貌特征时，可按 1/2 基本等高距用长虚线加绘半距等高线。

④ 1/4 等高线（又称助曲线），在半距等高线与基本等高线之间，以 1/4 基本等高距再进行加密，且用短虚线绘制的等高线。

4. 典型地貌的等高线

地貌的情况复杂多样，就其形态而言，可归纳为以下几种典型类型。

（1）山头与洼地

凸出而高于四周的高地称为山，大的称为山岳，小的称为山丘。山的最高点称为山顶。四周高、中间低的地形称为洼地。如图 7-5（a）和（b）所示，分别为山头与洼地的等高线，这两者的等高线形状完全相同，其特征为一簇闭合曲线。为了区分起见，可在其等高线上加绘示坡线或标出各等高线处的高程。示坡线是垂直于等高线指向低处的短线。高程注记一般由低向高。

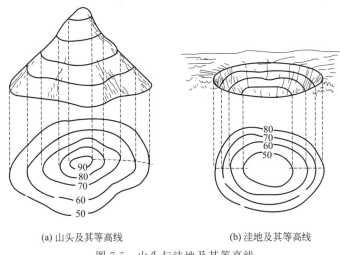

(a) 山头及其等高线　　　　　　(b) 洼地及其等高线

图 7-5　山头与洼地及其等高线

（2）山脊与山谷

山的凸棱由山顶延伸到山脚称为山脊，两山脊之间的凹部称为山谷。如图 7-6（a）和（b）所示，它们的等高线形状呈"U"形，其中山脊的等高线的字凸向低处，山谷的等高线

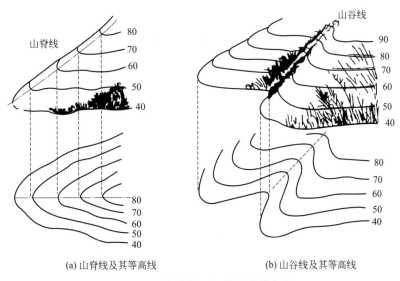

(a) 山脊线及其等高线　　　　　　(b) 山谷线及其等高线

图 7-6　山脊线与山谷线及其等高线

的"U"形凸向高处。山脊最高点连成的棱线称为山脊线，又称为分水线；山谷最低点连成的棱线称为山谷线，又称为集水线。山脊线和山谷线统称为地性线，无论山脊线还是山谷线，它们都要与等高线垂直正交。在一般工程设计中，要考虑地面水流方向、分水、集水等问题，因此，山脊线和山谷线在地形图测绘和应用中具有重要的意义。

（3）鞍部

相对的两个山脊和山谷的会聚处的马鞍形地形，称为鞍部，又称为垭口。如图 7-7 所示，为两个山顶之间的马鞍形地貌，用两簇相对的山脊和山谷的等高线表示。鞍部在山区道路的选用中是一个关键点，越岭道路常需经过鞍部。

（4）悬崖

山的侧面称为山坡，上部凸出、下部凹入的山坡称为悬崖。如图 7-8 所示为悬崖及其等高线，其凹入部分投影到水平面上后与其他等高线相交，俯视时隐蔽的等高线用虚线表示。

（5）峭壁

近于垂直的山坡称为峭壁或称为绝壁、陡崖等。如图 7-9 所示为峭壁及其等高线，这种地形的等高线一般配合特定的符号（如该图的锯齿形的断崖符号）来完成。

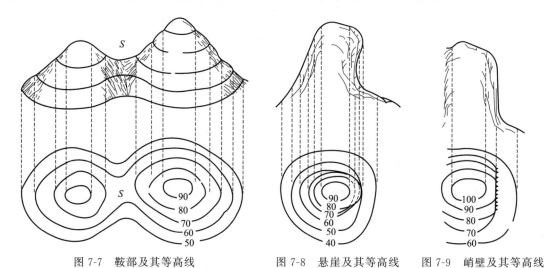

图 7-7　鞍部及其等高线　　　图 7-8　悬崖及其等高线　　图 7-9　峭壁及其等高线

（6）其他

地面上由于各种自然和人为的原因而形成多种新的形态，如冲沟、陡坎、崩崖、滑坡、雨裂、梯田坎等。

识别上述典型地貌的等高线表示方法以后，就基本能够认识地形图上用等高线表示的复杂地貌。如图 7-10 所示为某一地区综合地貌及其等高线表示，读者可对照识别。

5. 等高线的特征

为了掌握等高线表示地貌的规律，便于测绘等高线，必须了解等高线的如下特征。

① 在同一等高线上所有各点的高程都相等。

② 每一条等高线都必须成一个闭合曲线，因图幅大小限制或遇到地物符号时可以中断，但要绘画到图幅或地物边，否则不能在图中中断。

③ 在同一幅地形图上等高距是相同的，因此，等高线密度越大（平距越小），表示地面坡度越陡；反之，等高线密度越小（平距越大），表示地面坡度越缓；等高线密度相同（平距相等），表示坡度均匀。

④ 山脊线、山谷线都要和等高线垂直相交。

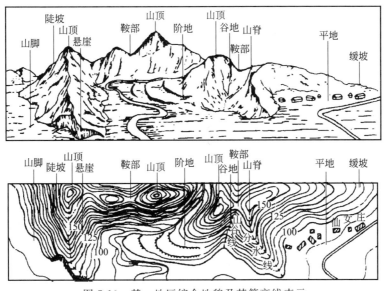

图 7-10　某一地区综合地貌及其等高线表示

⑤ 等高线跨越河流时，不能直穿而过，要渐渐折向上游，过河后渐渐折向下游，如图 7-11 所示。

⑥ 等高线通常不能相交或重叠，只有在绝壁和悬崖处才会重叠或相交，如图 7-9 所示。

三、注记

为了表明地物的种类和特征，除用相应的符号表示外，还需配合一定的文字和数字加以说明，称为注记。如楼房的结构和层数、地名、路名、单位名、河流名和水流方向、水深、流速以及等高线的高程和散点的高程等。

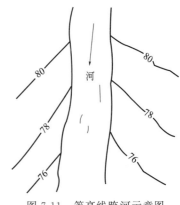

图 7-11　等高线跨河示意图

第三节　大比例尺地形图测绘

一、碎部点的选择

碎部点又称地形点，它指的是地物和地貌的特征点。碎部点的选择直接关系到测图的速度和质量。选择碎部点的根据是测图比例尺，及测区内地物和地貌的状况。碎部点应该选在能反映地物和地貌特征的点上。

对于地物，其特征的点为地物的轮廓线和边界线的转折或交叉点。例如建筑物、农田等面状地物的棱角点和转角点；道路、河流、围墙等线形地物交叉点；电线杆、独立树、井盖等点状地物的几何中心等。由于实测中有些地物形状极不规则，一般规定主要地物凸凹部分在图上大于 4mm（在实地应为 $0.4M$mm，M 为比例尺分母）时均应表示出来；若小于 0.4mm 则可用直线连接。

对于地貌其特征点，为地性线上的坡度或方向变化点。地性线主要有：山脊线（分水线）、山谷线（集水线）、坡缘线（山腰线）、坡麓线（山脚线）及最大坡度线（流水线）等。尽管地貌形态各不相同，但地貌的表面都要近似地看成是由各种坡面组成的。只要选择这些地性线和轮廓线上的转折点及棱角点（包括坡度转折点、方向转折点、最高点、最低点及连接相邻等坡段的点），就能把不同走向、不同坡度随地貌变化的地性线，用等坡度线段测绘出来，以这样的等坡线段勾绘等高线，就能形象地把地貌描绘在地形图上。

为了保证测图质量，即使在地面坡度无明显变化处，也应测绘一定数量的碎部点，一般规定：在图纸上碎部点间的最大间距不应超过表7-4的规定。碎部点到测站点的距离，可采用视距法或光电测距法；最大测距长度，应符合表7-4的规定。

表 7-4 地形图上高程注记点间距与测距最大长度

测图比例尺	地形图上高程注记点间距/m	测距最大长度/m	
		视距法	光电测距法
1∶500	≤15	≤80	≤240
1∶1000	≤30	≤120	≤360
1∶2000	≤50	≤200	≤600
1∶5000	≤100	≤300	≤900

二、地形测图方法

地形测量（又称为碎部测量）是以图根控制点为测站点，测定控制点周围碎部点的平面位界和高程后，按比例符号或现行地形图图式中规定的图式符号绘制地形图。

测定碎部点的方法，包括极坐标法、直角坐标法、角度交会法、距离交会法和距离角度交会法等。通常用得最多的是极坐标法，它是把某个控制点作为测站中心（极点），通过照准另一个控制点作为起始方向（极轴），再分别瞄准周围其他碎部点，测定其相对于起始方向的水平角（极角），测定测站到碎部点的距离（极距），这样就能确定测站周围碎部点的平面位置。其他方法多用于地物的辅助测站，例如对隐蔽的或不宜观测的地物碎部点，常常把已经测定的碎部点作为基准，利用直角坐标法、角度交会法、距离交会法等再去测定。

下面介绍经纬仪测绘（记）法。

碎部测量时，只需用盘左或者盘右一个状态，无需进行多余观测，这样竖盘指标差无法用盘左、盘右取平均来消除，因此必须对竖盘指标差进行严格检验校正，然后按下述步骤进行观测。

1. 安置仪器

如图7-12所示，在测站点 A（已展绘到图纸上的控制点）安置经纬仪，量取仪器高 i，盘左照准控制点 B（已展绘到图纸上的控制点），则以 AB 方向作为起始方向，使水平度盘读数为 $0°0'0''$。为保证测量的精度，再照准立在控制点 C 上的标尺，观测水平角 $\angle BAC$，用视距法测定 C 点高程。与控制测量成果进行比较，角度差不应大于 $\pm 1.5'$，高程差不应大于 1/5 等高距。然后把裱有图纸的绘图板架在测站旁，连接图上的 a、b，用细针把半圆仪通过零刻度线上的小孔钉在 a 点。图7-13上 a、b 点分别为地面上 A、B 点在图纸上的展绘点，均为已测定的控制点。

2. 观测

首先，跑尺员应与观测员密切配合，商定跑尺路线和范围，高效率地在碎部点上立尺，以便于绘图。观测员用经纬仪照准立于碎部点的标尺，读取水平盘读数或直接读取水平角、视距间隔、中丝读数、竖盘读数或直接读取竖直角，分别记入表7-5中。每次读取竖盘读数以前，必须保证竖盘指标水准管气泡居中。观测20个左右碎部点后，应当检查起始方向，归零差不得大于 $\pm 1.5'$。另外，如果能使每次中丝读数 l 等于仪器高 i，则可以简化计算。

图 7-12　经纬仪测图

表 7-5　地形测量记录计算表

测站点：A；后视点：B；仪器高 $i=1.45$m；指标差 $x=0$；测站点高程 $H_A=243.76$m

碎部点	视距间隔 n /m	中丝读数 l/m	竖盘读数	数值角值	$i-l$ /m	高差 h /m	水平角值 β	水平距离 D /m	高程 H/m	备注
1	0.380	1.45	$93°28'$	$-3°28'$	0	-2.29	$175°38'$	37.9	241.47	
2	0.375	1.45	$93°00'$	$-3°00'$	0	-1.96	$278°45'$	37.4	241.80	

3. 展绘碎部点

绘图员根据记录及计算出的测站至碎部点的水平角和水平距离（表 7-5），用半圆仪展绘碎部点。首先在半圆仪上找到与所测水平角相等的刻画线，并将此刻画线与 ab 方向线重合；然后根据所测水平距离和测图比例尺在半圆仪直径边上截取测站点至碎部点的图上距离，即得碎部点在图上的位置。这里需要特别注意的是：半圆仪上有两排角度值（$0°\sim180°$ 和 $180°\sim360°$），而直径边也可以看成是两个半径边。因此，在展绘碎部点时，绘图员面对测站方向，当水平角在 $0°\sim180°$ 之间，则量取图上距离时采用右半径边；当水平角在 $180°\sim 360°$ 之间，则量取图上距离时必须采用左半径边。最后将碎部点的高程标注在该点位的右侧，同时还要避免与地物符号重叠，也不要标注在图廓外。

绘图员应边展点边对照实地情况，按图式规定的地物、地貌符号绘图。

🔁 知识拓展

如果将经纬仪观测数据只做记录和画草图，而到室内根据记录数据和草图绘地形图，则这种方法称为经纬仪测图法。此法操作简单，外出时间短，任务紧迫时，可分组进行。其缺点是室内绘图不能对照实地及时发现问题，因此，成图后应到现场核对。

三、地形图的绘制

地形图的绘制包括地物和地貌的绘制。

1. 地物的绘制

绘图前应对整个测区和各测站周围的地物分布、地貌特征进行仔细观察，做到心中有数。测图过程中当所测地物的特征点数能够描绘出地物完整图形时，应立即勾绘地物轮廓线，并用规范的图式符号或文字标明地物类别和名称，做到随测随绘，逐渐展绘局部以至全幅的地物图。

2. 地貌（等高线）的绘制

在测定地貌点的同时，应把同一坡度线上的点轻轻地勾连出来，从而形成一条条的地形线（如山脊线和山谷线），并随时在同一坡度的两点间插绘等高点，标注高程值，如图 7-13 所示。设地面某局部范围的地貌特征点的位置和高程已经测定，在图上连接等坡度线上相邻的特征点 ba、bc、bd、be 等，其中实线为山谷线、虚线为山脊线，据此可参照实际地貌情况勾绘等高线。等高线的勾绘方法很多，下面仅介绍内插法中的解析法和目估法。

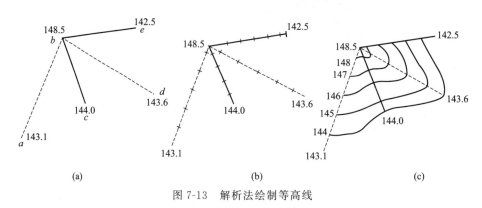

图 7-13 解析法绘制等高线

（1）解析法

下面以图 7-13 中的 ba 为例，介绍内插法绘制等高线的方法。

若已知 ab 在图上的平距 D、高差 h，以 1m 的等高距绘制等高线。由图 7-13 可知 ab 线上应有 144m、145m、146m、147m 和 148m 共 5 条等高线穿过。第一根 144m 等高线与 a 点高差为 0.9m，最后一根 148m 等高线与 b 点高差为 0.5m。只要先确定距 a 点高差为 0.9m，距 b 点高差为 0.5m 对应平距的点位，再等分剩下的线段，就可确定所有等高线通过 ab 上的点了。

根据等坡线上平距与高差成正比的关系，可求得高程为 H 的等高点到 a 点的平距 d 为

$$d = \frac{D}{148.5 - 143.1}(H - 143.1)$$

由上式可得各等高线穿过 ab 线的点的位置，如图 7-13(b) 所示。同理可得到等高线穿过其他地性线上的点。参照实地，将不同地性线高程相等的点就近用曲线连接起来，即得到要绘制的等高线，如图 7-13(c) 所示。

（2）目估法

在实际作业中，一般不进行解析计算，而是根据这一原理用目估的方法勾绘等高线。以图 7-14 中 A、B 两点间为例，说明目估法勾绘等高线的步骤。

① 定有无。确定两碎部点间有无等高线通过，即 AB 之间"有"。

② 定根数。确定两碎部点间有几根等高线通过，即 AB 之间有 63、64、65、66 四条等高线通过。

③ 定两端。确定两碎部点间首尾两条等高线通过的位置，即 AB 之间 63、66 两条等高线通过的位置。

④ 平分中间。在确定出的首尾两条等高线通过的位置后，再将这两条等高线之间距离按等高线间隔数进行平分，即在定出 63、66 两条等高线位置后，再将两者间进行三等分，得出 64、65 的位置。

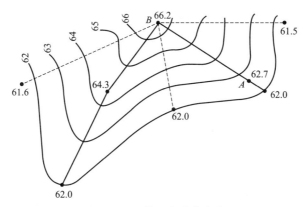

图 7-14　目估法勾绘等高线

⑤ 连线。勾绘出相邻点之间等高线的通过位置后，用光滑曲线将高程相同的相邻点连接起来即成等高线。

第四节　地形图的检查、拼接

一、地形图的检查

地形图测完后，首先由各作业组自检，然后由作业组之间互检或由质量监督部门抽检。检查的方式包括图面检查、野外巡查和设站检查。

1.图面检查

图面检查，主要是检查控制点的分布、展绘是否符合规范；地物、地貌的位置和形状绘制得是否正确；图式符号的使用得否符合规定；等高线的高程和地形点的高程是否存在矛盾；名称注记是否有遗漏或错误。一旦发现问题，先检查记录、计算和展绘有无错误；如果不是由于记录、计算和展绘所造成的错误，不得随意修改，待野外检查后再确定。

2.野外巡查

野外巡查就是将地形图带到现场与实际地形对照，核对地物和地貌的表示是否清晰合理，检查是否存在遗漏、错误等。对图面检查发现的疑问必须重点检查。如果等高线的表示与实际地貌略有差异，可立即修改；重大错误必须用仪器检查后再修改。

3.设站检查

设站检查即检查在图面和野外检查时发现的重大疑问，找出问题后再进行修改。对漏测、漏绘的，补测后填入图中。另外为评判测图的质量，还应重新设站，挑选一定数量的点进行观测，其精度应符合表 7-6 的规定，仪器抽查量不应少于测图总量的 10%。

表 7-6　地形图的精度

图上地物点的点位中误差/mm		等高线插值的高程中误差			
主要地物	一般地物	平原区	微丘区	重丘区	山岭区
≤±0.6	≤±0.8	$\leqslant \frac{1}{3}H_d$	$\frac{1}{2}H_d$	$\frac{2}{3}H_d$	$\leqslant 1H_d$

注：表中主要地物是指外廓明显的坚固建筑物；H_d 为基本等高距。

二、地形图的拼接

经质量检查后的原图要进行拼接。由于测量误差的影响，相邻图幅拼接时，接图边上的地物和等高线一般会出现接边差，如图 7-15 所示。若拼接边偏差小于表 7-6 规定值的 $2\sqrt{2}$ 倍时，两幅图才可以拼接；若超过此限值，必须用仪器检查、纠正图上的错误后再拼接。

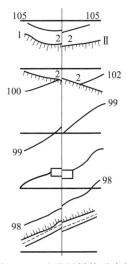

图 7-15　地形图拼接示意图

🕮 知识拓展

拼接后的原图需要进行清绘和整饰，使图面清晰、整洁、美观，以便验收和原图保存。整饰的顺序是："先图内后图外，先地物后地貌，先注记后符号"。

第五节　地形图的应用

一、求点的坐标

如图 7-16 所示，欲求 A 点的坐标，可利用图廓坐标格网的坐标值来求出。首先找出 A 点所在方格的西南角坐标值，$x_0 = 5200\text{m}$，$y_0 = 1200\text{m}$；然后通过 A 点作出坐标格网的平行线 ab、cd，再按测图比例尺（1∶2000）量取 aA 和 cA 的长度，则

$$x_A = x_0 + cA$$
$$y_A = y_0 + aA$$

若精度要求较高，应考虑到图纸伸缩的影响，则需量出 ab、cd 的长度。从理论上讲：$ab = cd = l$，l 为坐标格网边长（理论值一般为 10cm）对应的长度。由于图纸伸缩，以及量测长度有一定误差，上式一般不成立，则 A 点的坐标应按下式计算。

$$\left. \begin{aligned} x_A &= x_0 + \frac{l}{cd}cA \\ y_A &= y_0 + \frac{l}{ad}aA \end{aligned} \right\}$$

二、求两点间的水平距离

求两点的水平距离有以下两种方法。

1. 解析法

在图 7-16 中，欲求 A、B 两点的水平距离，先按上述两式分别求出 A、B 两点的坐标值 x_A、y_A 和 x_B、y_B。然后用下式计算 A、B 两点的水平距离。

$$D_{AB} = \sqrt{(x_B - x_A)^2 + (y_B - y_A)^2}$$

由此计算的水平距离，不受图纸伸缩的影响。

2. 图解法

图解法即在图上直接量取 A、B 两点的长度，或用卡规卡出 AB 线段的长度，再与图示比例尺比量，即可得出 AB 间水平距离。

三、确定直线的方位角

1. 解析法

如图 7-16 所示，欲求 AB 直线的坐标方位角，可按上述公式分别求出 A、B 两点的坐标，再利用坐标反算求得坐标方位角。

$$\alpha_{AB}=\arctan\frac{y_B-y_A}{x_B-x_A}$$

2. 图解法

图解法，即在图上直接量取角度。其方法是，分别过 A、B 两点作坐标纵轴的平行线，然后用量角器分别量取 AB、BA 的坐标方位角 α_{AB} 和 α_{BA}。此时，若两角相差 180°，可取此结果为最终结果，否则取两者平均值作为最终结果。

四、求点高程

在地形图上求任何一点的高程，都可根据等高线和高程注记来完成。如果所求点恰好位于某一根等高线上，则该点的高程就等于该等高线的高程。如图 7-17 所示中 E 点的高程为 54m。

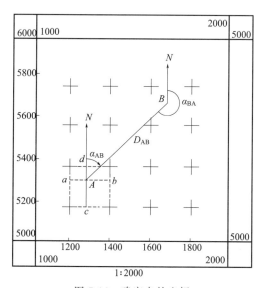

图 7-16 确定点的坐标

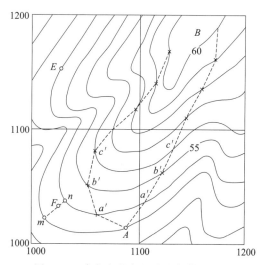

图 7-17 确定点的高程及选定等坡线路

如果所求点位于两根等高线之间，则可以按比例关系求得其高程。如图 7-17 中的 F 点位于 53m 和 54m 两根等高线之间，可通过 F 点作一条大致与两根等高线相垂的直线，交两根等高线于 m、n 两点，从图上量得 mn＝d，mf＝s，设等高线的等高距为 h（h＝1m），则 F 点的高程为

$$H_F=H_m+\frac{s}{d}h$$

式中 H_m——m 点的高程（在图 7-18 中为 53m）。

五、求直线的坡度

地面上网点的高差与其水平距离的比值称为坡度，通常用 i 表示。欲求图上直线的坡度，可按前述的方法求出直线段的水平距离 D 与高差 h，再由下式计算其坡度。

$$i = \frac{h}{D} = \frac{h}{dM}$$

式中　　d——图上两点间的长度；

　　　　M——测图比例尺分母。

坡度常用百分率（％）或千分率（‰）表示，通常直线段所通过的地形有高低起伏，是不规则的，因而所求的直线坡度实际为平均坡度。

第八章

测量误差控制

第一节 测量误差的概念

一、测量误差及其产生的原因

综观整个测量工作，测量误差产生的原因主要有以下三个方面。

1. 仪器设备

测量工作是利用测量仪器进行的，而每一种测量仪器都具有一定的精确度，因此会使测设结果受到一定的影响。例如，钢尺的实际长度和名义长度总存在差异，由此所测的长度总存在尺长误差。再如水准仪的视准轴不平行于水准管轴，也会使观测的高差产生 i 角误差。

2. 观测者

由于观测者的感觉器官的鉴别能力存在一定的局限性，所以对于仪器的对中、整平、瞄准、读数等操作都会产生误差。例如，在厘米分划的水准尺上，由观测者估读毫米数，则 1mm 以下的估读误差是完全有可能产生的。另外，观测者技术熟练程度也会给观测结果带来不同程度的影响。

3. 外界环境

观测时所处的外界环境中的温度、风力、大气折射、湿度、气压等客观情况时刻在变化，也会使测量结果产生误差。例如，温度变化使钢尺产生伸缩，大气折射使望远镜的瞄准产生偏差等。

上述三方面的因素是引起观测误差的主要来源，因此把这三方面因素综合起来称为观测条件。观测条件的好坏与观测成果的质量有着密切的联系。在同一观测条件下的观测称为等精度观测；反之，称为不等精度观测，而相应的观测值称为等精度观测值和不等精度观测值。

二、测量误差的分类与处理原则

测量误差按其对观测成果的影响性质，可分为系统误差和偶然误差两大类。前者为大误差，多发生于仪器设备；后者属小误差，多由一系列不可抗拒随机扰动所致。

1. 系统误差

在相同的观测条件下，对某一观测量进行一系列的观测，若误差的大小及符号相同，或按一定的规律变化，则这类误差称为系统误差。例如用一根名义长度为 30m，而实际长度为 30.007m 的钢尺丈量距离，每量一尺段就要少 7mm，该 7mm 误差在数值上和符号上都是固定的，且随着尺段数的增加呈累积性。由于系统误差对测量成果影响具有累计性，应尽可能消除或限制到最低程度，其常用的处理方法有以下几种，见表 8-1。

表 8-1　常用的处理方法

序号	主要内容
检校仪器	把系统误差降低到最低程度,如校正竖盘指标差等
加改正数	在观测结果中加入系统误差改正数,如尺长改正等
采用适当的观测方法	使系统误差相互抵消或减弱,如测水平角时采用盘左、盘右观测以消除视准轴误差,测竖直角时采用盘左、盘右观测以消除指标差,采用前后视距相等来消除由于水准仪的视准轴不平行于水准轴带来的 i 角误差等

2. 偶然误差

在相同的观测条件下,对某量进行一系列的观测,大量的观测数据表明,误差出现的大小及符号在个体上没有任何规律,具有偶然性。但从总体上看,误差的取值范围、大小和符号却服从一定的统计规律,这类误差称为偶然误差,或随机误差。例如,在厘米分划的水准尺上读数,由观测者估读毫米时,有时估读偏大,有时估读偏小。又如大气折射使望远镜中目标成像不稳定,使观测者瞄准目标时,有时偏左,有时偏右等。偶然误差是不可避免的,在测量中为了降低偶然误差的影响,提高观测精度,通常采用以下方法,见表 8-2。

表 8-2　提高观测精度的方法

处理方法	主要内容
提高仪器等级	可使观测值的精度得到有效的提高,从而限制了偶然误差的大小
降低外界影响	选择有利的观测环境和观测时机,避免不稳定因素的影响,以减小观测值的波动;提高观测人员的技术修养和实践技能,正确处理观测与影响因子和抵抗外来影响的能力,以稳、准、快地获取观测值;严格按照技术标准和要求操作程序观测等,以达到稳定和减少外界影响,缩小偶然误差的波动范围
进行多余观测	在测量工作中进行多余必要的观测,称为多余观测。例如,一端距离用往、返丈量,如将往测作为必要观测,则返测就属于多余观测;又如,由三个地面点构成一个平面三角形,在三个点上进行水平角观测,其中两个角度属于必要观测,则第三个角度的观测就属于多余角。有了多余观测,大多可以发现观测值的误差。根据差值的大小,可以评定测量的精度,差值如果大到一定程度,就认为观测值中有的观测量的误差超限,应予重测(返工);差值如果不超限,则按偶然误差的规律加以处理,以求得最可靠的数值

需要注意的是,观测中应避免出现误差,即由观测者本身疏忽造成的误差,如读错、记错。粗差不属于误差范畴,是可以避免的。测量时必须遵守测量规范,要认真操作、随时检查,并进行结果检核。

三、测量误差的概念

在测量中对某一未知量在相同条件下进行若干次观测,每次所得的结果是各不相同的。如对一段距离、一个角度或两点间的高差在相同条件下进行多次重复观测都会出现这种情况。只要不出现错误,每次观测的结果是非常接近的,与真值相差无几。我们把观测值与真值或应有值之间的差异称为误差。

 知识拓展

误差与错误

在测量过程中,因各种原因出现某些错误,但错误是不属于误差范围内的另一类问题。

因为错误是由于粗心大意或操作失误所致，错误的结果与观测值的量无任何内在的关系。尽管错误难以杜绝，但通过观测与计算中的步步校核，可把它从成果中剔除掉，保证测量结果正确可靠。

第二节　测量误差的来源与分类

一、测量误差的来源

1. 仪器工具的影响

测量仪器在制造时要求十分严格，但无论怎样它都不会十全十美，其精度不可能无限度地提高，总有一些缺陷。在使用仪器之前虽然也进行仔细的检验与校正，但仍有一些残余误差存在，这一切都会给测量结果带来一定的误差。

2. 人的因素

人的感觉器官能力有一定的限度，特别是人眼睛的分辨能力是有限的，在仪器的安置、整平、对中、照准、读数等方面都不是十分准确，给测量带来一定的误差。另外，观测者的熟练程度和习惯也可能会造成一些误差。

3. 外界条件的影响

测量观测都在一定的环境下进行，所以外界条件，如风力、阳光、温度、气压、湿度等对测量的结果都有影响，造成一定的误差。另外，我们的观测是在地球表面的大气中进行的，地球曲率、大气折射等也对测量结果有一定的影响。

二、测量误差的分类及特性

测量误差按其特性分为系统误差和偶然误差两大类。

1. 系统误差

在相同的条件下，对某一量做一系列观测，其误差保持一个常数，或者随着观测条件的变化，误差的大小和符号按照一定的规律变化，这种误差称为系统误差。一般情况下仪器本身的误差对测量结果的影响，以及在距离丈量时，尺长误差、温度和地面倾斜所造成的误差都是系统误差。

对待系统误差应从三个方面来处理。

第一，在测量之前必须对仪器进行严格的检验与校正，让仪器误差保持在规范允许的范围之内。

第二，进行计算改正，如精密距离丈量的"三差改正"（尺长改正、温度改正、高差改正）等。

第三，是在观测时采取对称观测的措施，如使用经纬仪时要盘左、盘右观测取平均值，水准测量时要前后视距相等等。通过这些措施可以抵消或减小系统误差对测量结果的影响。

2. 偶然误差

在测量过程中，系统误差与偶然误差是同时产生的。用计算改正和采取一定的措施可将系统误差的大部分抵消或减小，这时偶然误差起着主要作用，所以，研究误差的主要对象是偶然误差。通过对偶然误差的分析研究，对测量成果的精度进行评定，同时求出观测值的最可靠值。

🔁 知识拓展

偶然误差

在一定的观测条件下，误差的大小和符号从表面看没有一定的规律，但通过大量分析研究，它们符合一定的数理统计规律，这种误差称为偶然误差。

除此之外，对其他测量的误差也进行了大量的分析，通过分析总结出偶然误差有以下四个特性：

① 在一定的观测条件下，偶然误差的绝对值不会超过一定的限度；
② 绝对值较小的误差比绝对值较大的误差出现的概率要大；
③ 绝对值相等且符号相反的误差出现的概率相等；
④ 当观测次数无限增多时，偶然误差的算术平均值趋近于零。

第三节　测量误差传播定律

一、误差传播定律的概念

研究和表达观测值中误差和观测值函数中误差之间关系的有关定律，称为误差传播定律。

例如，某未知点 B 的高程为 H_B，是由起始已知点 A 的高程 H_A 加上从 A 到 B 点之间进行了若干水准测量而得来的观测高差 h_1，$h_2 \cdots h_n$ 求和得到的，这时未知点 B 的高程 H_B 是独立观测值 h_1，$h_2 \cdots h_n$ 的函数，那么如何根据观测值的中误差去求观测函数的中误差，就需要用观测值中误差与观测值函数中误差之间关系的定律来解释。

二、现行函数误差传播定律的分析

设线性函数为

$$z = k_1 x + k_2 y$$

式中　z——观测值的函数；

　k_1, k_2——常数（无误差，下同）；

　x, y——独立直接观测值。

已知 x、y 的中误差为 m_x、m_y，现在要求函数 z 的中误差 m_z。

当观测值 x、y 中分别含有真误差 Δx、Δy 时，函数 z 产生真误差 Δz，即

$$z - \Delta z = k_1(x - \Delta x) + k_2(y - \Delta y)$$

综合上式，得　　　　　　　　$\Delta z = k_1 \Delta x + k_2 \Delta y$

设 x、y 各独立观测了 n 次，则有

$$\Delta z_1 = k_1 \Delta x_1 + k_2 \Delta y_1, \Delta z_2 = k_1 \Delta x_2 + k_2 \Delta y_2$$

根据上式的推导得到观测值函数的中误差为

$$m_z = \pm \sqrt{m_x^2 + m_y^2}$$

【例 8-1】　当在 1∶1000 的地形图上量得某线段的平距 d_{AB} 为 $(45.6 \pm 0.2)\text{mm}$，求 AB 的实地平距 D_{AB} 及其中误差 m_D。

【解】　函数关系式为

$$D_{AB} = 1000 d_{AB} = 45600 \text{mm}$$

代入误差传播公式得

$$m_D^2 = 1000^2 m_d^2 = 40000 \text{mm}^2$$

最后得

$$m_D = \pm 200 \text{mm}$$

$$D_{AB} = (45.6 \pm 0.2) \text{mm}$$

第四节　衡量测量精度的标准

衡量精度的标准有多种，常用的评定标准有中误差、允许误差、相对误差三种。

一、中误差

在相同观测条件下进行一系列观测，并以各个真误差的平方和的平均值的平方根作为评定观测质量的标准，称为中误差 m，即

$$m = \pm \sqrt{\frac{[\Delta\Delta]}{n}}$$

由上式可见，中误差不等于真误差，它仅是一组真误差的代表值，中误差的大小反映了该组观测值精度的高低。因此，通常称中误差为观测值的中误差。

二、允许误差

由于偶然误差具有有限性，所以偶然误差的绝对值不会超过一定的限值。如果在测量过程中某一观测值超过了这个限值，就认为这次观测值不符合要求，应该舍去重测。测量上把这个限值称为允许误差。根据误差理论和测量实验证明：绝对值大于 2 倍中误差的偶然误差出现的概率约有 5%，绝对值大于 3 倍中误差的偶然误差出现的概率仅有 0.3%。因此，在工程规范中，通常以 2 倍中误差作为偶然误差的允许值，即：$\Delta_限 = 2m$。

三、相对误差

对于某些观测成果，用中误差还不能完全判断测量精度。例如，用钢尺丈量 100m 和 200m 两段距离，观测值的中误差均为 0.01m，但不能认为两者的测量精度是相同的，因为量距误差与其长度有关。为了能客观反映实际精度，通常用相对误差来表达边长观测值的精度。相对误差 K 就是观测值中误差 m 的绝对值与观测值 D 的比，并将其化成分子为 1 的形式，即

$$K = \frac{|m|}{D} = \frac{1}{\dfrac{D}{|m|}}$$

上述丈量两段距离的相对中误差分别为 1/10000 和 1/20000，显然后者比前者的测量精度高。

第五节　测量数据的算术平均值与中误差

一、算术平均值及中误差

等精度观测条件下，观测值的最或是值（最可靠值）是算术平均值。

在相同的观测条件下，设对某一量 x 进行了 n 次观测，其结果为 x_1，$x_2 \cdots x_n$，这些观

测值的总和除以 n 即为该观测值的算数平均值。

$$\overline{x} = \frac{\sum x_i}{n}$$

相同观测条件下的算数平均值也称最或是值，理论上可以证明，该值随着观测次数的增加与真值（观测值的实际值）之差逐渐减小，说明算术平均值是比任何单一观测值更符合实际。

利用改正数求中误差：由于观测值的真值 x 一般无法知道，故真误差 Δ 也无法求得。所以不能直接求观测值的中误差，而是利用观测值的最或是值 $\overline{x}$ 与各观测值之差（改正数）v 来计算中误差，即

$$v = x - \overline{x}$$

实际工作中利用改正数计算观测值中误差的公式称为贝塞尔公式，即

$$m = \pm \sqrt{\frac{[vv]}{n-1}}$$

式中 $[vv]$ ——观测值的改正数分别平方再求和。

在求出观测值的中误差 m 后，就可应用误差传播定律求观测值算术平均值的中误差 M。

$$M = \frac{m}{\sqrt{n}} = \pm \sqrt{\frac{[pvv]}{n(n-1)}}$$

式中 $[pvv]$ ——最或是值与观测值之差。

由上式可知，增加观测次数能削弱偶然误差对算术平均值的影响，提高其精度。但因观测次数与算术平均值中误差并不是线性比例关系，所以当观测次数达到一定数目后，即使再增加观测次数，精度却提高得很少。因此，除适当增加观测次数外，还应选用适当的观测仪器，选用科学而易于操作的观测方法，选择良好的外界环境，才能有效地提高精度。

二、加权平均值及中误差

不等精度观测条件下，观测值的最或是值是加权平均值。

【例 8-2】 四个人对同一段距离进行了观测：第一个人观测 4 个测回，平均结果为 270.425m，第二个人观测 6 个测回，平均结果为 270.404m，第三个人观测 1 个测回，结果为 270.400m，第四个人观测 2 个测回，平均结果为 270.428m。试求平均观测结果。

【解】 他们的平均观测结果如下。

$$\overline{x} = 270.400 + \frac{4 \times 0.025 + 6 \times 0.004 + 1 \times 0 + 2 \times 0.028}{4+6+1+2} = 270.414(\text{m})$$

显然上式计算时考虑了每个人测量结果在平均结果中的"比重"的大小，即观测的测回数多的在平均值中所占的"比重"就大。这个"比重"在不等精度的计算中称为"权"，权是衡量测量结果精度的无名数，这种方法就是加权平均值。

当观测条件不同时，如果仍然采用算术平均值显然没有考虑观测条件的差异，使得计算的结果不符合实际，此时需要用加权平均值。

1. 权类似于权利，但不完全相同，注意区别

（1）权的概念

权可以理解为中误差与任意大于零的实数的比值。

（2）权的计算公式

确定一个任意正数 C，则有

$$P_i = \frac{C}{m_i^2}$$

式中　　P_i——权；

　　　　C——任意正数；

　　　　m_i——观测值中误差。

（3）权的性质

① 权与中误差均是用来衡量观测值精度的指示，但中误差是绝对性数值，表示观测值的绝对精度；权是相对性数值，表示观测值的相对精度。

② 权与中误差的平方成反比，中误差越小，其权越大，表示观测值精度越高。

③ 由于权是一个相对数值，对于单一观测值而言，权无意义。

④ 权衡取正值，权的大小随 C 值的不同而异，但其比例关系不变。

⑤ 在同一问题中只能选定一个 C 值，否则就破坏了权之间的比例关系。

2. 权的确定方法

不同观测量的确定方法不尽相同。

 知识拓展

权的确定方法

角度测量：测回数为"权"。高差测量：测站数的倒数为"权"。距离测量：千米数的倒数为"权"或者以测回数为"权"。导线测量：一般以测量点的倒数为"权"或者以距离千米数的倒数为"权"。

3. 加权算术平均值的计算

设对某量进行了 n 次不同精度观测，观测值为 x_i，其对应的权 p_i，则有加权平均值的计算公式为

$$\overline{x} = \frac{p x_i}{P}$$

4. 最或是值的中误差

由以上公式及误差传播定律可得加权平均值中误差公式为

$$M = \frac{\mu}{\sqrt{[p]}} = \pm \sqrt{\frac{[pvv]}{[p](n-1)}}$$

第六节　主要测量工作中的数据误差分析

一、基本测量工作误差分析

1. 水准测量的精度分析

水准尺的读数中误差 m_D 主要由水准管气泡居中误差、照准误差和估读误差组成。

（1）水准管气泡居中误差

试验证明气泡偏离水准管重点的中误差为水准管分划值的 0.15 倍，采用复合水准器时，气泡居中精度可提高 1 倍，当视距为 D 时，水准管居中误差对读数的影响为

$$m = \frac{\pm 0.15 \gamma D}{2\rho''}$$

当 $D = 100 \mathrm{m}$，γ 为 $20''/2\mathrm{mm}$ 时，则

$$m_\gamma = \frac{\pm 0.15 \times 100 \times 1000 \times 20}{2 \times 206265} \approx \pm 0.73 (\text{mm})$$

（2）照准误差

一般情况下人眼睛的分辨率为 $1'$，如果某两点在人眼睛中视角小于分辨率时会把两点看成一点，当望远镜放大率为 $V = 30$ 倍，视距为 $D = 100\text{m}$ 时，则望远镜的照准中误差为

$$m_z = \frac{\pm 60''}{V} \times \frac{D}{\rho''} \approx \pm 0.97 \text{mm}$$

（3）估读误差

一般认为估读误差为 1.5mm 左右。

$$m_G = \pm 1.5 \text{mm}$$

综合上述因素，所以水准尺读数中误差 m_D 为

$$m_D = \pm \sqrt{m_\gamma^2 + m_z^2 + m_G^2} \approx \pm 2.0 \text{mm}$$

2. 水准路线高差的中误差

若在 A、B 两点间进行水准测量，共安置了 n 个测站，测得两点间的高差为 h_{AB}，下面分析水准路线高差的中误差及图根水准的允许闭合差。

每测站的高差公式为 $h = a - b$，因为是等精度观测，所以前、后读数中误差均为 $m_D = \pm 2\text{mm}$，则一个测站的中误差为

$$mh = \pm \sqrt{m_a^2 + m_b^2} = \pm 3.0 \text{mm}$$

A、B 两点的高差的计算公式为

$$h_{AB} = h_1 + h_2 + \cdots + h_n$$

【例 8-3】 从 A 点到 B 点测得高差 $h_{AB} = +15.477\text{m}$，中误差 $mh_{AB} = \pm 12\text{mm}$，从 B 点到 C 点测得 $h_{BC} = +5.777\text{m}$，中误差 $mh_{BC} = \pm 9\text{mm}$，求 A、C 两点间的高差及其中误差。

【解】

$$h_{AC} = h_{AB} + h_{BC} = 15.477 + 5.777 = 21.254 (\text{mm})$$

所以

$$m_{hAC} = \pm \sqrt{12^2 + 9^2} = \pm 15 (\text{mm})$$
$$h_{AC} = (+21.254 \pm 0.015) \text{m}$$

二、水平角测量的精度分析

若用 J_6 光学经纬仪观测水平角，现以该型号为基础来分析测水平角时的一些限差来源。按我国经纬仪系列标准，J_6 型经纬仪一测回方向中误差为 $\pm 6''$，它是指盘左、盘右两个半测回方向的平均值的中误差 $m_方$。

1. 一侧回的测角中误差

水平角是由两个方向值之差求得的，角值 β 为有方向的读数 b 与左方向的读数 a 之差，则函数式为

$$\beta = b - a$$

根据误差传播公式有：当 $m_a = m_b = m_方 = \pm 6''$ 时，一测回的测角中误差为

$$m_\beta = \sqrt{2} m_方 = \pm 6'' \times \sqrt{2} \approx \pm 8.5 (\text{mm})$$

2. 上、下半测回的允许误差

一侧回的角值 β 等于该盘左角值 β_z 与盘右角值 β_y 的平均值，函数式为

$$\beta = \frac{2}{\beta_z + \beta_y}$$

3. 测回差的允许偏差

设第 i 测回和第 j 测回的角值分别为 $\beta_{i测回}$ 和 $\beta_{j测回}$，测回是两个测回角的差，其函数式为

$$\Delta\beta_{测回差} = \beta_{i测回} - \beta_{j测回}$$

根据误差传播公式，则两个测回角值之差的中误差为

$$m^2_{\Delta\beta测回差} = m^2_{\beta i测回} + m^2_{\beta j测回}$$

设各测回的测角中误差相同，则

$$m_{\Delta\beta测回差} = \pm\sqrt{2}\,m_{\beta} = 12''$$

取两倍中误差作为允许误差，则测回差的允许误差为

$$f_{\beta测回差允} = \pm 2m_{\Delta\beta测回差} = \pm 2 \times 12'' = \pm 24''$$

三、距离丈量的精度分析

若用长度为 l 的钢尺在等精度条件下丈量一条直线，长度为 D，共丈量 n 个尺段，设已知丈量一尺段的中误差为 m_l，讨论直线长度 D 的中误差 m_D。

因为直线长度为各尺段之和，故

$$D = l_1 + l_2 + l_3 + \cdots + l_n$$

应用误差定律的公式得

$$m_D = \pm m_l \sqrt{n}$$

第九章

测量的几种基本方法

第一节　距离、角度、高程的基本测量方法

测设是将已经设计好的、具有点位坐标的图上点按照一定的方法在实地确定出来，并加以标志的一类测量工作，它与测定工作过程相反，是测量的两大任务之一。

一、测设已知水平距离

测设已知水平距离，就是从给定的起点上、沿着给定的方向、按照给定的长度数值测设出终点位置的一项测量工作。它与测定两点间水平距离的方法要求是一致的，只是在操作的具体步骤上有所不同。测设已知水平距离可以分为以下两种作业方法。

1. 先量距、后调整

（1）量距

按照距离测试的方法，从指定的起点按给定的方向测出给定的长度，定出终点的初步位置。此时，这段距离名义上为 D'，其值等于已知水平距离。

（2）计算改正数

根据现场的实际情况，综合考虑计算尺长改正数 v_1、温度改正数 v_t、斜度改正数 v_h 等相关改正数，各项改正数总和为 $v=v_1+v_t+v_h$。量距时，如果地面坡度均匀，可以直接沿倾斜地面进行丈量，这时需要计算倾斜改正数；如果地面坡度不均匀但坡度较小，可以采用将尺身抬平的方式进行丈量，此时无需计算倾斜改正数；如果地面坡度不均匀且坡度较大时，可以先在地面按照大致接近但不大于一个整尺段的位置钉设木桩，并用水准仪测量相邻桩顶的高差，然后分段测量距离，分段计算改正数，尤其是倾斜改正数。

（3）求实长

通过加入改正数，求得起点和终点之间的实际长度 $D=D'+v$，式中 D' 为名义长度；v 为改正数。

（4）调整

用实际长度与已知的水平距离进行比较，如果不等，则要对终点的位置进行调整。调整时，如果实际长度比已知水平距离数值大（即改正数 v 为正时），终点向起点方向进行调整；反之终点背向起点方向进行调整，调整的距离就是改正数 v 的绝对值。

2. 先改正、后量距

（1）计算改正数

根据已知水平距离（作为丈量距离之后的实际水平距离 D），结合现场实际情况，计算尺长、温度、倾斜等相关改正数。各项改正数总和为 $v=v_1+v_t+v_h$。

（2）计算应量名义长度

应量名义长度 $D=D'-v$。

（3）实地量距

按应量名义长度 D' 在现场进行量距，即从指定的起点、按给定的方向量出距离 D' 定出终点位置。此时，起点与终点之间的实际水平距离恰好是已知水平距离。

【例 9-1】　欲在现场测设一段距离，长度为 115.000mm，已知现场地面坡度均匀，$i=4.3\%$。测量者使用的钢尺在标准条件下长度为 30m+0.003m。

下面分两种情况进行操作。

（1）依照先量后调的方法

① 首先在现场用钢尺和测钎配合，从起点沿给定方向在倾斜地面上量得三个整尺段 $3\times30m$ 和一个零尺段 25m，合计 115m。量距时采用标准拉力，现场的温度为 30℃。

② 计算各项改正数，求取实际距离。

③ 调整重点位置。根据实际长度可知，所测设的距离比设计要求短了 0.081m，因此需要将重点位置向延长方向移动 0.081m，并做好标识，完成测设。

（2）依照先改后量的方法

① 根据钢尺、现场地面坡度、温度等因素，首先计算相关改正数。各项改正数计算结果同上。

② 计算应量长度。

③ 计算完成后立即在现场从起点沿着给定方向及倾斜地面量取应量长度，定出终点标识，完成测设。

二、测设已知水平角

测设已知水平角，就是在制定的角顶点上、以给定的方向为其实方向、按照给定的水平角值测设出终点方向的一项测量工作。测设水平角有经纬仪测设和钢尺测设的不同测法，以下分别介绍。

 知识拓展

测设已知水平角的一般方法

测设已知水平角的一般方法如下。

① 盘左测设：安置仪器在顶角 A 上，对中、整平后，用盘左位置对准 B 点，调节水平度盘位置变换轮，使水平度盘读数为 $0°00'00''$，转动照准部使水平度盘读数为 β 值，按照视线方向定出 C' 点。

② 盘右测设：用盘右位置重复①，定出 C'' 点。

③ 确定水平角：取 C' 和 C'' 连线的中点 C，则 AC 即为测设角 β 的另一个方向线，$\angle BAC$ 为测设的 β 角。

1. 光学经纬仪测设水平角

如图 9-1 所示，欲在 O 点测设与 OA 直线形成顺时针夹角 β_1 的方向 OB，设 $\beta_1=38°35'31''$，测法如下。

① 在 O 点安置经纬仪，以盘左位置照准后视点 A，使度盘读数为 $0°00'00''$，扳下离合器后照准 A 点，再扳上离合器。

② 顺时针旋转照准部，当度盘读数为 $38°35'31''$ 时，在视线方向上做出标志 B_1。

③ 为了消除仪器误差、校核观测成果、提高测设精度，再以盘右位置照准 A 点，使度盘读数为 $180°00'00''$，顺时针旋转照准部至读数为 $218°36'30''$ 时，在视线方向上做出标

志 B_2。

④ 当 B_1、B_2 误差在允许范围以内时，取其中点位置 B，则 OB 即为欲测设方向。

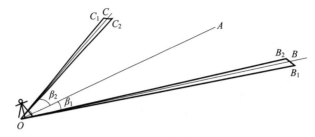

图 9-1　经纬仪测设水平角

在图 9-1 中，欲在 O 点测设与 OA 支线形成逆时针夹角 β_2 的方向 OC，设 $\beta_2 = 33°33'33''$，测设如下。

① 在 O 点安置经纬仪，以盘左位置照准后视点 A，使度盘读数为 $33°33'33''$，扳下离合器后照准 A 点，再扳上离合器。

② 顺时针旋转照准部，当度盘读数为 $0°00'00''$ 时，在视线方向上做出标志 C_1。

③ 为了消除仪器误差、校核观测成果、提高测设精度，再以盘右位置照准 A 点，使度盘读数为 $233°33'33''$，顺时针旋转照准部至读数为 $180°00'00''$ 时，在视线方向上做出标志 C_2。

④ 当 C_1、C_2 误差在允许范围以内时，取其中点位置 C，则 OC 即为欲测设方向。

2. 钢尺测设水平角

当没有经纬仪可以用于测设水平角，而只有钢尺可以使用的情况下，可以利用钢尺来测设水平角。

（1）测设直角

如图 9-2 所示，欲测设与 AB 直线成 $90°$ 的方向 BC。

用钢尺由 B 点向 A 点方向量取 4m 定出 M 点，然后将钢尺零点对准 B 点，另 9m 刻划线对准 M 点，使 3m 与 4m 刻划线对齐，拉紧钢尺得到 N 点，则 $\angle MBN = 90°$。BN 方向即所要测设的 BC 方向，可延长 BN，在适当位置定出 C 点。

在这里，利用了直角三角形勾股的关系，即 $BM = 4m$，$BN = 3m$，$NM = 5m$，所以这种测法也称为 3-4-5 法。当场地条件允许时，在保持比例 $3:4:5$ 不变的情况下，应尽量选用较大的尺寸，如取 6m、8m、10m 或 9m、12m、15m 等。量距时，三边要同用钢尺有刻划线的一侧，且三边在同一水平面内，拉力一致。

（2）测设任意角

如图 9-3 所示，欲测设与 AB 支线成任意角度 β 的方向 BC。

取 $AB = BC = d$，β 角所对的边为欲求边 x。在 $\triangle ABC$ 中，因为 $AB = BC$，所以 $\angle A = \angle C$。过 B 点作 AC 边的垂线，则垂线将 $\triangle ABC$ 分成了两个全等的直角三角形。在直角三角形中：有 $\sin(\beta/2) = (x/2)/d$，所以 $x = 2d\sin(\beta/2)$。

在实际作业中，为了计算和测设方便，一般 $d = 10m$。由此得出结论：欲测设任意角度 β，可取三边比例为 $10:10:x$，计算出 x 便可以测设出 β 角。

三、测设已知高程

测设已知高程，是根据已有的水准点位置及高程数据，利用水准测量的方法将事先设计好高程数值的点位在实地测设出来的一项测量工作。类似于水准测量测定点的高程，测设已知高程的方法也分为视线高法和高差法两种。

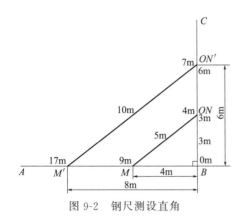

图 9-2　钢尺测设直角　　　　　图 9-3　钢尺测设任意角

某建筑物的首层室内地坪（即±0.000）设计高程为 44.300m，已知水准点 BM_1 高程为 44.753m。现要在木桩侧面测设出 44.300m 的水平线，以作为施工过程中控制高程的依据，具体测设方法如下。

1. 视线高法

① 在水准点 BM_1 上竖立水准尺，在水准点和欲测设点中间安置水准仪，读取后视读数 $a=1.675$m，然后求出视线高。

$$H_i=H_{BM_1}+a=44.753+1.675=46.428(\mathrm{m})$$

② 根据视线高和设计高程计算应读前视读数。

$$b_{应}=H_i-H_{设}=46.428-44.300=2.128(\mathrm{m})$$

③ 将水准尺贴紧木桩侧面竖立并进行上下移动，当水准仪视线（即十字丝交点）恰好对准尺上 2.128m 时，沿尺底在木桩侧面画水平线，其高程即为 44.300m（即首层室内地坪 ±0.000 的设计高程）。

2. 高差法

高差法测设已知高程主要是采用一根木杆来代替水准尺。

① 在 BM_1 上竖立木杆，在水准点和欲测设点中间安置水准仪，依据水准仪视线在木杆上画一点（或一水平线）a。

② 计算 $h=H_{设}-H_{BM_1}=44.300-44.753=-0.453(\mathrm{m})$，在木杆上由 a 起量取高差的绝对值，画出标志点（或水平线）b。当 h 为正时向下量取，h 为负时向上量取，本例中高差为 -0.453m，因此向上量取，即 b 在 a 之上。

③ 将木杆移至欲测设点处，保持木杆原来的上下状态，贴紧视线钉设的木桩侧面竖立并上下移动，当杆上 b 点与仪器水平线恰好重合时，沿木杆底在木桩侧面画水平线，其高程即为 44.300m。

高差法适用于安置一次仪器同时测设若干相同高程点的情况，如抄龙门板±0.000 线、抄 50cm 水平线等。

四、高程测量常见问题及防治措施

高程测量过程中常常会出现建筑高程误差偏大的现象。

1. 原因分析

① 仪器和标尺有缺陷或未校正，产生误差。

② 仪器架设位置与前后视点距离差偏大，产生偏差。

③ 水准仪视线未整平，视平线不平行于水准面。

④ 水准仪照准时，十字丝线未正对水准尺中线。

⑤ 水准仪照准时，焦距未调好，视差未消除。

2. 防治措施

① 测量仪器和工具应定期送有到资质的检验单位进行检验和校正，消除系统误差。

② 架设仪器时，力求前后视距相等，消除因视准轴与水准管轴不平行而引起的误差。

③ 水准仪照准时，用微动螺旋使十字丝纵线正对水准尺中线，持尺者要使尺身垂直。

④ 望远镜精确调平时，确保水准气泡居中，照准后眼睛在目镜后上下移动观测，调整调焦螺旋，直到十字丝交点在目标中上下不显动，消除视差。

第二节 坡度与导线的基本测量方法

道路、管线工程中，经常会遇到按照一定的设计坡度进行施工的情况，这时就需要在地面上将事先设计确定好的坡度线测设出来。如图 9-4 所示，假设地面 A 点的高程已知为 H_A，现欲沿 AB 方向测设一条坡度为 i 的坡度线，已知 AB 两点之间的水平距离为 L，则 B 点相对于 A 点的高差为

$$h_{AB}=iL$$

B 点的高程为

$$H_B=H_A+h_{AB}=H_A+iL$$

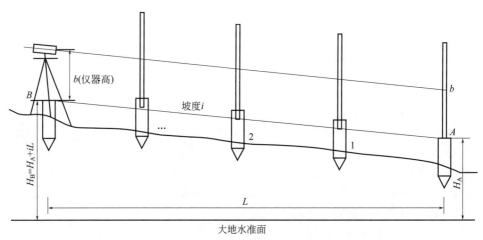

图 9-4 已知坡度直线的测设

测设时，可以利用测设已知高程点位的方法将 B 点的高程位置测设出来，位于坡度线上的中间各点可根据坡度的大小采用经纬仪或水准仪进行测设。

一、水准仪测设

坡度较小时，利用水准仪进行测设的操作方法如下。

① 将水准仪安置于 B 点，使其中一个脚螺旋处在 AB 方向线上，另两个脚螺旋的连线垂直于 BA 方向线，量取仪器高 b。

② 旋转处在方向线上的那个脚螺旋，使通过望远镜视线在 A 点立尺上的读数正好等于

仪器高b，此时的水准仪视线倾斜，且恰好与坡度线平行。

③ 在BA方向上各坡度线标志点处钉入木桩1、2、3…，然后分别在1、2、3…各木桩侧面贴紧竖立水准尺并上下移动，当视线在水准尺上的读数恰好为b时，沿尺底在木桩侧面画线，即为坡度线位置。

二、经纬仪测设

坡度较大时，利用经纬仪进行测设的操作方法如下。

将经纬仪安置于B点，量取仪器高b，纵转望远镜使视线在A点立尺上的读数正好等于仪器高b，此时经纬仪视线恰好与坡度线平行；在BA方向上各坡度线标志点处钉入木桩1、2、3…，然后分别在1、2、3…各木桩侧面贴紧竖立水准尺并上下移动，当视线在水准尺上的读数恰好为b时，沿尺底在木桩侧面画线，此即为坡度线位置。

利用经纬仪测设坡度线的方法，也可以在坡度较小的情况下使用。

测设指定的坡度线，在渠道、道路的建筑，敷设上、下水管道及排水沟等工程上应用较广泛。在工程施工之前往往需要按照设计坡度在实地测设一定密度的坡度标志点（即设计的高程点）连成坡度线，作为施工的依据。

 知识拓展

坡度线的测设

坡度线的测设是根据附近水准点的高程、设计坡度和坡度端点的设计高程，应用水准测量的方法将坡度线上各点的设计高程标定在地面上，实质是高程放样的应用。其测设的方法有水平视线法和倾斜视线法两种。

三、水平视线法

1. 测设原理

如图9-5所示，A、B为设计的坡度线的两端点，其设计高程分别为H_A、H_B、AB设计坡度为i，为施工方便，要在AB方向上，每个一定距离d钉一个木桩，要在木桩上标定出坡度线。此法利用水准仪进行测设。

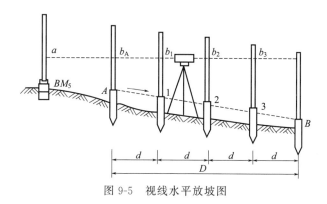

图9-5　视线水平放坡图

2. 测量方法

水平视线法施测方法如下。

① 沿AB方向，用钢尺定出间距为d的中间点1、2、3位置，并打下木桩。

② 计算各桩点的设计高程 H。

$$H_1 = H_A + id$$
$$H_2 = H_1 + id$$
$$H_3 = H_2 + id$$
$$H_B = H_3 + id$$

作为校核有
$$H_B = H_A + id$$

坡度 i 有正负之分（上坡为正，下坡为负），计算设计高程时，坡度应该连同符号一起计算。

③ 在水准点的附近安置水准仪，后视读数为 a，利用视线高计算各点的正确读数。

④ 将水准尺分别靠在各木桩的侧面，上下移动水准尺，直至水准尺读数为计算的正确读数时，便可以沿水准尺底面画一条横线，各横线连线即为 AB 设计坡度线。

四、倾斜视线法

1. 测设原理

如图 9-6 所示，A、B 为坡度线的两端点，其水平距离为 D，A 点的高程为 H_A，要沿 AB 方向测设一条坡度为 i 的坡度线，则先根据 A 点的高程、坡度 i 及 A、B 两点间的水平距离计算出 B 点的设计高程，再按测设已知高程的方法，将 A、B 两点的高程测设在地面的木桩上。

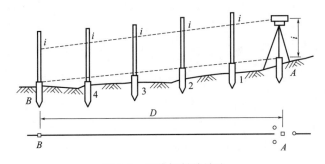

图 9-6　视线倾斜放坡法

2. 测设方法

将经纬仪安置在 A 点，量取仪器高 j，望远镜照准 B 点水准尺读数为 j，制动经纬仪的水平制动螺旋和望远镜的制动螺旋，此时，仪器的视线与设计坡度线平行。在 AB 方向的中间各点 1、2、3…的木桩侧面立尺，上、下移动水准尺，直至尺上读数等于仪器高 j 时，沿尺子底面在木桩上画一红线，则各桩红线的连线就是设计坡度线。

地物平面位置的放样，就是在实地测设出地物各特征点的平面位置，作为施工的依据。

 知识拓展

水准尺读数的注意点

注意水准尺的底部应与 B 垫木桩上的标定点对齐。

五、测量操作常见问题及防治措施

测量操作过程中常常会出现管道工程中线定位及高程控制不准的现象（管线空间定位位

置及高程控制不准，坡度方向不正确）。

1. 原因分析

① 地形图上未全部明确标出管道的主点（起点、终点及转折点）与地物的关系数据，图纸设计深度不够。

② 地形图上同时给出了管道主点和控制点，与实际道路中心线或建筑物轴线不平行或不垂直、相互矛盾。

③ 管线主点之间线段定位偏位。

④ 管线高程控制临时水准间距太大。

⑤ 高程控制网精度选择不够。

2. 防治措施

① 加强图纸交底，仔细地进行图纸会审。

② 在城建区管线走向与道路中心线或建筑物轴线平行（垂直）或成角度时，根据地物的关系来确定主点的位置，严格根据设计提供的关系数据进行管线定位。

③ 当管道规划设计地形图上同时给出管道主点坐标和主点控制点时，应根据控制点定位。

④ 当管道规划设计地形图上给出管道主点坐标而无控制点时，应于管道线近处布设控制导线，采取极坐标法与角度交会法定位，测角精度为 30″，量距精度 1/5000。

⑤ 在管道施工时，要沿管线敷设方向布置临时水准点，如现场无固定地物，应提前埋设标桩作为水准点，临时水准点可根据不低于Ⅲ等精度水准点敷设。临时水准点间距，自流管道和架空管道应不大于 200m，其他管道不大于 300m。

⑥ 管线定位容差应符合表 9-1 的规定，当管线偏位超过允许偏差时，首先应检查校正主点的定位位置，测量检查实测各转折点的夹角，使其符合设计值要求。距离实量值与设计值比较，其相对误差不应过大，否则应将重要部位重新返工。

表 9-1　管线定位容差

测定内容	定位容差/mm	测定内容	定位容差/mm
厂房内部管线	7	厂区外地下管道	200
厂区内地上和地下管线	30	厂区内输电线路	100
厂区外架空管道	100	厂区外输电线路	300

第三节　地面点位置坐标计算

在测量场区建有一个测量平面直角坐标系，在这个坐标系统中，已经由有关测绘部门测定了一些具有典型控制意义的已知坐标点。在这个前提下，再来测定一些施工现场所需要的地面点的坐标，而对于地面点平面坐标的计算来说，可以分为坐标正算和坐标反算两种情况。

 知识拓展

地面点位的测定是通过测量方法和手段对地面上的点的位置即平面坐标和高程的确定，既包括直接取得坐标、高程数据，也包括通过地形图将地面点表示出来。然而除了地面点的高程已经可以确定之外，仅靠单独测量角度或距离还是不能确定出地面点的平面坐标，必须把角度测量和距离测量结合起来，才能确定点的平面坐标。

坐标方位角是以测量平面直角坐标系的 X 轴正向（正北方法）为起始方向，顺时针旋转到某一直线时所形成的水平夹角，一般以 α 表示。如图 9-7 所示，α_{12} 为直线 12 的坐标方位角，由图中可以看出，一条直线具有两个互为正反的坐标方位角，即 α_{21} 也是直线 12 的坐标方位角。这里如 α_{12}、α_{21} 两个方位角，一个称为正方位角，另一个称为反方位角，它们两者之间相差 180°，即 $\alpha_{21}=\alpha_{12}+180°$。

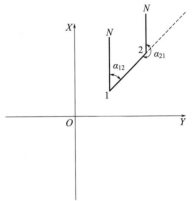

图 9-7　坐标方位角及正反方位角之间的关系

1. 坐标正算

坐标正算是指已知一个点的坐标以及两个点之间的距离和坐标方位角，求取另一个点坐标的计算。

已知 1 点的坐标为 $(X_1、Y_1)$，直线 12 之间的距离 D_{12} 和坐标方位角 α_{12}，欲求取 2 点的坐标 $(X_2、Y_2)$。

要计算坐标 $(X_2、Y_2)$，只要先指导 2 点相对于 1 点的坐标增量 ΔX_{12}、ΔY_{12} 后，即可通过已知坐标 $(X_1、Y_1)$ 得出。这里很明显，坐标正算的关键是求取坐标增量。

而坐标增量 ΔX_{12}、ΔY_{12} 的计算是通过直角三角形中边与角之间的关系求得的。根据直角三角形中正弦、余弦函数的定义即

$$\sin\alpha_{12}=\frac{\Delta Y_{12}}{D_{12}}\quad\cos\alpha_{12}=\frac{\Delta X_{12}}{D_{12}}$$

可知坐标增量的计算为

$$\Delta X_{12}=D_{12}\cos\alpha_{12}\quad\Delta Y_{12}=D_{12}\sin\alpha_{12}$$

则 2 点坐标计算为

$$X_2=X_1+\Delta X_{12}\quad Y_2=Y_1+\Delta Y_{12}$$

坐标增量 ΔX_{12}、ΔY_{12} 随着方位角 α_{12} 值的变化，其符号也变化，在计算坐标时只要带着符号进行代入和计算即可。

【例 9-2】　已知 A 点坐标 $X_A=1056.785\text{m}$，$Y_A=952.854\text{m}$，A、B 两点之间的距离为 289.668m，方位角 $\alpha_{AB}=75°29'46''$，计算 B 点的坐标 X_B、Y_B。

【解】　根据坐标增量计算公式，增量计算为

$$\Delta X_{AB}=D_{AB}\cos\alpha_{AB}=289.668\times\cos75°29'46''=72.546(\text{m})$$
$$\Delta Y_{AB}=D_{AB}\sin\alpha_{AB}=289.668\times\sin75°29'46''=280.436(\text{m})$$

B 点坐标计算为

$$X_B=X_A+\Delta X_{AB}=1056.785+72.546=1129.331(\text{m})$$
$$Y_B=Y_A+\Delta Y_{AB}=952.854+280.436=1233.290(\text{m})$$

2. 坐标反算

坐标反算是指已知两个点的坐标，求取这两个点之间的距离和坐标方位角的计算。这项计算，一般用于进行地面点测设时求取测设数据，考虑到知识的相关性，在此与坐标正算一

起介绍。

已知地面直线两端 1 点和 2 点的坐标为 $(X_1、Y_1)$、$(X_2、Y_2)$，欲计算这条直线 D_{12} 和 α_{12}，也需要先求出坐标增量，只是坐标增量的计算方法是采用两个点的坐标来计算，即

$$\Delta X_{12} = X_2 - X_1 \quad \Delta Y_{12} = Y_2 - Y_1$$

然后再根据勾股定理计算两点之间的距离，根据正切函数的定义计算方位角，即

$$D_{12} = \sqrt{\Delta X_{12}^2 + \Delta Y_{12}^2}$$

$$\tan\alpha_{12} = \frac{\Delta Y_{12}}{\Delta X_{12}}$$

$$\alpha_{12} = \frac{\arctan\Delta Y_{12}}{\Delta X_{12}}$$

由公式计算出来的方位角只是反正切函数的主值 α'，还需要根据坐标增量的符号关系，换算出最后的坐标方位角 α。

3. 由观测角推算直线的坐标方位角

前面在坐标正算时，是假设已经知道了两点之间的坐标方位角，然而坐标方位角并不是直接观测出来的结果，而是通过观测两条直线间的水平角和其中一条直线的坐标方位角进行推算出的。

如图 9-8 所示，直线 12 的坐标方位角 α_{12} 已知，且观测了直线 12 和直线 23 之间的水平角 β_2，那么怎么推算直线 23 的坐标方位角 α_{23} 呢？

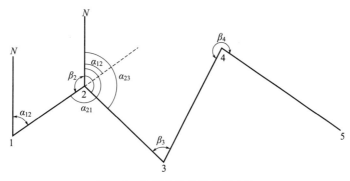

图 9-8　坐标方位角的推算方法

由图 9-8 可以直观看出，直线 12 的反方位角 $\alpha_{21} = \alpha_{12} + 180°$，再加上 β_2 后超过了 360°，如果减去 360°余下的角度恰好就是直线 23 的坐标方位角，即

$$\alpha_{23} = \alpha_{12} + 180° + \beta_2 - 360°$$

化简后得

$$\alpha_{23} = \alpha_{12} + \beta_2 - 180°$$

直线 23 的坐标方位角计算出来后，加之 3 点、4 点的水平角 β_3、β_4 也已测量出来，按照同样的方法，就可以依次计算出直线 34、直线 45 的坐标方位角。这样，可以用一个通用的计算表达式来说明坐标方位角的计算公式。

$$\alpha_{jk} = \alpha_{ij} + \beta_j - 180°$$

式中　i, j, k——图 9-9 中所示的地面点位名称。

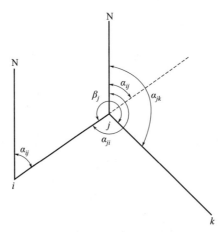

图 9-9 坐标方位角推算的通用概述

考虑到实际计算时，会有加上水平角 β 后并不超过 360°的情况，也就是不需要减去 360°，所以公式中仍然为 +180°，综合以上两种情况，该计算式可以表达为

$$\alpha_{jk} = \alpha_{ij} + \beta_j \pm 180°$$

第四节　地面点平面位置的基本测量方法

一、直角坐标法

直角坐标法是通过在相互垂直的两个方向上测设距离来定出点位的一种点位测设方法，它是测设距离和测设直角相互结合的操作方法。

 知识拓展

直角坐标法

直角坐标法测设点位的优点是计算简便，实测方便；缺点是安置一次经纬仪只能测设 90°方向上的点位，故只适用于矩形布置的场地和矩形建筑物的定位放线。

在施工现场已经具有矩形控制网或相互垂直的控制主轴线，且要测设的建筑物与这些轴线恰好又构成垂直或平行的关系时，可以采用直角坐标法进行点位测设。

如图 9-10 所示，欲根据平行于建筑物的 Y 轴将 M、N、P、Q 各点测设到地面上，可先计算出各点与 O 点的纵、横标增量，然后再据此测设各点，具体步骤如下。

① 计算 M、N、P、Q 各点与 O 点的坐标增量。

$$\Delta X_{OM} = X_M - X_O = \Delta X_{ON}$$
$$\Delta Y_{OM} = Y_M - Y_O = \Delta Y_{OP}$$
$$\Delta X_{OP} = X_P - X_O = \Delta X_{OQ}$$
$$\Delta Y_{ON} = Y_N - Y_O = \Delta Y_{OQ}$$

各点的已知坐标或设计坐标列于表 9-2 中，它们的测设数据可参照表 9-3 形式予以计算和列出。

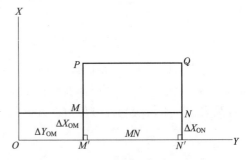

图 9-10 直角坐标法测设定位

表 9-2　控制点及测设点的坐标

点名	已知或设计坐标值/m		备注
	X	Y	
O	3000	5000	控制点
M	3020	5045	测设点
N	3020	5120	
P	3060	5045	
Q	3060	5120	

表 9-3　直角坐标法测设数据计算列表

相对原点	测设点位	ΔX/m	ΔY/m	备注
O	M	20	45	
	N	20	120	
	P	60	45	
	Q	60	120	

② 将经纬仪安置在 O 点进行对中和整平，后视 OY 方向，并指挥沿此方向测设距离 $\Delta Y_{OM}=45\text{m}$，定出 M' 点；测设距离 $\Delta Y_{ON}=120\text{m}$（或从 M' 点起测设距离 $MN=75\text{m}$），定出 N' 点。

③ 将经纬仪迁至 M' 点安置，以 Y 方向作为后视翻转 $90°$（即逆时针测设直角），在此方向上测设距离 $\Delta X_{OM}=20\text{m}$，定出 M 点；测设距离 $\Delta X_{OP}=60\text{m}$（或从 M 点起测设距离 $MP=40\text{m}$），定出 P 点。

④ 再将经纬仪迁至 N' 点安置，以 O 点为后视旋转 $90°$，在此方向上测设距离 $\Delta X_{ON}=20\text{m}$，定出 N 点；测设距离 $\Delta X_{OQ}=60\text{m}$（或从 N 点起测设距离 $NQ=40\text{m}$），定出 Q 点。

⑤ 进行校核

实测 $MN=PQ=75\text{m}$（对边相等）、$MQ=NP$（对角线相等）。

在测设时应当注意，尽量以长边作为后视测设短边，这样误差可以小些。

二、极坐标法

极坐标法是根据测设数据从某一起始方向开始测设水平角度获得点位所在的方向，并沿这个方向测设距离而得到点位的一种测设方法，是将测设水平角度和测设水平距离两项操作相互结合的操作方法。可以说，每一个点对应着一个角度和一段距离。

在建筑物与控制轴线的关系比较任意（既不平行也不垂直）的情况下，宜采用极坐标法进行点位的测设。

 知识拓展

极坐标法

极坐标法测设点位的优点是安置一次经纬仪可以测设多个点位，适用性广泛，可对各种形状的建筑物进行定位，测设效率较高；缺点是测设数据的计算工作量较大。

如图 9-11 所示，A、B 为坐标已知的控制点，P、Q、R、S 为已知设计坐标值的欲测设建筑物点位，各点坐标列于表 9-4 中。

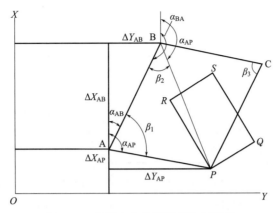

图 9-11　角度交会法测设定位示意图

表 9-4　控制点及测设点的坐标

点名	已知或设计坐标值/m		备注
	X	Y	
A	3020.00	5050.00	控制点
B	3070.00	5075.00	
P	3012.00	5110.00	测设点
Q	3024.50	5131.65	
R	3046.64	5090.00	
S	3059.14	5111.65	

这里以测设其中的 P 点为例，说明极坐标法测设的方法及步骤。

首先根据 A、B、P 各点坐标计算测设元素夹角 β 和边长 D_{AP}，计算方法如下。

1. 反算各边方位角

根据 A、B、P 各点坐标，求出坐标增量。

$$\Delta X_{AB} = X_B - X_A$$
$$\Delta Y_{AB} = Y_B - Y_A$$
$$\Delta X_{AP} = X_P - X_A$$
$$\Delta Y_{AP} = Y_P - Y_A$$

根据反正切函数定义，求出坐标方位角。

$$\alpha_{AB} = \arctan\left(\frac{\Delta X_{AB}}{\Delta Y_{AB}}\right)$$

$$\alpha_{AP} = \arctan\left(\frac{\Delta Y_{AP}}{\Delta X_{AP}}\right)$$

2. 计算夹角

由 AB、AP 两边的坐标方位角计算夹角。

$$\beta = \alpha_{AP} - \alpha_{AB}$$

3. 计算边长

依据勾股定理，计算边长。

$$D_{AP} = \sqrt{\Delta X_{AP}^2 + \Delta Y_{AP}^2}$$

三、角度交会法

角度交会法也称为方向交会法，是利用经纬仪同时测设出两个或两个以上已知角度的终边方向，通过这些方向相互交会而定出点位的一种测设方法。

 知识拓展

角度交会法

角度交会法测设点位的优点是：不用量边，适用于距离较长、地形较复杂、量距不便的情况；缺点是对交会角度有一定的限制，即交会角度为 $30°\sim120°$ 时，点位测设的精度才会有保证。

如图 9-11 所示，A、B 为坐标已知的控制点，P、Q、R、S 为已知设计坐标的欲测设建筑物点位。按照与极坐标法中所介绍的相同方法可以计算出有关夹角 β。以测设 P 点为例，在 A、B 两点上各安置一台经纬仪，分别测设水平角 $\beta_1 = 70°30'46''$、$\beta_2 = 55°40'26''$，得出 P 点所在的方向；再由一名测量员手持花杆或测钎服从 A、B 两点上观测员的指挥，前后、左右移动，直至满足同时位于两台经纬仪的视线上，即交会出 P 点的位置。如果现场具有第三个已知控制点，还可以在这一点上安置经纬仪，测设夹角 β_3，对 P 点的位置进行校测。

四、全站仪测空间点坐标

全站仪坐标测量是将测站点的坐标、高程、仪器高和待测点的目标输入仪器，直接测定未知点的坐标和高程。

用全站仪进行坐标测量的步骤如下。

① 在一个已知点安置仪器作为测站点，在目标点上架设棱镜。

② 设定测站后视点的坐标，设定后视方向舵的水平度盘读数为其方位角。当设定后视点的坐标时，全站仪会自动计算后视方向的方位角，并设定后视方向的水平度盘读数为其方位角。

③ 照准目标点，输入目标点的棱镜高、仪器高、测站点坐标数值。

④ 按坐标测量键，全站仪开始测距并计算显示测点的三维坐标。

第十章

建筑工程控制测量

第一节　测量前的必要准备工作

施工测量是为施工过程提供的各项测量工作，是设计与施工之间的桥梁，贯穿于整个施工过程的始终。施工测量包括施工场地控制网的建立、场地平整测量、建筑物的定位放线与抄平、多层建筑物的竖向轴线投测和高程传递、设备安装测量、竣工测量和变形测量等。

施工测量结果的好坏、进行得及时与否，将直接影响到整个建设工程的质量和进度。因此，认真做好施工测量之前的各项准备工作是保证施工测量能够及时、准确进行的前提。

一、了解设计意图，识读和校核图纸

按照程序，设计单位和建设单位（甲方）要向施工单位（乙方）进行设计交底。作为测量人员，要通过设计交底，了解工程全貌和主要设计意图，并重点了解施工现场情况和定位条件等，同时还要认真识读施工图，核对主要建筑物的相互关系、轴线尺寸、地上地下高程等。

1. 施工图的识读

施工图是采用特定的投影方法和国家的统一绘图标准，将建筑物或构筑物的形状、尺寸、规格和材料等内容表达出来的一种专门的工程图样，也称设计图。施工图可分为建筑施工图、结构施工图，给、排水施工图，暖通施工图和电气施工图等类别。

 知识拓展

施工图的校核

① 建筑图校核：建筑图中要校核的主要是建筑物纵横轴线尺寸、建筑物的外围尺寸、首层高程（即±0.000）、层高与总高、地下与地上各部尺寸。这些尺寸应前后上下对应，不能有差错。

② 结构图校核：以建筑物定位轴线为依据，校核各墙、梁、板、柱、门窗、预留洞口及节点的尺寸。

施工图的识读方法可以概括为先粗后细，从大到小；自下而上，轴线起始；相关图纸，相互对照；阅读说明，熟悉符号；细致耐心，认真思考。

施工图的识读一般可按表 10-1 的步骤进行。

表 10-1　施工图识读的步骤

步骤	主要内容
依照目录,查对图纸	根据图纸目录,逐一概略阅读,从中判断是否存在缺图现象
粗览全图,了解情况	通过对图纸的大致阅读,了解过程的性质、规模及其用途或功能等,了解工程所处地理位置、周边环境及现有建筑,了解给定的工程定位依据和条件
对照阅读,记录重点	对于同一部位的不同图纸(平面、立面、剖面及基础图),要根据图名或轴线编号采用相互对照阅读的方法,检查彼此轴线和尺寸关系是否一致
图纸会审,提出修改	必要时召开由设计方、甲方和乙方共同参加的图纸会审会,对于图纸中存在的问题提出修改意见

2. 施工图的尺寸校核

施工图的尺寸校核包括以下三个方面的内容。

(1) 定位依据和定位条件的校核

作为建筑物定位的依据必须是非常明确的,通常有以下三种情况。

① 城市规划部门给定的测量平面控制点,多用于大型新建工程。

② 城市规划部门给定的建筑红线,多用于一般新建工程。

③ 四廊规整的永久性建筑物或构筑物、道路中心线,多用于现有建筑物的改建、扩建工程。

而定位条件则应该合理、充分,是能够唯一确定建筑物位置的几何条件,通常为确定建筑物上的一个点位和一条边的方向。这两个条件少一个则无法定出,多一个则产生矛盾。因此,对定位依据和定位条件的校核,就是要判断依据是否明确,条件十分充分且必要。

(2) 总平面图上几何尺寸的校核

几何尺寸的校核主要是针对建筑物外廊轴线尺寸是否满足几何形状的基本条件进行的,它是根据几何形状的不同而采取相应的校核方法。

① 矩形的校核。对于矩形图形,依据对边相等的原则进行校核。首先校核总平面图上建筑物的外廊边界总尺寸与对应各细部轴线间尺寸之和是否相等,然后校核对应的两个外廊边界(对边)尺寸是否相等。

② 多边形的校核。多边形有正多边形和任意多边形之分。对于正多边形主要校核其内角和是否等于 $(n-2)\times 180°$ (n 为多边形的边数);而对于任意多边形图形,首先校核其内角和,其次还要校核其边长尺寸是否闭合。校核边长尺寸时,可以采用将多边形演化为 $(n-2)$ 个三角形,即从其任意一个角点向不相邻的角点进行连线。

③ 圆形或圆弧形的校核。在圆形或圆弧形图形中,可以利用圆曲线要素计算公式计算出有关数值与对应的已知数值进行比较来判断给定的数据是否有误。

(3) 各种图纸之间的尺寸校核

图纸之间的尺寸校核主要是针对各种图纸上相互关联或对应部位的尺寸对应性及一致性的校核,具体步骤及内容如下。

① 校核上、下楼层的轴线关系,看是否变化以及相关图样中同一部位的关系是否相符。

② 校核有关各个平面的高差关系,看室内外地面高程、走道、大门室外台阶、卫生间、楼梯平台等处高程关系是否正确。

③ 在进行立面图的校核时,要对照平面图检查各立面图的轴线编号与平面图是否一致,结合建筑物构造检查有关高程、立面尺寸与相关图纸是否相符。

④ 在进行剖面图的校核时,要根据平面图中标明的剖切位置和剖切方向,校核剖面图

的轴线编号、剖切位置及方向是否相符，校核尺寸、高程是否与平面图及立面图一致。

⑤ 在进行基础图的校核时，要对照基层平面图和建筑外墙大样图校核纵向、横向轴线尺寸、墙厚、墙与轴线的关系、管沟走向以及室内外地面高程等，查看预留孔洞的位置、尺寸和高程是否正确，校核构件类型和数量表与图上表示是否相符。

二、校核测量仪器、工具

在施工测量工作中，要想得到符合测量精度要求的测量结果，对于所使用的测量仪器、工具，除了按照国家有关计量法规的要求必须进行定期检定外，在检定周期以内还应每 2～3 个月对仪器的主要轴线关系进行一次自检。

1. 水准仪

主要检校其四条主要轴线的两个平行关系，即圆水准轴平行于竖轴（$L'L'//VV$）、水准管轴平行于视准轴（$LL//CC$，又称为 i 角误差），其中要求将 i 角误差校正至 $\pm 10''$ 之内。当使用自动安平水准仪时，也应对其 i 角误差进行检校。

2. 经纬仪

主要检校其四条主要轴线的三个垂直关系，即水准管轴垂直于竖轴（$LL \perp VV$），视准轴垂直于横轴（$CC \perp HH$），横轴垂直于竖轴（$HH \perp VV$）。检校时，先检校 $LL \perp VV$，并校正至误差小于 $r/4$（r 为水准管分划值）；再进行 $CC \perp HH$ 的检校，这项是经纬仪检校的重点，要求校正至 $2C$（即 CC 不垂直于 HH 误差的 2 倍）在 $\pm 12''$ 之内。一般情况下，$HH \perp VV$ 的关系可以只做检验，不做校正，但在高层、超高层建筑施工测量中，必须进行校正，以保证竖向投测的精度。除了轴线关系的检校以外，对中设备也应该进行检校。

3. 钢尺

钢尺必须按照检定周期进行检定，这是一项十分重要的工作，尤其是用于精度要求较高的工程。

三、校核红线桩、水准点

红线桩、水准点作为建筑物平面位置和高程的定位依据之一，必须进行校核，这是保证定位放线测量工作质量的基础。

1. 校核红线桩

红线桩是建筑红线的地面标志，而建筑红线是由城市规划部门批准并在实地测定的具有法律作用的建设用地边界线。

红线桩是按照城市测量规范测定的，其精度一般较高，但常因各种原因有可能造成桩位的碰动。为了防止红线桩的错误使用，在进行建筑物定位之前应该会同建设单位一起对红线桩进行校核，如果发现错误或误差超限时，应提请建设单位予以解决。在施工过程中还要认真加以保护，以便其能够正常发挥作为建筑物定位和工程质量验收的依据作用。校核红线桩的方法如下。

① 利用设计图上的红线桩坐标，通过坐标反算的方法计算其边长和夹角。

② 实地测量红线边的边长及其左夹角。按照相应的精度要求，通过距离测量和角度测量得出红线边的边长及其左夹角的观测结果。

③ 将对应的边长和角度观测值与计算值进行比较，如果差值在规定的范围之内，即可认为红线桩的位置和坐标数据是正确无误的。

2. 校核水准点

水准点的校核，采用附合水准测法实地校测建设单位提供的水准点之间的高差，如果超出规定范围也应提请建设单位予以解决。

四、制定测量放线方案

测量放线方案是在施工开始之前，根据施工现场的具体情况和工程设计要求，针对测量放线工作制定的一套完整的测量放线方法和计划预案。它是顺利开展测量放线工作、指导施工、实现设计精度和工期计划的重要保证。

测量放线方案一般包含以下内容：

① 工程概况；

② 工程对施工测量的基本要求；

③ 场地平整测量的方法；

④ 定位依据的校核；

⑤ 场区控制网的测设与保护；

⑥ 建筑物定位放线与基础施工测量；

⑦ 高层建筑的竖向轴线投测与高程传递方法；

⑧ 特殊工程、装饰与设备安装测量；

⑨ 竣工测量与变形观测的方法和措施；

⑩ 施工测量工作的组织与管理。

五、其他相关准备

除了前述水准仪、经纬仪、钢尺的准备之外，还需配备函数型计算器、弹簧秤（又称拉力计）、记录手簿及铅笔、木桩或铁桩、小钉、毛笔、油漆以及斧、锯、锤、钻等工具，做到有备无患。

第二节 编制测量施工方案

施工测量方案是工程质量预控、全面指导施工测量的指导性文件。一般在施工方案中，测量方案被列为第一项内容，是将图纸的资料转化为实物的第一项工作，因此施工测量方案的制定至关重要，必须全面考虑，整体控制，制定符合实际又切实可行的方案。

一、施工测量方案编制的准备

1. 了解工程设计

包括工程性质、特点、规模，甲方、监理、设计对测量的要求。

2. 了解施工安排

包括施工准备、施工安排、场地布置、施工方案、施工段划分、开工顺序与进度安排等。了解各道工序对测量的要求，了解测量放线、验线的管理体系。

3. 了解现场情况

包括工程对原有建筑、地下建筑以及周边建筑的影响，是否需要检测等。

二、施工测量方案编制的基本原则

与控制测量相似，必须遵循一定的原则，否则，难以实现测量对施工应起到的作用。

1. 整体控制局部

这是一切测量工作的通则，否则，将导致测量误差超限、建筑位置不准，会影响整体的规划效果。

2. 高精度控制低精度

不同等级的测量必须配备不同等级的仪器和工具，逐级控制才能确保施测精度。

3. 长控短

长方向、长边控制短方向、短边。

4. 坚持测量仪器校检

全站仪、经纬仪、水准仪、钢尺等均属强检类仪器，为了保证测量的精度，必须坚持定期校检。

三、测量施工方案内容

① 测量施工方案内容包括：工程概况、工程名称、工程所属单位、施工单位；工程地理位置；建筑面积、层数与高度；结构类型、平面与立面、室内外装饰；工程特点、施工工期等。

工程概况包括以下几方面的内容：

a. 场地的面积、地形情况；

b. 工程总体布局，建筑平面布置形状及特点，建筑的总高度等；

c. 与施工测量有密切关系的各种平面或高程控制点起始数据；

d. 建筑的结构类型、占地面积、地下地上结构层数；

e. 工程的毗邻建筑及周围环境情况；

f. 施工工期与施工方案要点。

② 任务要求及场地、建筑物与建筑红线的关系，定位条件、设计施工对测量精度与进度要求。

③ 施工测量技术依据、测量方法和技术要求、有关技术规程、技术方案等，所使用的测量仪器工具、作业方法和技术要求。

④ 起始依据点的检测、平面控制点或建筑红线桩点、水准点等检测情况（包括检测方法与结果）。

⑤ 建筑物定位放线、验线与基础及±0.000以上施工测量建筑物走位放线与主要轴线控制桩、护坡桩、基桩的定位和监测；基础开挖与±0.000以下各层施工测量；基层、非标准层与标准层的放线、竖向控制与标高传递；以及由哪一级验线与验线的内容。

⑥ 安全质量保证体系与具体措施，施工测量组织、管理、安全措施、质量监控、质量分析与处理等。

⑦ 成果资料整理与提交包括成果资料整理的标准、规格，提交的手续方法等。

四、建筑小区、大型复杂建筑物及特殊建筑工程施工测量方案编制的内容

由于建筑小区、大型复杂建筑物及特殊建筑工程占地规模较大，施工场地内的道路以及地上地下设施较多，建筑物及装饰、安装复杂等因素，要求在上述"三、测量施工方案内容"的基础上，根据工程的实际情况增加相关的下列内容。

1. 场地准备测量

根据建筑设计总平面图和施工现场总平面布置图，确定拆迁次序与范围，测定需保留的原有地下管线、地下建（构）筑物与名贵树木的树冠范围，进行场地平整与暂设工程定位放线等工作内容。

知识拓展

① 场地准备测量：为后续测量工作奠定基础。主要内容包括：

a. 根据设计总平面图与施工现场总平面图，确定拆迁范围与次序。

b. 测定需要保留的地下管线、建筑、名贵树木等。

c. 场地平整测量。

② 现场控制网的建立：对建筑施工起控制作用。

a. 原则：根据施工场地的情况、设计与施工要求，按照便于施工、控制全面、长期保留的原则。

b. 建立平面控制网：根据工程地的地形情况，采用适合的控制网形式。

c. 建立高程控制网：按照精度要求建立，注意水准点要保护好。

2. 场区控制网测量

按照便于施工、控制全面、安全稳定的原则，设计和布设场区平面控制网与高程控制网。

3. 装饰与安装测量

会议室、大厅、外饰面、玻璃幕墙等室内外装饰测量；电梯、旋转餐厅、管线等安装测量。

4. 竣工测量与变形测量竣工图的编绘

各单项工程竣工测量；根据设计与施工要求提出的变形观测项目和要求，设计变形观测方案，包括布设观测网、观测方法、技术要求、观测周期、成果分析等。

五、施工测量常见问题及防治措施

施工测量过程中常常会出现场区平面控制网选择不当、精度不够的现象（场区控制网制定不便于施工测量，布网不当，无法进行闭合校核）。

1. 原因分析

① 平面控制网的制定及施工方案中未充分考虑建筑物的特性，如设计定位条件，建筑物的形状和布局，主轴线尺寸的关系，未根据现场实际情况等进行全面综合考虑。

② 平面控制网制定未考虑闭合图形，施测时无法校核其准确性。

③ 平面控制线之间距离太短，影响精度要求，控制点之间有障碍物，不通视。

④ 制定标高控制网时，未根据已知标高点的准点（导线点）位置，综合考虑建筑物的布局特点。

2. 防治措施

① 控制网中应包括作为场地定位依据的起始点和起始边，建筑物的对称轴和主要轴线，主要的圆心点（或其他几何中心点）和直径方向（或切线方向），主要弧线长、弦和矢高的方向，电梯井的主要轴线和施工的分段轴线等。

② 控制网要在便于施测、使用（平面定位及高层竖直测设）和长期保留的原则下，尽量组成四周平行于建筑物的闭合图形，以便闭合校核。

③ 高层建筑物附近至少要设置 3 个栋号水准点或 ±0.000 水平线，一般建筑物要设置 2 个栋号水准点或 ±0.000 水平线。

④ 整个场地内，东西或南北每相距 100m 左右要有水准点，并构成闭合图形，以便闭合校核。

⑤ 各水准点点位要设在基坑开挖和地面受开挖影响而下沉的范围之外，水准点桩顶标高应略高于场地设计标高，桩底应低于冰冻层，以便长期保留。通常也可在平面控制网的桩顶钢板上，焊上一个小半球作为水准点之用。

第三节　场地平面控制测量

一、场地平面控制测量的方法

1. 平面控制测量的常用方法

平面控制测量的常用方法，通常有三角测量、导线测量、交会法定点测量，随着全球定位系统技术的推广，利用技术进行控制测量也已广泛应用。

2. 控制网

在测量区域内选择若干有控制意义的控制点，这些点按一定的规律和要求构成的网状几何图形，称为测量控制网。

3. 国家平面控制网

在全国范围内建立的控制网，称为国家控制网。它是全国各种比例尺测图的基本控制，并为确定地球的形状和大小提供研究资料。国家控制网是用精密测量仪器和方法依照施测精度按一等、二等、三等、四等四个等级建立的，它的低级点受高级点逐级控制。

 知识拓展

平面控制网的布网原则

控制网中应包括作为场地定位依据的起始点和起始边、建筑物的主点和主轴线；要在便于施测、使用和长期保存的原则下，尽量组成四周平行于建筑物外廓的闭合图形或矩形，以便进行闭合校核；控制轴线的间距以 30～50m 为宜，控制点之间应相互通视、易于测量。

4. 三角控制网进行测量

首先，在地面上选定一系列点位 1、2…使互相观测的两点通视，把它们按三角形的形式连接起来即构成三角网。如果测区较小，可以把测区所在的一部分椭球面近似看作平面，则该三角网即为平面上的三角网（图 10-1）。三角网中的观测量是网中的全部（或大部分）方向值，图 10-1 中每条实线表示对向观测的两个方向。根据方向值即可算出任意两个方向之间的夹角。

若已知点 1 的平面坐标 (x_1,y_1)，点 1 至点 2 的平面边长 $S_{1,2}$，坐标方位角 $\alpha_{1,2}$ 便可用正弦定理依次推算出所有三角网的边长、各边的坐标方位角和各点的平面坐标。

以图 10-1 为例，待定点 3 的坐标可按下式确定。

$$S_{1,3}=S_{1,2}\frac{\sin B}{\sin C}$$
$$\alpha_{1,3}=\alpha_{1,2}+A$$
$$\Delta x_{1,3}=S_{1,3}\cos\alpha_{1,3}$$
$$\Delta y_{1,3}=S_{1,3}\sin\alpha_{1,3}$$
$$x_3=x_1+\Delta x_{1,3}$$
$$y_3=y_1+\Delta y_{1,3}$$

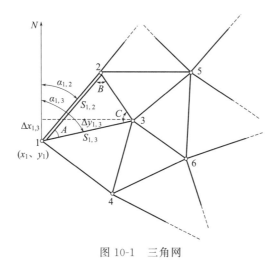

图 10-1　三角网

即由已知的 $S_{1,2}$、$\alpha_{1,2}$、x_1、y_1 和各角观测值的平均值 A、B、C 可推算求得 x_3、y_3，同理可一次求得三角网中其他各点的坐标。

通常，三角网的起算数据包括一个点的坐标、一条边的长度和一条边的方位角，或与此等价的两个点的坐标。

当三角网中没有或仅有含有必要的一套起算数据，称为独立网，如图 10-2 所示。

图 10-3 为相邻两三角形中插入两点的典型图形。A、B、C 和 D 都是高级三角点，其坐标、两点间的边长和坐标方位角都是已知的，P、Q 为待测定点。

当三角网中具有多于必要的一套起算数据时，称为非独立网，也称附合网，如图 10-3 所示。

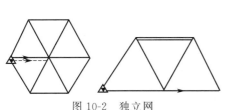

图 10-2　独立网

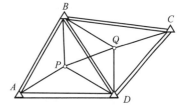

图 10-3　附合网

5. 小区域平面控制网和图根平面控制网

小区域平面控制网是指为了满足小区域测图和施工需要而建立的平面控制网，小区域平面控制网也应由高级到低级分级建立。最低一级的即直接为测图而建立的控制网，称为图根控制网。最高一级的控制网称为首级控制网。首级控制网与图根控制网的关系见表 10-2。

表 10-2　首级控制网与图根控制网的关系

测区面积/km²	首级控制网	图根控制
2～15	一级小三角或一级导线	两级图根
0.5～2	二级小三角或二级导线	两级图根
0.5 以上	图根控制	—

6. GPS 基线网

随着 GPS 定位技术在我国的广泛使用，许多大中城市勘测院及工程测量单位开始用布设控制网。目前，相对定位精度，在几十千米的范围内可达 1/500000～2/1000000，可以满足对城市二、三、四等网的精度要求。

当采用 GPS 进行相对定位时，网形的设计在很大程度上取决于接收机的数量和作业方式。如果只用两台接收机同步观测，一次只能测定一条基线向量。如果能由三四台接收机同步观测，GPS 网则可布设由三角形和四边形组成的网形。

使用 GPS 网测设时，可以在网的周围设立两个以上的基准点。在观测过程中，这些基准点上始终没有接收机进行观测。取逐日观测结果的平均值作为测设结果，可提高这些基线的精度，并以此作为固定边来处理全网的成果，提高全网的精度。

二、测量施工操作常见问题及防治措施

测量施工过程中常常会出现轴线法定位点选择不正确的现象（平面控制网选择主轴线进行测量放线，根据定位点测量轴线时，校核工作无法开展）。

1. 原因分析

① 由于建筑物外形的原因，使得平面控制网不便于组成闭合网形。

② 主轴线选择不当，不便于或未进行测设校核。

2. 防治措施

对于不便组成闭合网形的场地，投测点宜测设成"一""L""＋"主轴线，或平行于建筑物的折线形的主轴线，但在测设中，要有严格的测设校核。首先应保证控制桩在平面中通视；其次，在平面中选择适当的配合校正点，还要确保定位点的位置，以便于加密和扩展。

第四节　场地高程控制测量

一、高程控制测量

高程控制测量就是在测区布设一批高程控制点，即水准点，用精确的方法测定它们的高程，从而构成高程控制网，再根据高程控制网确定地面点的高程。

测量高程同样要遵循"从整体到局部"的测量原则。

二、国家高程控制测量

国家高程控制测量是指用精密水准测量方法建立起国家高程控制网（也称国家水准网），再根据国家高程控制网确定地面的高程。

三、国家高程控制网的等级

国家高程控制网分为一等、二等、三等、四等 4 个等级。

① 一等国家高程控制网是沿平缓的交通路线布设成周长约 1500km 的环形路线。一等水准网是精度最高的高程控制网，它是国家高程控制的骨干，同时也是地学科研工作的主要依据。

② 二等国家高程控制网是布设在一等水准环线内，形成周长为 500～750km 的环线。它是国家高程控制网的全面基础。

③ 三等、四等级国家高程控制网直接为地形测图或工程建设提供高程控制点。三等水

准一般布置成附合在高级点间的附合水准路线，长度不超过 200km。四等水准均为附合在高级点间的附合水准路线，长度不超过 80km。

四、图根高程控制测量

图根高程测量是指测量图根平面控制点高程的工作。它是在国家高程控制网或地区首级高程控制网的基础上，采用图根水准测量或图根三角高程测量来进行的。

图根国家高程控制测量常采用一般水准测量方法。水准路线沿图根点布设，并起闭于高级水准点上，形成附合水准路线或闭合水准路线。测量时所有图根点应作为水准路线上的转点，以保证图根点高程得到检核。

五、布网原则

① 在整个场区内的各主要幢号附近设置 2～3 个高程控制点或 ±0.000 水平线标志。
② 高程控制点的相互间距宜在 100m 左右。
③ 高程控制点应采用附合或闭合的水准路线构成具有校核条件的场地高程控制网。

六、精度要求

在建立高程控制网时，水准观测的高差闭合差应符合四等水准的精度要求，当工程对高程精度有更高要求时，高差闭合差应符合三等水准的精度要求，各等级主要技术指标见表 10-3。

表 10-3　场地高程控制网的主要技术指标

等级	使用仪器	水准标尺	观测次数	闭合差/mm	
				平地	山地
三等	DS$_3$	3m 双面	往返测各一次	$\leqslant \pm 12\sqrt{L}$	$\leqslant \pm 4\sqrt{L}$
四等	DS$_3$	3m 双面	往测一次	$\leqslant \pm 20\sqrt{L}$	$\leqslant \pm 6\sqrt{L}$

注：L 为附合路线或闭合路线长度，以 km 计。

七、测法

要将已知高程引测到场地内，应从设计给定的一个水准点开始按附合水准路线联测各幢号水准点或 ±0.000 水平线后，结束到另一个给定的水准点上进行校核。如果精度合格，应按与测站数或线路长度成正比例的原则分配高差闭合差。若建设单位只给定一个水准点（应尽量避免这种情况），则应采用闭合测法或往返测法进行校核，但施测以前必须对水准点高程数据进行严格的审核。

 知识拓展

水准点

在施工场地内，水准点的密度应为每 100m 左右一个，如果是单独建筑，则应不少于两个水准点，临时水准点要埋设在施工影响范围之外。水准路线最好改成附合路线，以便校核，观测精度要满足四等水准的要求。

八、高程控制网桩位的保护

高程控制网桩位作为施工现场确定高程的依据，也应妥善保护，首先桩位的设立需要牢固、稳定，如采用埋设钢桩浇筑混凝土固定等；其次设立明显警示标志，防止受到损坏。对于设立的高程控制网经自检及相关技术部门和监理单位检测合格以后，方可正式使用。施工期间每季度还需复测校核一次，以保证高程的正确性。

九、场地高程控制测量常见问题及防治措施

场地高程控制测量常常会出现测距偏差的现象（在普通量距中，出现实测值之间数据差异）。

1. 原因分析

① 选用量距工具不当，不能满足精度要求。

② 距离全长超过一整钢尺时，直线花杆定线产生偏差。

③ 未吊吊锤就插测杆，分段点位置偏离，造成读数积累偏差。

④ 两人拉尺用力不均，或未拉紧拉平钢尺。

2. 防治措施

① 皮尺易伸缩，量距要求较低时使用。在距离测量中，应选用抗拉强度高、不易伸缩、经有资质计量单位检定过的钢尺。

② 当距离超出一整尺时，应采用"三点一线法"，较长时花杆采用经纬仪定线、定位。

③ 在吊锤球尖端指示地面点处，测杆与钢尺垂直后再插入。

④ 应两人同时用力均匀拉紧并抬平钢尺，然后读出数据。

⑤ 斜坡上量距离，应由坡顶向坡下丈量，以避免锤球在地上确定分段点时产生偏差。

⑥ 为了校核并提高丈量精度，要求进行往返丈量，取平均值作为结果，量距精度用往返测距值的差数与平均值之比表示。普通量距在平坦地区要求达到 1/3000；起伏变化较大地区要求达到 1/2000；丈量困难地区不得大于 1/1000。如果往测和返测距离值的差数，与往返丈量平均值之比超过范围时，应重新丈量，否则可以平差。

第五节　场地导线网控制测量

一、导线网的技术要求与布设形式

导线网的布设形式在通视条件较差的地区，平面控制大多采用导线测量。导线测量是在地面上按照一定的要求选定一系列的点（导线点）将相邻点连成直线而形成的几何图形，导线测量是依次测定各折线边（导线边）的长度和各转折角（导线角），根据起算数据，推算各边的坐标方位角，从而求出各导线点的坐标。

1. 闭合导线

如图 10-4 所示，从已知控制点 A 和已知方向 BA 出发，经过 1、2、3、4 最后仍回到起点 A，形成一个闭合多边形。闭合导线本身存在着严密的几何条件，具有检核作用。

2. 支导线

支导线是由一个已知点和已知方向出发，既不附合到另一个已知点，又不回到原起始点的导线。支导线（图 10-5）缺乏必要的检核条件，因此，导线点一般不允许超过两个，图 10-5 中 B 为已知控制点。

3. 附合导线

如图 10-6 所示，导线从已知控制点 B 和已知方向出发，经过 1、2、3 点，最后附合到

另一个已知点和已知方向上，这样的导线称为附合导线。这种布设形式，具有检核观测成果的作用。

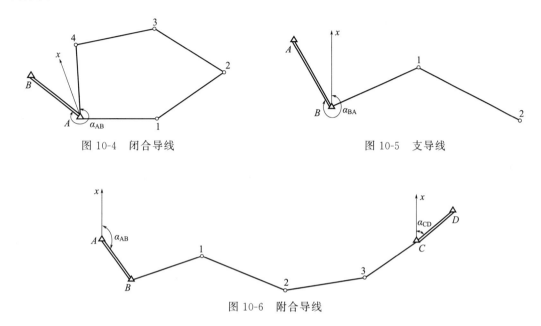

图 10-4　闭合导线　　　　　　　　　　　　图 10-5　支导线

图 10-6　附合导线

二、导线网的外业工作

1. 导线网的布设

导线网的布设应符合如下规定。

① 导线网用作测区的首级控制时，应布设成环形网，且宜联测 2 个已知方向。

② 加密网可采用单一附合导线或结点导线网形式。

③ 结点间或结点与已知点间的导线段宜布设成直伸形状，相邻边长不宜相差过大，网内不同环节上的点也不宜相距过近。

2. 勘选点及建立标志

（1）选点的基本准则

① 点位应选在土质坚实、稳固可靠、便于保存的地方，视野应相对开阔，便于加密、扩展和寻找。

② 相邻点之间应通视良好，其视线距障碍物的距离，三、四等不宜小于 1.5m；四等以下宜保证便于观测，以不受折射影响为原则。

③ 当采用电磁波测距时，相邻点之间视线应避开烟囱、散热塔、散热池等发热体及强电磁场。

④ 相邻两点之间的视线倾角不宜过大。

⑤ 充分利用旧有控制点。

首先要根据测量的目的、测区的大小以及测图比例尺来确定导线的等级，然后再到测区内踏勘，根据测区的地形条件确定导线的布设形式，还要尽量利用已知的成果来确定布点方案。

（2）选点时应注意的技术要求

① 相邻导线点间应通视良好，以便测角、量边。

② 点位应选在土质坚硬，便于保存标志和安置仪器的地方。

③ 视野开阔，便于碎部测量和加密图根点。

④ 导线边长应均匀，避免较悬殊的长边与短边相邻。

⑤ 点位分布要均匀，符合密度要求。

3. 水平角测量

水平角测量应满足以下规定。

① 水平角观测宜采用方向观测法，并符合下列规定。

a. 当观测方向不多于 3 个时，可不归零。

b. 当观测方向多于 6 个时，可进行分组观测。分组观测应包括两个共同方向（其中一个为共同零方向），其两组观测角之差，不应大于同等级测角中误差的 2 倍。分组观测的最后结果，应按等权分组观测进行测站平差。

c. 水平角的观测值应取各测回的平均数作为测站成果。

d. 各测回间应配置度盘。

② 水平角观测误差超限时，应在原来度盘位置上重测，并应符合下列规定。

a. 一测回内 2C 互差或同一方向值各测回较差超限时，应重测超限方向，并联测零方向。

b. 下半测回归零差或零方向的 2C 互差超限时，应重测该测回。

c. 若一测回中重测方向数超过总方向数的 1/3 时，应重测该测回。当重测的测回数超过总测回数的 1/3 时，应重测该站。

③ 水平角观测的测站作业，应符合下列规定。

a. 仪器或反光镜的对中误差不应大于 2mm。

b. 如受外界因素（如振动）的影响，仪器的补偿器无法正常工作或超出补偿器的补偿范围时，应停止观测。

c. 当测站或照准目标偏心时，应在水平角观测前或观测后测定归心元素。测定时，投影事物三角形的最长边，对于标石、仪器中心的投影不应大于 5mm，对于照准标志中心的投影不应大于 10mm。投影完毕后，除标石中心外，其他各投影中心均应描绘两个观测方向。角度元素应量至 15′，长度元素应量至 1mm。

⊒ 知识拓展

水平角观测过程中，气泡中心位置偏离正确中心宜超过 1 格。四等及以上等级的水平角观测，当观测方向的垂直角超过 ±3° 的范围时，宜在测回间重新整平。

4. 边长的测量

导线边长可用测距仪（或全站仪）直接测定，也可用钢尺丈量。测距仪或全站仪的测量精度较高。钢尺丈量时，应用检定过的钢尺按精密丈量方法进行往返丈量。

测距作业应符合下列规定。

① 测站对中误差和反光镜对中误差不应大于 2mm。

② 当观测数据超限时，应重测整个测回，如观测数据出现分群时，应分析原因，采取相应措施重新观测。

③ 四等及以上等级控制网的边长测量，应分别量取两端点观测始末的气象数据，计算时应取平均值。

④ 测量气象元素的温度计宜采用通风干湿温度计，气压表宜选用高原型空盒气压表；读数前应将温度计悬挂在离开地面和人体 1.5m 以外阳光不能直射的地方，且读数精确至

0.2℃；气压表应置平，指针不应滞阻，且读数精确至 50Pa。

⑤ 每日观测结束，应对外业记录进行检查。当使用电子记录时，应保存原始观测数据，打印输出相关数据和预先设置的各项限差。

5. 测定连接角或方位角

如图 10-7 所示，当导线需要与高级控制点或同级已知坐标点间接连接时，还必须测出连接角 α、β 和连接边 $DB1$，以便场地坐标方位角 A 点和 B 点的平面坐标。若单独进行测量时可建立独立的假定坐标系，需要测量起始边的方位角。方位角可采用罗盘仪进行测量。

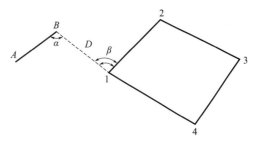

图 10-7　导线连接

三、闭合导线测量的内业计算

导线测量的内业计算是根据外业边长的测量值、内角或转折角观测值及已知起算数据或起始点的假定数据推算导线点坐标值。为了保证计算的正确性，首先应绘出导线草图，把检核后的外业测量数据及起算数据注记在草图上，并填写在计算表格中。

导线计算的目的是计算各导线点的坐标，计算的手段是相邻导线点的坐标增量，计算的重点是误差的分配，计算工作需要仔细。

内业计算分为角度闭合差计算与调整、导线边坐标方位角的推算、相邻导线点之间的坐标增量计算、坐标增量闭合差的计算与调整、导线闭合坐标的计算等几个步骤进行。

四、场地导线网控制测量常见问题及防治措施

场地导线网控制测量中常常会出现测角偏差的现象。

1. 原因分析

① 仪器视准轴与水平轴不垂直，水平轴与竖轴不垂直。

② 仪器度盘存在偏心差，仪器未整平，水平度盘不水平，经纬仪对中不准确。

③ 目标花杆不垂直，或花杆未插稳。

④ 外界自然因素（如大风、雾天、烈日、暴晒等恶劣天气）的影响。

2. 防治措施

① 测角时，采取盘左或盘右的两个位置观测，取平均值，消除视准轴与水平轴不垂直，水平轴与竖轴不垂直，以及仪器度盘的偏心差等误差。

② 经纬仪对中力求准确，测量时，对中的偏心差不得超过 1mm。

③ 照准目标力求准确，必须用十字丝交点正对测点的标志。

④ 整平仪器，使水平度盘尽可能保证水平位置。

⑤ 尽可能避开不利的因素，以免影响测角精度。

第六节　建筑基线控制测量

一、建筑基线的布置

建筑基线是建筑场地的施工控制基准线，即在建筑场地布置一条或几条轴线，适用于建筑设计总平面图布置比较简单的小型建筑场地。

1. 建筑基线的布设形式

建筑基线的布设形式，应根据建筑的分布、施工场地地形等因素来确定。常用的布设形式有"一"字形、"L"形、"十"字形和"T"形。

2. 建筑基线的布设要求

建筑基线的布设需要注意以下几点。

① 建筑基线应尽可能靠近拟建的主要建筑，并与其主要轴线平行，以便使用比较简单的直角坐标法进行建筑的定位。

② 建筑基线上的基线点应不少于三个，以便相互检核。

③ 建筑基线应尽可能与施工场地的建筑红线相联系。

④ 基线点位应选在通视良好和不易被破坏的地方，为了能长期保存，要埋设永久性的混凝土桩。

二、建筑基线的测设

根据施工场地的条件不同，建筑基线的测设方法有以下两种不同形式。

1. 根据建筑红线测设

由城市测绘部门测定的建筑用地界定基准线，称为建筑红线。在城市建设区，建筑红线可用作建筑基线测设的依据。

如图 10-8 所示，AB、AC 为建筑红线，1、2、3 为建筑基线点，利用建筑红线测设建筑基线的方法如下。

① 从 A 点沿 AB 方向量取 d_2 定出 P 点，沿 AC 方向量取 d_1 定出 Q 点。

② 过 B 点作 AB 的垂线，沿垂线量取 d_1 定出 2 点，做出标志；过 C 点作 AC 的垂线，沿垂线量取 d_2 定出 3 点，做出标志；用细线拉出直线 $P3$ 和 $Q2$，两条直线的交点即为 1 点，做出标志。

③ 在 1 点安置经纬仪，精确观测 $\angle 213$，其与 $90°$ 的差值应小于 $\pm 20''$。

2. 根据附近已有控制点测设

建筑基线在新建筑区，可以利用建筑基线的设计坐标和附近已有控制点的坐标，用极坐标法测设建筑基线。如图 10-9 所示，A、B 为附近已有控制点，1、2、3 为选定的建筑基线点。

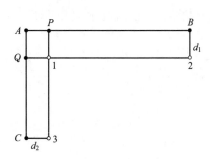

图 10-8 根据建筑红线测设建筑基线

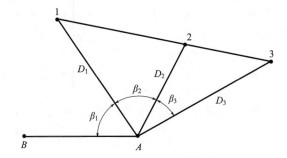

图 10-9 根据控制点测设建筑基线

测设方法如下：

① 根据已知控制点和建筑基线点的坐标，计算出测设数据 β_1、D_1、β_2、D_2、β_3、D_3；

② 用极坐标法测设 1、2、3 点。

与方格网类似，测设的基线点往往不在同一直线上，且点与点之间的距离与设计值也不完全相符，因此需要校正。方法与方格网的校正方法相同。

三、建筑基线控制测量常见问题及防治措施

建筑基线控制测量过程中常常会出现竖向结构垂直偏差大的现象。

1. 原因分析

① 砌体施工时未挂垂直线。

② 现浇混凝土结构钢筋偏位造成模板无法到位。

③ 现浇混凝土结构梁柱节点及门窗洞口处配筋过密，钢筋安装不规范，造成模板无法到位。

④ 模板安装后未吊线坠或未认真吊线坠找正。

⑤ 竖向结构模板支撑系统控制机构失灵，一边顶牢而另一边松弛。

⑥ 竖向控制轴线向上投测过程中产生的积累偏差超过标准。

2. 防治措施

① 砌体施工时，宜双面挂线控制砌体的垂直平整度。

② 楼面轴线控制网投测后，应根据定位尺寸校正竖向结构的纵向钢筋，确保根部到位，调整好垂直度偏位的骨架，检查复核后方可绑扎箍筋和水平钢筋。骨架绑扎中应于顶部用铁丝拉紧找正，并挂垂线控制。

③ 对于钢筋配制过密的部位，翻样时要充分考虑，施工中控制施工工艺和安装顺序，确保骨架截面尺寸正确。

④ 现浇混凝土结构模板安装后，应吊线坠校正垂直度，双面用顶撑顶牢；对于外侧墙，对拉螺栓应与纵横搁栅连接牢固，并和内侧顶撑连接，顶拉控制，使系统在混凝土浇筑过程中便于检查调整。

⑤ 用经纬仪或吊线坠投测轴线，在建立轴线控制网及向上竖向投测过程中，其投测依据应该是同一原始轴线基准点，以避免误差积累。

⑥ 已施工的竖向结构出现垂直偏差时，首先采用吊线坠法或轴线投测法，复核检查现施工段及基层根部控制点的测量精度，以保证待施工段的垂直度控制。已施工的竖向结构，在能保证结构截面尺寸偏差在规范范围内的，适当凿除修整，用比原混凝土强度等级高两级、同配合比的水泥砂浆修补；如果垂直偏差使得结构截面尺寸偏差超过规范和设计要求，应引起有关部门的高度重视，采取结构补强。

第十一章

建筑工程施工测量

第一节　场地平整测量

一、方格网法计算土石方量

1. 设计面为水平面时的场地平整

如图 11-1 所示，比例尺为 1：1000，面积为 40m×40m，现要平整成某一设计高程的水平场地并满足挖、填方量基本平衡的原则。因此，平整场地的关键问题是要在满足平整原则的前提下求出水平场地的设计高程，放出挖、填边界线及各点的挖、填高度，具体步骤如下。

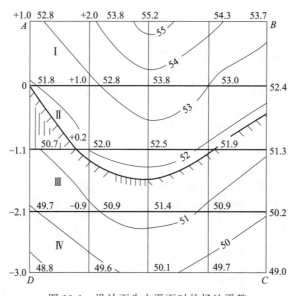

图 11-1　设计面为水平面时的场地平整

🜚 **知识拓展**

场地平整

在建筑工程施工前，通常要对拟建地区的自然地貌进行改造，整理成水平或倾斜场地，使改造后的地貌满足布置建筑物、便于组织排水、满足交通运输和敷设地下管线的需要。这些改造地貌的工作称为场地平整。在地貌改造过程中，既要顾及土石方工程量的大小，又要遵循填方与挖方基本平衡的原则。场地平整通常有方格网法和断面法。

（1）在地形图拟建场地内绘制方格网

方格网的边长取决于地形的复杂程度和土石方计算的精度，一般以 10m 或 20m 为宜。当采用机械施工时，可取 40m 或 100m，绘完方格后，进行排序编号。

（2）计算设计高程

根据地形图上的等高线，用内插的方法求出每个方格的地面高程，填写在每个方格的右上方。

设计高程是指满足填挖方量基本平衡时的高程，可利用求加权平均值的方法计算设计高程，其一般计算公式为

$$H_{设} = \frac{\sum(P_i H_i)}{\sum P_i}$$

式中　$H_{设}$——水平场地的设计高程；

　　　H_i——方格点的地面高程；

　　　P_i——方格点 i 的权，可根据方格点的位置在 1～4 中取值。

（3）绘制填、挖边界线

在地形图上根据等高线内插处高程为设计高程（51.8m）的曲线，这条曲线即为填、挖边界线（图 11-1 中带有断线的曲线），断线指向填方方向。

（4）计算填、挖高度

各方格点的填、挖高度为该点的地面高程与设计高程之差，即

$$h_i = H_i - H_{设}$$

式中　h_i——正值表示挖方；

　　　H_i——负值表示填方。

将计算的数字注记在方格网点上的左上方。

（5）计算挖（填）土石方工程量

挖（填）土石方工程量要分别计算，不得正负抵消。计算方法为

挖(填)土石方体积＝挖(填)平均高度×挖(填)对应面积

将全部方格的挖、填土石方量都计算出来后，按挖、填土石方量分别求和，即得总的挖、填土石方量。

2. 设计面为倾斜面时的场地平整

已知条件见图 11-2，根据地貌的自然坡降，平整从北到南、坡度为 8％的倾斜场地，且要保证挖、填工程基本平衡。

（1）绘制方格网

与设计面为水平面时的场地平整绘制方格网方法相同。

（2）计算设计高程

根据立体几何原理：若以重心点高程为设计高程（平均高程），则无论是平整成水平场地或倾斜场地，填、挖土石方量总是平衡的。因此，应首先确定重心点，再求出其高程作为设计高程。对于对称图形，重心点为图形中心。所以，仍可按水平场地中求设计高程的方法，求出场地重心的设计高程为 51.8m。

（3）确定倾斜面最高点格网线和最低点格网线的设计高程

如图 11-2 所示，按设计要求，AB 为场地的最高边线，CD 为场地的最低边线。已知 AD 边长为 40m，则最高边线与最低边线的设计高差为

$$h = 40 \times 8 \div 100 = 3.2(\text{m})$$

由于场地重心（图形中心）的设计高程为 51.8m，所以倾斜场地最高点和最低点的设计高程分别为

$$H_A = H_B = 51.8 + 3.2 \div 2 = 53.4 \, (\text{m})$$

$$H_C = H_D = 51.8 - 3.2 \div 2 = 50.2 \, (\text{m})$$

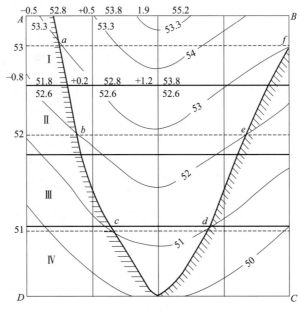

图 11-2 设计面为倾斜面时的场地平整

（4）确定填、挖边界线

沿 AD、BC 边线，根据最高边线（或最低边线）的设计高程内插出 51m、52m、53m 的平行等高线（图 11-2 中虚线）；这些虚线即为 8％倾斜场地上的设计等高线。设计等高线与实际等高线交点（图 11-2 中 a、b、c、d、e、f 等）的连线即为填、挖边界线（绘有短线的曲线）。

（5）确定方格网点的填、挖高度

将实际等高线内插的方格点高程注记在方格右上方，根据设计等高线内插出的高程注记在方格右下方；用地面高程减去设计高程（即为填、挖高度）注记在方格点的左上方。

（6）计算填、挖土石方工程量

同水平场地部分。

二、断面法计算土方量

1. 土石方量的基本计算公式

平均断面法：A_1、A_2 分别为两相邻断面的横断面面积（m²）；L 为两相邻断面的间距（m），即两相邻断面的桩号里程之差；V 为两相邻断面间的土石方量（m³）。土石方量计算公式为

$$V = \frac{1}{2}(A_1 + A_2)L$$

2. 断面面积的计算

断面面积的计算方法有积距法和坐标法。

坐标法计算面积精度较高，计算过程较为烦琐，宜采用计算机计算。

三、场地平整测量常见问题及防治措施

场地平整测量常常会出现平面控制不当的现象。

1. 原因分析

① 未能根据高层建筑形状选用较佳的控制网形状，随着施工的进度未能将控制网延伸到受施工影响区之外，使建立的控制网无法校核。

② 建立方格控制网时，未考虑高层建筑楼层结构变化情况，控制网中转频繁，造成偏差。

2. 防治措施

① 根据建筑物形状正确选择、布置矩形网、多边形网、主轴线，建立网格时应考虑控制网校核点。

② 熟悉施工图，综合考虑建筑物整个施工过程，从打桩、挖土、浇筑基础垫层、各楼层结构变化情况等方面考虑建立施工方格控制网。

③ 平面控制网中，建立局部直角坐标系统放样，控制点之间距离误差要求不大于 $\pm 2mm$，测角中误差不大于 $\pm 5''$。

④ 建筑施工控制网的测量精度不应超过 $1/40000$，施工中应以中误差作为衡量测绘精度的标准，2 倍中误差作为极限误差，施工控制网测量精度一般取 $1/20000$。

⑤ 在高层建筑中，投测点的布置形式必须保证可靠、方便、闭合、准确，基本常用的几种形式有：三点直线形、三点角度形、四点丁字形、五点十字形。无论何种形式，主轴线上的控制点数都不得少于 3 个。

第二节 建筑施工定位放线

定位放线是根据设计给定的定位依据和定位条件或者据此建立的场地平面控制网将设计图纸上的建筑物或构筑物按照设计要求在施工场地上确定出实地位置，并加以标志的一项测量工作。它是确定建筑物平面位置的关键环节，是指导施工、确保工程位置符合设计要求的基本保证。

📚 知识拓展

① 定位放线的依据：建筑定位放线，当以城市测量控制点或场区平面控制点定位时，应选择精度较高的点位和方向为依据；当以建筑红线桩点定位时，应选择沿主要街道且较长的建筑红线边为依据；当以原有建筑或道路中线定位时，应选择外廓规整且较大的永久性建筑的长边（或中线）或较长的道路中线为依据。

② 定位方法的选择：建筑轴线平行定位依据，且为矩形时，宜选用直角坐标法；建筑轴线不平行定位依据，或为任意形状时，宜选用极坐标法；建筑距定位依据较远且量距困难时，宜选用角度（方向）交会法；建筑距定位依据不超过所用钢尺长度且场地量距条件较好时，宜选用距离交会法；使用全站仪定位时，宜选用坐标放样法。

一、建筑定位的基本方法

建筑四周外廓主要轴线的交点决定了建筑在地面上的位置，称为定位点，或角点。建筑的定位是根据设计条件，将定位点测设到地面上，作为细部轴线放线和基础放线的依据。由

于设计条件和现场条件不同，建筑的定位方法也有所不同，以下为三种常见的定位方法。

1. 根据控制点定位

如果待定位建筑的定位点设计坐标已知，且附近有高级控制点可供利用，可根据实际情况选用极坐标法、角度交会法或距离交会法来测设定位点。在这三种方法中，极坐标法是用得最多的一种定位方法。

2. 根据建筑方格网和建筑

如果待定位建筑的定位点设计坐标已知，并且建筑场地已设有建筑方格网或建筑基线，可利用直角坐标系法测设定位点，过程如下。

① 根据坐标值可计算出建筑的长度、宽度和放样所需的数据。

如图 11-3 所示，M、N、P、Q 是建筑方格网的四个点，坐标位于图上，A、B、C、D 是新建筑的四个交点，坐标为

$A(316.00,226.00)$　　$B(316.00,268.24)$

$C(328.24,268.24)$　　$D(328.24,226.00)$

很容易计算得到新建筑的长宽尺寸：$a=268.24-226.00=42.24(\mathrm{m})$；$b=328.24-316.00=12.24(\mathrm{m})$。

② 按照直角坐标法的水平距离和角度测设的方法进行定位轴线交点的测设，得到 A、B、C、D 四个交点。

③ 检查调整：实际测量新建筑的长宽与计算所得进行比较，满足边长误差≤1/2000，测量 4 个内角与 90°比较，满足角度误差≤±40″。

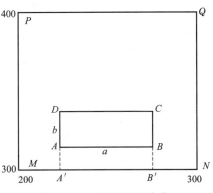

图 11-3　根据方格网定位

3. 根据与原有建筑和道路的关系定位

如果设计图上只给出新建筑与附近原有建筑或道路的相互关系，而没有提供建筑定位点的坐标，周围又没有测量控制点、建筑方格网和建筑基线可供利用，可根据原有建筑的边线或道路中心线将新建筑的定位点测设出来。

测设的基本方法如下：在现场先找出原有建筑的边线或道路中心线，再用全站仪或经纬仪和钢尺将其延长、平移、旋转或相交，得到新建筑的一条定位直线，然后根据这条定位轴线，测设新建筑的定位点。

根据与原有建筑的关系定位，如图 11-4 所示，拟建建筑的外墙边线与原有建筑的外墙边线在同一条直线上，两栋建筑的间距为 10m，拟建建筑四周长轴为 40m，短轴为 18m，轴线与外墙边线间距为 0.12m，可按下述方法测设其四个轴线的交点。

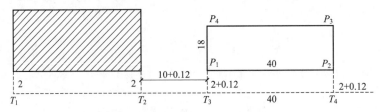

图 11-4　根据与原有建筑的关系定位

① 沿原有建筑的两侧外墙拉线，用钢尺顺线从墙角往外量一段较短的距离（这里设为 2m），在地面上定出 T_1 和 T_2 两个点，T_1 和 T_2 的连线即为原有建筑的平行线。

② 在 T_1 点安置经纬仪，照准 T_2 点，用钢尺从 T_2 点沿视线方向量取 10m+0.12m，

在地面上定出 T_3 点，再从 T_3 点沿视线方向量取 40m，在地面上定出 T_4 点，T_3 和 T_4 的连线即为拟建建筑的平行线，其长度等于长轴尺寸。

③ 在 T_3 点安置经纬仪，照准 T_4 点，逆时针测设 90°，在视线方向上量 2m＋0.12m，在地面上定出 P_1 点，再从 P_1 点沿视线方向量取 18m，在地面上定出 P_4 点。同理，在 T_4 点安置经纬仪，照准该点，顺时针测设 90°，在视线方向上量取 2m＋0.12m，在地面上定出 P_2 点，再从 P_2 点沿视线方向量取 18m，在地面上定出 P_3 点。则 P_1、P_2、P_3 和 P_4 点即为拟建建筑的四个定位轴线点。

④ 在 P_1、P_2、P_3 和 P_4 点上安置经纬仪，检核四个大角是否为 90°，用钢尺丈量四条轴线的长度，检核长轴是否为 40m，短轴是否为 18m；需要边长误差≤1/2000，角度误差≤±40″。

二、定位标志桩的设置

依照上述定位方法进行定位的结果是测定出建筑物的四廓大角桩，进而根据轴线间距尺寸沿四廓轴线测定出各细部轴线桩。但施工中要开挖基槽或基坑，必然会把这些桩点破坏掉。为了保证挖槽后能够迅速、准确地恢复这些桩位，一般采取先测设建筑物四廓各大角的控制桩，即在建筑物基坑外 1～5m 处，测设与建筑物四廓平行的建筑物控制桩（俗称保险桩，包括角桩、细部轴线引桩等构成建筑物控制网），作为进行建筑物定位和基坑开挖后开展基础放线的依据。

三、放线

建筑物四廓和各细部轴线测定后，即可根据基础图及土方施工方案用内灰撒出灰线，作为开挖土方的依据。

放线工作完成后要进行自检，自检合格后应提请有关技术部门和监理单位进行验线。验线时首先检查定位依据桩有无变动及定位条件的几何尺寸是否正确，然后检查建筑物四廓尺寸和轴线间距，这是保证建筑物定位和自身尺寸正确性的重要措施。

对于沿建筑红线兴建的建筑物在放线并自检以后，除了提请有关技术部门和监理单位进行验线以外，还要由城市规划部门验线，合格后方可破土动工，以防新建建筑物压红线或超越红线的情况发生。

四、基础放线

根据施工程序，基槽或基坑开挖完成后，要做基础垫层。当基础垫层做好后，要在垫层上测设建筑物各轴线、边界线、基础墙宽线和柱位线等，并以墨线弹出作为标志，这项测量工作称为基础放线，又俗称为撂底。这是最终确定建筑物位置的关键环节，应在对建筑物控制桩进行校核并合格的情况下，再依据它们仔细施测出建筑物主要轴线，再经闭合校核后，详细放出细部轴线，所弹墨线应清晰、准确，精度要符合《砌体结构工程施工质量及验收规范》（GB 50203—2011）中的有关规定，基础放线尺寸的允许偏差应符合表 11-1 的规定。

表 11-1　基础放线尺寸的允许偏差

长度 L、宽度 B 的尺寸/m	允许偏差/mm
$L(B)\leqslant 30$	±5
$30 < L(B) \leqslant 60$	±10
$60 < L(B) \leqslant 90$	±15
$L(B) > 90$	±20

五、建筑施工定位放线常见问题及防治措施

建筑施工定位放线过程中常常会出现施工测量主轴线确定及定位测量方法不当的现象。

1. 原因分析

① 定位依据正确性无法保证。

② 测定主轴线前，未认真编制明确的测量方案。

③ 主轴线布设形式不够科学，数量不足。

2. 防治措施

① 定位依据是现有建（构）筑物时，应会同建设、设计单位到现场对定位依据的控制点、线和标高等具体位置进行测量，并记录备案。如果定位直接的依据是建筑红线、道路线或测量控制点时，要在会同建设、设计单位现场交桩后，根据计算的数据实地校验各桩间距、夹角和高差，以防参照物、控制点及桩本身的误差与矛盾影响施工测量精度。

② 编制测量方案时，应注意以下几点：主轴线应尽量位于场地中央，主轴线的定位点一般不少于 3 个；主轴线中纵横轴各个端点应布置在场区的边界上，为了便于恢复施工过程中损坏的轴线控制点，必要时主轴线各个端点可布置在场区外的延长线上。

第三节　建筑施工轴线定位与高程测量

基础放线以后，由施工人员进行基础施工，当到达 ±0.000 时，还要将轴线、墙宽线等以墨线弹测出来，用以指导结构施工。以后随着结构每升高一层，都要进行一次轴线的投测，这是保证建筑物上下层轴线位于同一铅垂面上，即确保建筑物垂直度的重要步骤，同时还要通过高程传递的方法来控制建筑物每层的高度以及建筑物的总高度。

一、轴线投测

轴线投测关系到多层或高层建筑的竖向垂直精度，尤其是结构外墙、电梯竖井的垂直精度更加重要。轴线投测的方法分为两类：一是经纬仪投测法；二是铅垂线法。

1. 经纬仪投测法

经纬仪投测法是利用经纬仪、轴线控制桩进行轴线投测的常用方法，根据不同的场地条件，又分为以下三种测法。

（1）延长轴线法

当建筑四周场地开阔，能够将建筑物四廓轴线延长到建筑物的总高度以外或附近的多层建筑物屋面上时，可采用延长轴线法。这种方法是将经纬仪安置在轴线的延长线上，以首层轴线为准，向上逐层投测。

如图 11-5 所示，A、C、①、⑤轴线为建筑物的四廓轴线 I'、I''、C_1、C_2 等桩点为轴线延长线上的桩位。施测时将经纬仪分别安置在各点上，先后视基础上的轴线标志，然后纵转望远镜向上投测，指挥施工层上的观测人员依视线位置做出标志。M 点就是投测上来的 C 轴和①轴的交点。

（2）侧向借线法

当建筑四周场地窄小，建筑物四廓轴线无法延长时，可采用侧向借线法。这种方法是先将轴线向建筑物外侧平移 1～2m（俗称借线），然后将经纬仪分别安置在平移出来的轴线端点，后视另一端向上投测，同时指挥施工层上的观测人员，垂直仪器视线横向水平移动直

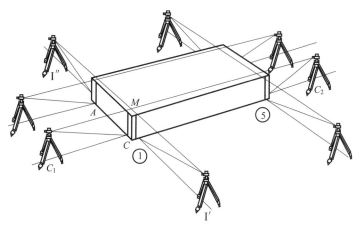

图 11-5　延长轴线投测法

尺，再以视线为准向内量出借线尺寸，即可在楼板上定出轴线的位置。

　　如图 11-6 所示，轴向外平移 1.5m 至 Ⅰ′、Ⅰ″位置，将经纬仪安置在 Ⅰ′点上，瞄准另一端点 Ⅰ″纵转望远镜瞄准施工层上横放的直尺，指挥上面的观测人员横向水平移动直尺，使视线照准尺上的端点刻划，然后依据直尺刻划向内反量轴线平移的距离（1.5m），并在楼板上标出轴线位置。同样，再将经纬仪安置在 Ⅰ″点上，按照相同的方法在施工层另一端标出轴线位置，这样 C 轴线就被投测到施工层上。其他各轴线均可按照这种方法进行投测。

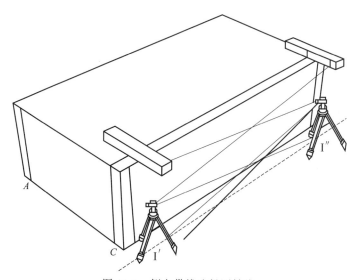

图 11-6　侧向借线法投测轴线

（3）正倒镜挑直法

　　当建筑四周地面上无法安置经纬仪进行投测时，可将经纬仪安置在施工层上，采用正倒镜挑直线的方法，投测出轴线的位置。

🔖 知识拓展

　　为了保证经纬仪投测法轴线投测的精度，在操作上应该特别注意以下三点。

　　① 严格校正仪器（尤其是横轴垂直于竖轴的检校），进行投测时严格整平仪器，以保证

竖轴铅垂。

② 尽量以首层轴线作为后视向上投测，以减少误差积累。

③ 每次轴线投测均取盘左、盘右分别向上投测的平均位置，以抵消视准轴不垂直横轴、横轴不垂直竖轴的误差影响。

2. 铅垂线法

铅垂线法是利用铅垂线原理直接将首层轴线铅垂投测到施工层上的一类投测方法，适用于施工场地非常窄小，无法在建筑物以外安置经纬仪的情况。根据使用仪器或工具的不同，又分为以下四种测法。

（1）吊线坠法

这是以首层轴线标志为准悬吊特制线坠，通过吊线（即铅垂线）逐层引测轴线的方法。为方便操作，实际作业时先估计出轴线的大致位置，将线坠吊线固定到施工层，然后通过下边线坠的摆动取中找出投点位置，并量取实际投点位置与轴线标志之间的偏离距离，再在施工层从固定吊线位置开始按照相同方向量出偏离距离，定出轴线位置。

为保证投测精度，操作时应注意以下要点。

① 线坠体形端正，重量应符合要求，采用编织线或钢丝悬吊。

② 线坠上端固定，线间无任何物体抗线。

③ 线坠下端左右摆动<3mm 时取中，投点时视线要与结构立面垂直。

④ 防震动、防侧风。

⑤ 每隔 3～4 层再投一次通线，作为校核。

（2）激光铅直仪法

激光铅直仪是一种利用激光束提供可见铅垂线的专用仪器。投测时，将激光铅直仪安置在首层地面的轴线控制点上，使激光束通过各层楼板的预留孔洞，向置于施工层上的接收板上投点，达到向上引测轴线位置的目的。

这种方法适用于高层建筑、高耸构筑物（如烟囱、塔架）以及采用滑模工艺的工程，具有操作方法简便、投测精度较高的特点。

（3）经纬仪天顶法

在经纬仪上加装一个 90°弯管目镜，安置在首层地面的轴线控制点上，使望远镜物镜指向天顶方向（即铅垂向上），通过弯管目镜视线穿过各层楼板的预留孔洞，向置于施工层上的接收板上投点，达到向上引测轴线位置的目的。

这种方法适用于现浇混凝土工程和钢结构安装工程，但施测时要采取安全措施，防止上面落物击伤观测人员和损坏仪器。

（4）经纬仪天底法

将竖轴为空心的特制经纬仪直接安置在施工层上，使望远镜物镜指向天底方向（即铅垂向下）。通过平移仪器使视线穿过各层楼板的预留孔洞，照准首层地面上的轴线控制点后，再向置于仪器下边的投影板上投点，达到向施工层上引测轴线位置的目的。

这种方法也适用于现浇混凝土工程和钢结构安装工程，但避免了物体下落的危险，仪器与观测人员均比较安全。

上述的激光铅直仪法、经纬仪天顶法和经纬仪天底法的实质是先将建筑物四廓轴线向内侧平移一定距离，然后利用预留的垂直孔洞向施工层上进行投测，再将投测上来的轴线平移复原到原来的轴线位置。因此，这些方法属于内控法。

二、高程传递

±0.000 以上的结构施工时，层高、总高都要符合设计要求，而这些是通过控制高程来实现的。通常采取沿结构外墙、边柱或电梯间等上下贯通的地方进行高程的传递。

1. 高程传递的方法

（1）钢尺垂直量距法

用钢尺分别从不少于三处沿垂直方向由±0.000 水平线或事先准确测设的同一起始高程线向上量至施工层，并画出某整分米数水平线（即某一高程线）。

（2）水准观测法

如图 11-7 所示，将水准仪安置在Ⅰ点，后视±0.000 水平线或起始高程线处的水准尺读取后视读数 a_1，前视悬吊于施工层上的钢尺读取前视读数 b_1，然后将水准仪移动到施工层上安置于Ⅱ点，后视钢尺读取 a_2，前视 B 点水准尺测设施工层的某一高程线（如＋50线）。对于一个建筑物，应按这样的方法从不少于三处分别测设某一高程线标志。

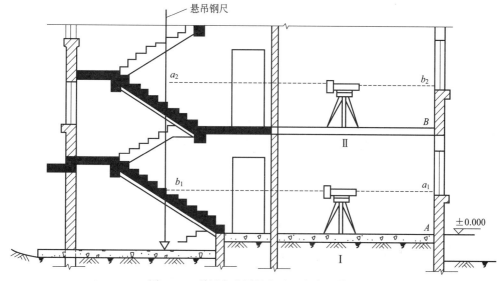

图 11-7　利用水准测量方法进行高程传递

测设高程线标志以后，再采用水准测量的方法观测处于不同位置的具有同一高程的水平线标志之间的高差，高差应不大于±3mm。

（3）皮数杆法

皮数杆是一根画有砖的高度、灰缝厚度、可以表示砖的皮数（即层数），并标有门窗洞口、过梁、预留孔、木砖等位置和尺寸的长条形木杆。它是砌筑工程中控制高程和砌砖水平度的主要依据，一般设置在建筑物的拐角和隔墙处。

皮数杆的绘制主要依据建筑物剖面图及外墙详图中各构件的高程、尺寸等。皮数杆画法有两种：一种是门窗洞门、预留孔、各构件的设计高程可以稍有变动，这时把皮数杆画成整皮数，上下移动门窗洞门、预留孔、构件等的位置；另一种是门窗洞口、预留孔、各构件的设计高程有一定的工艺要求，不能变动，这时可在规范允许的范围以内调整水平灰缝的大小凑成整皮数。

设置皮数杆时，首先在地面上打一个木桩，使用水准仪测设出±0.000 高程位置，然后把皮数杆上的±0.000 线与木桩上的±0.0000 线对齐、钉牢。皮数杆钉好后，要用水准仪进行检验。

2. 高程传递的精度要求

高程传递的精度要求应符合表 11-2 的规定。

表 11-2　高程传递的精度要求

项目		允许偏差/mm
每层		±3
总高 （H）	$H\leqslant30\text{m}$	±5
	$30\text{m}<H\leqslant60\text{m}$	±10
	$60\text{m}<H\leqslant90\text{m}$	±15
	$90\text{m}<H\leqslant120\text{m}$	±20
	$120\text{m}<H\leqslant150\text{m}$	±25
	$H>150\text{m}$	±30

3. 高程传递的工作要点

为了保证高程传递的精度，施测时应注意以下几点。

① 一般情况下应至少由三处向上传递高程，以便于各层使用和相互校核。各层传递高程时均应由±0.000 水平线或起始高程线开始，高程传递后要将水准仪安置在施工层，校测由下面传递上来的各水平线，较差应在 3mm 以内。在各层抄平时，应后视两条水平线以做校核。

② 观测时尽量做到前、后视线等长，测设水平线时，最好是直接调整水准仪高度，使后视线对准设计水平线，则前视时可直接用铅笔标出视线高程的水平线。这种测法比一般在木杆上标记出视线再量高差的测法能提高精度 1～2mm。

③ 由±0.000 水平线向上量高差时，所用钢尺应经过检定，尺身应竖直并使用标准拉力，还应进行尺长和温度改正（钢结构不加温度改正）。

④ 在高层装配式结构施工中，不但要注意每层的高差不要超限，更要注意控制各层的高程，防止误差累计而使建筑物总高度的误差超限。因此，在各施工层高程测出后，应根据高差误差情况，在下一层施工时对层高进行调整，必要时还应通知构件厂调整下一阶段的柱高，尤其是钢结构工程。

⑤ 为保证竣工时±0.000 和各层高程的正确性，应请设计单位明确：在测设±0.000 水平线和基础施工时，应如何对待地基开挖后的回弹、建筑物在施工期间的下沉以及钢结构工程中钢柱负荷后对层高的影响。

⑥ 施测中要特别注意人身安全。

三、建筑施工轴线定位与高程测量常见问题及防治措施

1. 建筑施工轴线定位

建筑施工轴线定位常常出现轴线控制点偏差的现象。

（1）原因分析

① 线坠制作精度不够，导致控制点与线坠轴线和细钢丝不在同一轴线上，产生引线偏差。

② 操作不认真，未解除钢丝扭曲打结现象，未设防风设施。

③ 吊线时，未提供照明、通信联络设备，上下操作不认真。

④ 由于楼层较高，预留洞位置交叉偏移，吊线不畅通，轴线控制点引测不准确。

（2）防治措施

① 线坠呈圆柱，顶端为锥形，质量为 15～20kg，其锥形尖端与钢丝悬吊线应与坠体轴线为同一竖直线。

② 坠线应使用没有扭曲的 $\phi 0.5 \sim 0.8mm$ 钢丝，悬吊时线坠应保持稳定，不旋转，吊线本身平顺。悬吊时所在楼层设风挡设施，以防风吹造成吊线本身偏斜或不稳定。悬吊时要注意有充足的亮度，保证坠体尖端正指控制点。

③ 在投测中要有专人检查各预留洞位置是否碰触吊线，上下要配合默契，通信畅通，取线左、线右投测的平均位置轴线。控制点悬吊结束后，使用经纬仪或激光铅垂仪进行闭合校核，如误差超出 ±3mm 时，则逐一重新悬吊。

④ 在 ±0.000 首层地面或地下室底板上，制定轴线控制网或以靠近高层建筑结构四周的轴线点为准，逐层向上悬吊引测轴线和控制结构竖向偏差。为保证控制点坠吊精度，楼层每升高 3～5 层（14m 左右）时，重新于结构面上预埋钢板，投测控制点，建立新控制网，新控制网经校核无误，方可投入使用。

2. 高程测量

高程测量过程中常常出现高程控制不当的现象。

（1）原因分析

① 高程控制网点选择位置不正确，水准点未妥善保护，引测标高未闭合复测。

② 实测选用仪器不当及方法不规范。

（2）防治措施

① 制定高层建筑工地上高程控制点，要联测到国家水准标志上或城市水准点上，高层建筑物的外部水准点的标高系统与城市水准点的标高系统必须统一。

② 高层建筑工地所用的水准点必须固定，且各水准点和 ±0.000 水平线应妥善保护，以求得施工过程中标高统一，在雨季前后对控制点各复测一次，保证标高的正确性。

③ 实测时应使用精度不低于 S_3 级的水准仪，视线长度不大于 80m，且要注意前后视线等长，镜位与转点均要稳定，使用塔尺时要尽量不抽第二节。

第四节　建筑基础施工测量

一、基础放线的有关规定

基槽开挖、垫层、基础轴应满足以下要求。

1. 基槽

基槽（坑）开挖应满足一定的要求，具体有以下几点。

① 条形基础放线，以轴线控制桩为准测设基槽边线，两灰线外侧为槽宽，允许误差为 +20mm、-10mm。

② 杯形基础放线，以轴线控制桩为准测设柱中心桩，再以柱中心桩及其轴线方向定出柱基开挖边线，中心桩的允许误差为 3mm。

③ 整体开挖基础放线，地下连续墙施工时，应以轴线控制桩为准测设连续墙中线，中线横向允许误差为 ±10mm；混凝土灌注桩施工时，应以轴线控制桩为准测设灌注桩中线，中线横向允许误差为 ±20mm；大开挖施工时应根据轴线控制桩分别测设出基槽上、下口位置桩，并标定开挖边界线，上口桩允许误差为 +50mm、-20mm，下口桩允许误差为 +20mm、-10mm。

④ 在条形基础与杯形基础开挖中，应在槽壁上每隔 3m 的距离测设距槽底设计标高 50cm 或 100cm 的水平桩，允许误差为 ±5mm。

⑤ 整体开挖基础，当挖土接近槽底时，应及时测设坡脚与槽底上口标高，并拉通线控

制槽底标高。

2. 主轴线投测

在垫层（或地基）上进行基础放线前，应以建筑平面控制网为准，检测建筑外廓轴线控制桩无误后，投测主轴线，允许误差为±3mm。

3. 基础轴线投测

基础外廓轴线投测应经闭合检测后，用墨线弹出细部轴线与施工线，基础外廓轴线的允许偏差应符合表11-3的规定。

表 11-3　基础外廓轴线的允许偏差

长度 L、宽度 B 的尺寸/m	允许偏差/mm	长度 L、宽度 B 的尺寸/m	允许偏差/mm
$L(B) \leqslant 30m$	±5	$90 < L(B) \leqslant 120$	±20
$30 < L(B) \leqslant 60$	±10	$120 < L(B) \leqslant 150$	±25
$60 < L(B) \leqslant 90$	±15	$L(B) > 150$	±30

二、基槽开挖深度和垫层标高控制

1. 设置水平桩

如图11-8所示，为了控制基槽开挖深度，当基槽挖到接近槽底设计高程时，应在槽壁上测设一些水平桩，使水平桩的上表面也可作为槽底清理和打基础垫层时掌握标高的依据。

2. 水平桩的测设方法

一般在基槽各拐角处、深度变化处和基槽壁上每隔3~4m测设一个水平桩，然后拉上白线，线下0.5m即为槽底设计高程。

测设水平桩时，以画在龙门板或周围固定地物的±0.000标高线为已知高程点，用水准仪进行测设，小型建筑也可用连通水管法进行测设。水平桩上的高程误差应在±10mm以内。

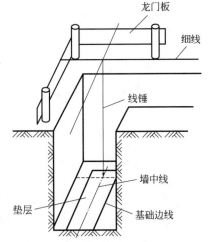

图 11-8　基槽底口和垫层轴线投测

3. 垫层标高的测设

垫层面标高的测设可以以水平桩为依据在槽壁上弹线，也可在槽底打入垂直桩，使桩顶标高等于垫层面的标高。如果垫层需安装模板，可以直接在模板上弹出垫层面的标高线。

如果是机械开挖，一般是一次挖到设计槽底或坑底的标高，因此要在施工现场安置水准仪，边挖边测，随时指挥挖土机调整挖土深度，使槽底或坑底的标高略高于设计标高（一般为10cm，留给人工清土）。挖完后，为了给人工清底和打垫层提供标高依据，还应在槽壁或坑壁上打水平桩，水平桩的标高一般为垫层面的标高。

三、基槽底口和垫层轴线投测

如图11-8所示，基槽挖至规定标高并清底后，将经纬仪安置在轴线控制桩上，瞄准轴线另一端的控制桩，即可把轴线投测到槽底，作为确定槽底边线的基准线。垫层打好后，用经纬仪或用拉绳挂垂球的方法把轴线投测到垫层上，并用墨线弹出墙中心线和基础边线，以便砌筑基础或安装基础模板。由于整个墙身砌筑均以此线为准，这是确定建筑位置的关键环节，所以要严格校核后方可进行砌筑施工。

四、基础墙标高的控制

基础墙的标高一般是用基础皮数杆来控制的。皮数杆用一根木杆做成，在杆上注明 ±0.000 的位置，按照设计尺寸将砖和灰缝的厚度，分层从上往下一一画出来，此外还应注明防潮层和预留洞口的标高位置，如图 11-9 所示。

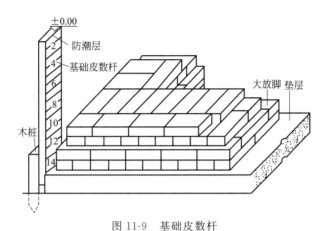

图 11-9　基础皮数杆

📚 知识拓展

基础皮数杆

立皮数杆时，可先在立杆处打一个木桩，用水准仪在木桩侧面测设一条高于垫层设计标高某一数值（如 10cm）的水平线，然后将皮数杆上标高相同的一条线与木桩上的水平线对齐，并用大铁钉把皮数杆和木桩钉在一起，作为砌筑基础墙的标高依据。对于采用钢筋混凝土的基础，可用水准仪将设计标高测设于模板上。

五、建筑基础施工测量常见问题及防治措施

1. 基础定位不准

（1）原因分析

① 未检测所使用的轴线桩是否松动和位置是否正确。

② 使用经纬仪向基础上投测建筑物主轴线时，未经闭合校核，就测放细部轴线。

（2）防治措施

① 根据建筑物矩形控制网的四角桩，检测各轴线控制桩位，确无碰动和位移后方可使用，要明确具体使用的轴线控制桩，防止用错。

② 根据基槽周边上的轴线控制桩，用经纬仪向基础垫层上投测建筑物大角、轮廓轴线及主轴线，经纬仪闭合校核无误时，再测放细部轴线。

③ 强化检查验收制度，细部轴线测放自检后，应组织专门技术部门先行验线，检查基础定位情况和垫层顶面的标高，确定无误后，再会同建设、监理部门复核验线，合格签证后方可进行下道工序。

④ 一旦发现基础放线偏差过大，应引起有关部门的高度重视，从定位控制桩位置到细部轴线尺寸进行检查复核，纠正错误。如果偏差超过两倍中误差时，重要部位应重新测放轴线。

2. 基坑抄平处理不当

（1）分析原因

① 基坑内水准标高控制方法不正确。

② 基坑面积较大，而水准标高基准点设置数量不足，致使前后视线不等长，距离差过大。

③ 基坑内四周引进的水平标高点未闭合，局部控制桩移位。

（2）防治措施

① 当基坑深度较浅（≤5m）且边坡土质稳定时，在基坑将要挖到基底设计标高时，再用水准仪在坑内四周槽壁上测设一些小木桩，使其顶面到坑底设计标高为一个固定值，作为控制高程的依据。

② 当基坑埋深较大时（>5m），在基坑四周护坡钢板桩、混凝土护壁桩或其他支护设施上，选择部分侧面竖向平直规正的桩，在其上各涂一条10cm宽的竖向白漆带，用水准仪根据原始水准点测出±0.000以下各整米数的水平线，用红漆段间隔分色，做出标识，作为水准控制点，然后在基坑内使用水准仪，校测四周护坡桩上的水准点是否在同一标高的水平线上，误差不得超过±3mm。在施测基础标高时，应后视两个以上的水准点进行校核。

③ 观察时尽量选择适当的坑内基准点，使前后视线等长。

第五节　建筑墙体施工测量

一、首层楼房墙体施工测量

1. 墙体轴线测设

基础工程结束后，应对龙门板或轴线控制桩进行检查复核，经复核无误后，可进行墙体轴线的测设，具体步骤如下。

① 利用轴线控制桩或龙门板上的轴线钉和墙边线标志，用经纬仪或拉细绳挂锤球的方法将首层楼房的墙体轴线投测到基础面上或防潮层上。

② 用墨线弹出墙中线和墙边线。

③ 把墙轴线延长到基础外墙侧面上并弹线和做出标志，作为向上投测各层楼墙体轴线的依据。

④ 检查外墙轴线交角是否等于90°。

⑤ 将门、窗和其他洞口的边线也在基础外墙侧面上做出标志。

2. 墙体标高测设

墙体砌筑时，墙身各部位标高通常用墙身皮数杆控制。

（1）皮数杆设置要求

墙体砌筑之前，应按有关施工图绘制皮数杆，作为控制墙体砌筑标高的依据，皮数杆全高绘制误差为±2mm。皮数杆的设置位置应选在建筑各转角及施工流水段分界处，相邻间距不宜大于15m，立杆时先用水准仪抄平，标高线允许误差为±2mm。

知识拓展

砌体砌筑前，根据墙体轴线和墙体厚度弹出墙体边线，照此进行墙体砌筑。砌筑到一定高度后，用吊锤线将基础外墙侧面上的轴线引测到地面以上的墙体上，以免基础覆土后看不见轴线标志。如果轴线处是钢筋混凝土柱，则在拆柱模后将轴线引测到柱身上。

（2）皮数杆设置方法

① 在墙身皮数杆上，根据设计尺寸，按砖和灰缝的厚度画出线条，并标明±0.000、门、窗、过梁、楼板等的标高位置。杆上标高注记从±0.000向上增加。

② 墙身皮数杆一般立在建筑的拐角和内墙处。采用里脚手架时，皮数杆立在墙的外边；采用外脚手架时，皮数杆立在墙里边。墙身皮数杆的设立与基础皮数杆相同，使皮数杆上的±0.000标高与立桩处的木桩上测设的±0.000m标高相吻合。在墙的转角处，每隔10～15m设置一根皮数杆。

③ 框架结构的民用建筑，墙体砌筑是在框架施工后进行的，若在砌筑框架或钢筋混凝土柱子之间的隔墙时，可在柱面上画线，代替皮数杆。

墙体砌筑到一定高度后，应在内、外墙面上测设出+0.50m标高的水平墨线，称为"+50线"。外墙的+50线作为向上传递各楼层标高的依据，内墙的+50线作为室内地面施工及室内装修的标高依据。相邻标高点间距不宜大于4m，水平线允许误差为+3mm。

二、二层以上楼房墙体施工测量

1. 墙体轴线投测

每层楼面建好后，为了保证继续往上砌筑墙体时，墙体轴线均与基础轴线在同一铅垂面上，应将基础或一层墙面上的轴线投测到楼面上，并在楼面上重新弹出墙体的轴线，检查无误后，以此为依据弹出墙体边线，再往上砌筑。

（1）吊垂线法

将较重的垂球悬挂在楼板或柱顶的边缘，慢慢移动，当垂球尖对准基础墙面上的轴线标志时，垂球线在楼板或柱顶边缘的位置即为楼层轴线端点位置，画一短线作为标志。同法投测另一端点，两短点的连线即为墙体轴线。

用钢尺检核轴线间的距离，相对误差不得大于1/3000，符合要求后，以此为依据，用钢尺内分法测设其他细部轴线。

吊垂线法受风的影响较大，因此应在风小的时候作业，投测时应等待吊锤稳定下来后再在楼面上定点。此外，每层楼面的轴线均应直接由底层投测上来，以保证建筑的总竖直度，只要注意这些问题，用吊垂线法进行多层楼房的轴线投测的精度是有保证的。

（2）经纬仪投测法

在轴线控制桩上安置经纬仪，严格整平后，瞄准基础墙面上的轴线标志，用盘左、盘右分中投点法，将轴线投测到楼层边缘或柱顶上。

将所有端点投测到楼板上之后，用钢尺检核其间距，相对误差不得大于1/3000。检查合格后，才能在楼板弹线，继续施工。

2. 墙体标高传递

在多层建筑施工中，要由下往上将标高传递到新的施工楼层，以便控制新楼层的墙体施工，使其标高符合设计要求。标高传递一般可有以下两种方法。

（1）利用皮数杆传递标高

一层楼房墙体砌完并建好楼面后，把皮数杆移到二层继续使用。为了使皮数杆立在同一水平面上，用水准仪测定楼面四角的标高，取平均值作为二楼的地面标高，并在立杆处绘出标高线，立杆时将皮数杆的±0.000线与该线对齐，然后以皮数杆为标高的依据进行墙体砌筑。如此用同样方法逐层往上传递高程。

（2）利用钢尺传递标高

在标高精度要求较高时，可用钢尺从底层的+50标高线起往上直接丈量，把标高传递到第二层，然后根据传递上来的高程测设第二层的地面标高线，以此为依据立皮数杆。在墙体砌到一定高度后，用水准仪测设该层的+50标高线，再往上一层的标高可以此为准用钢尺传递，以此类推，逐层传递标高。

三、建筑墙体施工测量常见问题及防治措施

建筑墙体施工测量过程中常常会出现激光铅垂仪法投点偏差大的现象。

1. 原因分析

① 首层结构平面上轴线控制点精度不能保证。

② 仪器未调置好或仪器自身未校核好。

③ 未消除竖轴不垂直于水平轴产生的误差。

2. 防治措施

① 首层楼面上的轴线控制网点必须要保证精度，预埋钢板上的投测点要校核无误后刻上"+"字标识。在浇筑上升的各层混凝土时，必须在相应的位置预留200mm×200mm与首层楼面控制点相对应的孔洞，保证能使激光束垂直向上穿过预留孔。

② 为保证轴线控制点的准确性，在首层控制点上架设激光铅垂仪，调整仪器对中，严格整平后方可启动电源，使激光器启辉发射出可见的红色光束。光斑通过结构板面对应的预留孔洞，显示在盖着的玻璃板或白纸上，将仪器水平转一周，若光斑在白板上的轨迹为一闭合环时，调节激光管的校正螺钉，使其轨迹趋于一点为止。

③ 为了消除竖轴不垂直水平轴产生的误差，需绕竖轴转动照准部，让水平度盘分别在0°、90°、180°、270°四个位置上，观察光斑变动位置，并做标记，若有变动，其变动的位置成十字的对称型，对称连线的交点即为精确的铅垂仪正中点。

第六节　高层建筑的施工测量

在高层建筑工程施工测量中，由于高层建筑的体形大、层数多、高度高、造型多样化、建筑结构复杂、设备和装修标准高，因此，在施工过程中对建筑各部位的水平位置、轴线尺寸、垂直度和标高的要求都十分严格，对施工测量的精度要求也高。为确保施工测量符合精度要求，应事先认真研究和制定测量方案，选用符合精度要求的测量仪器，拟定出各种误差控制和检核措施，并密切配合工程进度，以便及时、快速、准确地进行测量放线，为下一步施工提供平面和标高依据。

高层建筑施工测量的工作内容很多，以下主要介绍建筑定位、基础施工、轴线投测和高程传递等几方面的测量工作。

一、高层建筑定位测量

1. 测设施工方格网

进行高层建筑的定位放线是确定建筑平面位置和进行基础施工的关键环节，施测时必须

保证精度，因此一般采用测设专用的施工方格网的形式来定位。施工方格网一般在总平面布置图上进行设计，施工方格网是测设在基坑开挖范围以外一定距离，平行于建筑主要轴线方向的矩形控制网。

2. 测设主轴线

控制桩在施工方格网的四边上，根据建筑主要轴线与方格网的间距，测设主要轴线的控制桩。测设时要以施工方格网各边的两端控制点为准，用经纬仪定线，用钢尺量距来打桩定点。测设好这些轴线控制桩后，施工时便可方便、准确地在现场确定建筑的四个主要角点。

除了四廓的轴线外，建筑的中轴线等重要轴线也应在施工方格网边线上测设出来，与四廓的轴线一起称为施工控制网中的控制线，一般要求控制线的间距为 30～50m。控制线的增多可为以后测设细部轴线带来方便，施工方格网控制线的测距精度不低于 1/10000，测角精度不低于 $\pm 10''$。

如果高层建筑准备采用经纬仪法进行轴线投测，还应把应投测轴线的控制桩往更远处、更安全稳固的地方引测，这些桩与建筑的距离应大于建筑的高度，以免用经纬仪投测时仰角太大。

二、高层建筑基础施工测量

1. 测设基坑开挖边线

高层建筑一般都有地下室，因此要进行基坑开挖。开挖前，先根据建筑物的轴线控制桩确定角桩，以及建筑物的外围边线，再考虑边坡的坡度和基础施工所需工作面的宽度，测设出某坑的开挖边线并撒出灰线。

2. 基坑开挖时的测量工作

高层建筑的基坑一般都很深，需要放坡并进行边坡支护加固，开挖过程中，除了用水准仪控制开挖深度外，还应经常用经纬仪或拉线检查边坡的位置，防止出现坑底边线内收，致使基础位置不够。

3. 基础放线及标高控制

（1）基础放线

基坑开挖完成后，有三种情况。

① 直接打垫层，然后做箱形基础或筏板基础，这时要求在垫层上测设基础的各条边界线、梁轴线、墙宽线和柱位线等。

② 在基坑底部打桩或挖孔做桩基础，这时要求在坑底测设各条轴线和桩孔的定位线，桩做完后，还要测设桩承台和承重梁的中心线。

③ 先做桩，然后在桩上做箱基或筏基，组成复合基础，这时的测量工作是前两种情况的结合。

无论是哪种情况，在填坑下均需要测设各种各样的轴线和定位线，其方法基本是一样的。先根据地面上各主要轴线的控制桩，用经纬仪向基坑下投测建筑物的四大角、四廓轴线和其他主轴线，经认真校核后，以此为依据放出细部轴线，再根据基础图所示尺寸，放出基础施工中所需的各种中心线和边线，例如桩心的交线以及梁、柱、墙的中线和边线等。

测设轴线时，有时为了通视和量距方便，不是测设真正的轴线，而是测设其平行线，这时一定要在现场标注清楚，以免用错。另外，一些基础桩、梁、柱、墙的中线不一定与建筑轴线重合，而是偏移某个尺寸，因此要认真按图施测，防止出错。

如果是在垫层上放线，可把有关轴线和边线直接用墨线弹在垫层上，由于基础轴线的位置决定了整个高层建筑的平面位置和尺寸，因此施测时要严格检核，保证精度。如果是在基坑下做桩基，则测设轴线和桩位时，宜在基坑护壁上设立轴线控制桩，既能保留较长时间，也便于施工时用来复核桩位和测设桩顶上的承台和基础梁等。

从地面往下投测轴线时，一般是用经纬仪投测法，由于俯角较大，为了减小误差，每个轴线点均应盘左、盘右各投测一次，然后取中数。

（2）基础标高测设

基坑完成后，应及时用水准仪根据地面上的±0.000水平线，将高程引测到坑底，并在基坑护坡的钢板或混凝土桩上做好标高为负的整米数的标高线。由于基坑较深，引测时可多设几站观测，也可用悬吊钢尺代替水准尺进行观测。在施工过程中，如果是桩基，要控制好各桩的顶面高程；如果是箱基和筏基，则直接将高程标志测设到竖向钢筋和模板上，作为安装模板、绑扎钢筋和浇筑混凝土的标高依据。

三、高层建筑的轴线投测

高层建筑的地下部分完成后，根据施工方格网校测建筑物主轴线控制桩后，将各轴线测设到做好的地下结构顶面和侧面，又根据原有的±0.000水平线，将±0.000标高（或某整分米数标高）也测设到地下结构顶部的侧面上，这些轴线和标高线，是进行首层主体结构施工的定位依据。

随着结构的升高，要将首层轴线逐层往上投测，作为施工的依据。此时建筑物主轴线的投测最为重要，因为它们是各层放线和结构垂直度控制的依据。随着高层建筑物设计高度的增加，施工中对竖向偏差的控制要求就越高，轴线竖向投测的精度和方法就必须与其适应，以保证工程质量。

下面介绍几种常见的投测方法。

1. 经纬仪法

当施工场地比较宽阔时，可使用此法进行竖向投测，如图11-10所示，安置经纬仪于轴线控制桩上，严格对中整平，盘左照准建筑物底部的轴线标志，往上转动望远镜，用其竖丝指挥在施工一层楼面边缘上画一点，然后盘右再次照准建筑物底部的轴线标志，同法在该处楼面边缘上画出另一点，取两点的中间点作为轴线的端点。其他轴线端点的投测与此法相同。

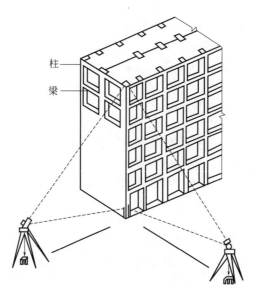

图11-10　经纬仪轴线竖向投测

当楼层建得较高时，经纬仪投测时的仰角较大，操作不方便，误差也较大，此时应将轴线控制桩用经纬仪引测到远处（大于建筑物高度）稳固的地方，然后继续往上投测。如果周围场地有限，也可引测到附近建筑物的房顶上。如图 11-11 所示，先在轴线控制桩 A_1 上安置经纬仪，照准建筑物底部的轴线标志，将轴线投测到楼面上 A_2 点处，然后在 A_2 上安置经纬仪，照准 A_1 点，将轴线投测到附近建筑屋面上 A_3 点处，以后就可在 A_3 点安置经纬仪，投测更高楼层的轴线。注意上述投测工作均应采用盘左、盘右取中法进行，以减少投测误差。

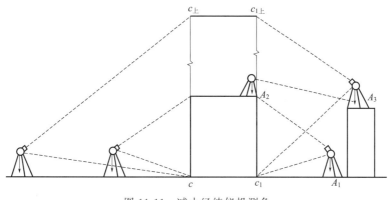

图 11-11　减小经纬仪投测角

所有主轴线投测上来后，应进行角度和距离的校核，合格后再以此为依据测设其他轴线。

2. 吊线坠法

当周围建筑物密集，施工场地窄小，无法在建筑物以外的轴线上安置经纬仪时，可采用此法进行竖向投测。该法与一般的吊锤线法的原理是一样的，只是线坠的重量更大，吊线（细钢丝）的强度更高。此外，为了减少风力的影响，应将吊线坠的位置放在建筑物内部。

如图 11-12 所示，事先在首层地面上埋设轴线点的固定标志，轴线点之间应构成矩形或十字形等，作为整个高层建筑的轴线控制网。各标志的上方每层楼板都预留孔洞，供吊锤线通过。投测时，在施工层楼面上的预留孔上安置挂有吊线坠的十字架，慢慢移动十字架，当吊锤尖静止地对准地面固定标志时，十字架的中心就是应投测的点，在预留孔四周做上标志即可，标志连线交点，即为从首层投上来的轴线点。同理测设其他轴线点。

使用吊线坠法进行轴线投测，经济、简单又直观，精度也比较可靠，但投测费时费力，正逐渐被下面所述的垂准仪法所替代。

3. 垂准仪法

垂准仪法就是利用能提供铅直向上（或向下）视线的专用测量仪器，进行竖向投测。常用的仪器有垂准经纬仪、激光经纬仪和激光垂准仪等。用垂准仪法进行高层建筑的轴线投测，具有占地小、精度高、速度快的优点，在高层建筑施工中用得越来越多。

垂准仪法也需要事先在建筑底层设置轴线控制网，建立稳固的轴线标志，在标志上方每

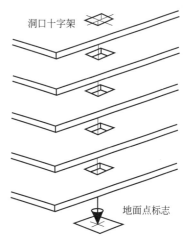

图 11-12　吊线坠法投测

层楼板都预留孔洞（大于 15cm×15cm），供视线通过，如图 11-13 所示。

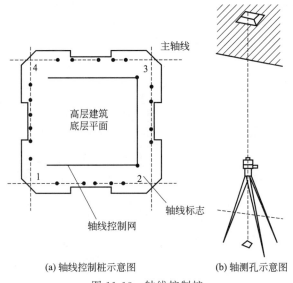

(a) 轴线控制桩示意图   (b) 轴测孔示意图

图 11-13 轴线控制桩

(1) 垂准经纬仪

如图 11-14(a) 所示，该仪器的特点是在望远镜的目镜位置上配有弯曲成 90°的目镜，使仪器铅直指向正上方时，测量员能方便地进行观测。此外该仪器的中轴是空心的，使仪器也能观测正下方的目标。

使用时，将仪器安置在首层地面的轴线点标志上，严格对中整平，由弯管目镜观测，当仪器水平转动一周时，若视线一直指向一点上，说明视线方向处于铅直状态，可以向上投测。投测时，视线通过楼板上预留的孔洞，将轴线点投测到施工层楼板的透明板上定点，为了提高投测精度，应将仪器照准部水平旋转一周，在明板上投测多个点，这些点应构成一个小圆，然后取小圆的中心作为轴线点的位置。同法用盘右再投测一次，取两次的中点作为最后结果。由于投测时仪器安置在施工层下面，因此在施测过程中要注意对仪器和人员的安全采取保护措施，防止落物击伤。

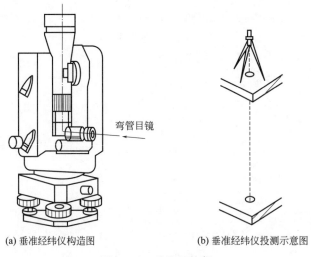

(a) 垂准经纬仪构造图   (b) 垂准经纬仪投测示意图

图 11-14 垂准经纬仪

知识拓展

垂准经纬仪

垂准经纬仪竖向投测方向观测中误差不大于±6″，即 100m 高处投测点位误差为±3mm，相当于约 1/30000 的铅垂度，能满足高层建筑对竖向的精度要求。

如果把垂准经纬仪安置在浇筑后的施工层上，将望远镜调成铅直向下的状态，视线通过楼板上预留的孔洞，照准首层地面的轴线点标志，也可将下面的轴线点投测到施工层上来，如图 11-14(b) 所示。该法较安全，也能保证精度。

（2）激光经纬仪

激光经纬仪（图 11-15）用于高层建筑轴线竖向投测，其方法与配弯管目镜的经纬仪是一样的，只不过是用可见激光代替人眼观测。投测时，在施工层预留孔中央设置用透明聚酯膜片绘制的接收靶，在地面轴线点处对中整平仪器，启动激光器，调节望远镜调焦螺旋，使投射在接收靶上的激光束光斑最小，再水平旋转仪器，检查接收靶上光斑中心是否始终在同一点，或划出一个很小的圆圈，以保证激光束铅直，然后移动接收靶使其中心与光斑中心或小圆圈中心重合，将接收靶固定，则靶心为欲投测的轴线点。

（3）激光垂准仪

如图 11-16 所示为苏州第一光学仪器厂生产的 DJ_2 激光垂准仪，主要由氦氖激光器、竖轴、水准管、锥座等部分组成。

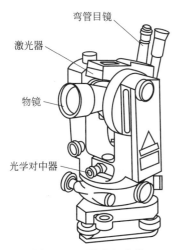

图 11-15　激光经纬仪

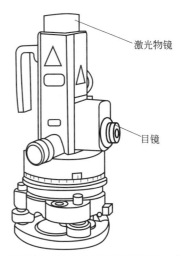

图 11-16　苏州第一光学仪器厂生产的 DJ_2 激光垂准仪

激光垂准仪用于高层建筑轴线竖向投测，其原理和方法与激光经纬仪基本相同，主要区别在于对中方法。激光经纬仪一般用光学对中器，而激光垂准仪用激光器尾部射出的光束进行对中。

四、高层建筑的高程传递

高层建筑各施工层的标高是由底层±0.000 标高线传递上来的。

1. 用钢尺直接测量

一般用钢尺沿结构外墙、边柱或楼梯间由底层±0.000 标高线向上竖直量取设计高差，即可得到施工层的设计标高线。用这种方法传递高程时，应至少由三处底层标高线向上传递，以便于相互校核。由底层传递到上面同一施工层的几个标高点必须用水准仪进行校核，检查各标高点是否在同一水平面上，其误差应不超过±3mm。合格后以其平均标高为准，作为该层的地面标高。若建筑高度超过一尺段（30m或50m），可每隔一个尺段的高度精确测设新的起始标高线，作为继续向上传递高程的依据。

2. 利用皮数杆传递高程

在皮数杆上自±0.000标高线起，门窗口、过梁、楼板等构件的标高都已注明。一层楼砌好后，则从一层皮数杆起一层一层往上接。

3. 悬吊钢尺法

在外墙或楼梯间悬吊一根钢尺，分别在地面和楼面上安置水准仪，将标高传递到楼面上。用于高层建筑传递高程的钢尺应经过检定，量取高差时尺身应铅直和用规定的拉力，并应进行温度改正。

第七节 竣工总平面图绘制

一、竣工测量包括的工作

建（构）筑物竣工验收时进行的测量工作，称为竣工测量。

在每一个单项工程完成后，必须由施工单位进行竣工测量，并提出该工程的竣工测量成果，作为编绘竣工总平面图的依据。

1. 工业厂房及一般建筑物

测定各房角坐标、几何尺寸，各种管线进出口的位置和高程，室内地坪及房角标高，并附注房屋结构层数、面积和竣工时间。

2. 地下管线

测定检修井、转折点、起终点的坐标，井盖、井底、沟槽和管顶等的高程，附注管道及检修井的编号、名称、管径、管材、间距、坡度和流向。

3. 架空管线

测定转折点、结点、交叉点和支点的坐标，支架间距、基础面标高等。

4. 交通线路

测定线路起终点、转折点和交叉点的坐标，路面、人行道、绿化带界线等。

5. 特种构筑物

测定沉淀池的外形和四角坐标、圆形构筑物的中心坐标、基础面标高、构筑物的高度或深度等。

二、绘制竣工总平面图的步骤

① 首先在图纸上绘制坐标方格网。绘制坐标方格网的方法、精度要求与地形测量绘制坐标方格网的方法、精度要求相同。

② 坐标方格网画好后，将施工控制点按坐标值展绘在图纸上。展点对所邻近的方格而言，其允许误差为±0.3mm，再根据坐标方格网，将设计总平面图的图面内容，按其设计坐标，用铅笔展绘于图纸上，作为底图。

③ 凡按设计坐标进行定位的工程，应以测量定位资料为依据，按设计坐标（或相对尺

寸）和标高展绘。对原设计进行变更的工程，应根据设计变更资料展绘。

④ 凡有竣工测量资料的工程，若竣工测量成果与设计值的误差，不超过所规定的定位允许误差时，按设计值展绘；否则，按竣工测量资料展绘。

⑤ 厂区地上和地下所有建筑物、构筑物如果都绘在一张竣工总平面图上，线条过于密集而不便于使用，可以采用分类绘图，如综合竣工总平面图、交通运输总平面图、管线竣工总平面图等。

 知识拓展

竣工总平面图

绘制竣工总平面图的比例尺一般采用 1：1000，如不能清楚地表示某些特别密集的地区，也可局部采用 1：500 的比例尺。

三、整饰竣工总平面图

竣工总平面图的符号应与原设计图的符号一致。有关地形图的图例应使用国家地形图图示符号。对于厂房，应使用黑色墨线绘出该工程的竣工位置，并应在图上注明工程名称、坐标、高程及有关说明。对于各种地上、地下管线，应用各种不同颜色的墨线，绘出其中心位置，并应在图上注明转折点及井位的坐标、高程及有关说明。对于没有进行设计变更的工程，用墨线绘出的竣工位置，与按设计原图用铅笔绘出的设计位置应重合，但其坐标及高程数据与设计值比较可能稍有出入。

随着工程的进展，逐渐在底图上将铅笔线都绘成墨线。

对于直接在现场指定位置进行施工的工程，以固定地物定位施工的工程，以及多次变更设计而无法查对的工程等，只能进行现场实测，这样测绘出的竣工总平面图，称为实测竣工总平面图。

竣工总平面图编绘完成后，应经原设计及施工单位技术负责人审核、会签。

四、竣工总平面图绘制的常见问题及防治措施

1. 竣工总平面图编制结果与实际情况不相符

（1）原因分析

① 在施工过程中，未及时收集每一单项工程的施工资料。

② 未熟悉了解竣工总平面图需绘编的内容。

③ 竣工总平面图绘编工作不认真。

（2）防治措施

① 施工过程中及时收集设计总平面图、单位工程平面图、纵横断面图和设计变更资料，定位测量资料、施工检查测量及竣工测量资料，绘编过程中应及时实地勘察复核原始资料的真实性，按实调整有关数据。

② 正确选用竣工总平面图比例尺：厂区内为（1：500）～（1：1000），厂区外为（1：1000）～（1：5000）。竣工总平面图坐标网格画好后应及时进行检查：相关交叉点是否在同一直线上，图廓的对角线绘制容差不超过 ±1mm；各展点对所邻近的方格容差不超过 ±3mm。

2. 竣工总平面图编制内容不齐全

（1）原因分析

① 在施工过程中，未能及时收集地下管网的隐蔽验收记录。

② 竣工总平面图上，内容仅局限于地表的建（构）筑物。

③ 竣工总平面图绘制精度不够。

（2）防治措施

竣工总平面图的绘编除构（建）筑物外还应包含下列内容。

① 总平面及交通运输竣工图。应绘出地面的建筑物、构筑物、公路、铁路、地面排水、沟渠、树木绿化等设施；矩形建筑物、构筑物在对角线两端外墙轴线交点，应注明两点以上坐标；圆形建筑物、构筑物应注明中心坐标及外半径尺寸；所有建筑物都应注明室内地坪标高；公路中心的起终点、交叉点，应注明坐标及标高，弯道应注明交角、半径及交点坐标，路面应注明材料及宽度；铁路中心线的起终点、交叉点，应注明坐标，在曲线上应注明曲线的半径、切线长、曲线长、外矢矩、偏角诸元素；铁路的起终点、变坡点及曲线的内轨轨面应注明标高。

② 给排水管道竣工图。应绘出地面给水建筑物、构筑物及各种水处理设施。在管道的结点处，当图上按比例绘制有困难时，可用放大样图表示。管道的起终点、交叉点、分支点，应注明坐标；变坡处应注明标高；变径处应注明管径及材料，不同型号的检查井，应绘详图。

排水管道应绘出污水处理构筑物、水泵站、检查井、跌水井、水封井、各种排水管道、雨水口、排出水门、化粪池以及明渠、暗渠等。检查井应注明中心坐标、出入口管底标高、井底标高、井台标高。管道应注明管径、材料、坡度。对不同类型的检查井应绘出详图。

③ 动力、工艺管道竣工图。应绘出管道及有关的建筑物、构筑物，管道的起终点、交叉点，注明坐标及标高、管径及材料；对于地沟埋设的管道，应在适当的地方绘出地沟断面，表示出沟的尺寸及沟内各种管道的位置。

④ 输电及通信线路竣工图。应绘出总变电所、配电站、车间降压变电所、室外变电装置、柱上变压器、铁塔、电杆、地下电缆检查井等；通信线路应绘出中继站、交接箱、分线盒（箱）、电杆、地下通信电缆、人孔等；各种线路的起终点、分支点、交叉点的电杆应注明坐标，线路与道路交叉处应注明净空高；地下电缆应注明深度及电缆沟的沟底标高；各种线路应注明线径、导线数、电压等数据，各种输变电设备应注明型号、容量；应绘出有关建筑物及铁路、公路。

⑤ 综合管线竣工图。应绘出所有地上、地下管道，主要建筑物、构筑物及铁路、道路；在管道密集及交叉处，应用剖面图表示其相互关系。

3. 竣工总平面图实测中的疏漏

（1）原因分析

① 竣工总平面图实测中的控制点选择不当。

② 实测范围不够明确。

③ 竣工总平面图实测方法不当造成实测精度不够。

（2）防治措施

① 总图实测应在已有的施工平面控制点和水准点上进行。当控制点被破坏或不够使用时，应进行恢复和补测控制点。

② 实测范围：根据平面图性质可划分为综合和分项竣工总平面图，实测范围应包含地上地下一切建筑物、构筑物和竖向布置及绿化情况等。

③ 对已有资料进行实地检测，其允许误差应符合国家现行有关施工验收规范的规定；建（构）筑物的竣工位置应根据控制点采用极坐标法或直角坐标法实测其坐标，实测精度应不低于建（构）筑物的定位精度。

第十二章

建筑施工变形测量监控

第一节　变形观测的目的与基本要求

一、建筑物变形观测概述

工程建筑物产生变形的原因有很多，最主要的原因有两个方面，一是自然条件及其变化，即由建筑物地基的工程地质、水文地质、土的物理性质、大气温度和风力等因素引起。例如，同一建筑物由于基础的地质条件不同，引起建筑物不均匀沉降，使其发生倾斜或裂缝。二是建筑物自身的原因，即建筑物本身的荷载、结构形式及动载荷（如风力、振动等）的作用。此外，勘测、设计、施工的质量及运营管理工作的不合理也会引起建筑物的变形。

变形测量的观测周期，应根据建（构）筑物的特征、变形速率、观测精度要求和工程地质条件等因素综合考虑，观测过程中，根据变形量的变化情况，应适当调整，一般在施工过程中，频率应大些，周期可以为三天、七天、十五天等，等竣工投产以后，频率可小一些，一般为一个月、两个月、三个月、半年及一年等周期，若遇特殊情况，还要临时增加观测的次数。

 知识拓展

变形观测

变形观测的任务就是周期性地对所设置的观测点（或建筑物某部位）进行重复观测以求得在每个观测周期内的变化量。若需测量瞬时变形，可采用各种自动记录仪器测定其瞬时位置。

变形观测的精度要求，应根据建筑物的性质、结构、重要性、对变形的敏感程度等因素确定。

通过变形观测可取得大量的可靠资料和数据，用于监视工程建筑物的状态变化和工作情况。若发生异常现象，可及时分析原因，采取加固措施或改变运营方式，以保证安全。除此以外，还可根据变形观测的数据，验证地基与基础的计算方法、工程结构的设计方法，合理规定不同地基与工程结构的允许变形值，为工程建筑物的设计、施工、管理和科学研究工作提供资料，以保证工程建筑物的合理设计、正确施工和安全使用。因此，大型或重要工程建筑物、构筑物，在进行工程设计时，应对变形测量统筹安排，施工开始时，即应进行变形观测，并一直持续到变形稳定时终止。

变形观测的内容，要求有明确的针对性，应根据建筑物的性质与地基情况来确定，既要有重点，又要做全面考虑，以便能全面而且正确地反映出建筑物的变化情况。

对工业与民用建筑物的基础而言，其主要的观测内容是测算绝对沉降量、平均沉降量、相对弯曲、相对倾斜、平均沉降速度以及绘制沉降分布图等。建筑物的地基变形特征值（沉降量、沉降差、倾斜、局部倾斜以及沉降速率等）是衡量地基变形发展程度与状况的重要标志。

对于建筑物本身来说，主要看变形是否影响房屋的正常使用，如是否产生裂缝、倾斜是否超出允许范围等。

对于工业设备、厂房柱子、导轨等，其主要观测内容是水平位移和垂直位移等。

在建筑施工过程中，一般采用精密水准仪进行沉降观测，采用经纬仪进行倾斜观测，其实测数据是建筑物工程质量检查的主要依据，也是竣工验收的主要技术档案之一。

建筑变形观测还包括：基坑回弹观测、地基土分层沉降观测、地基土变形相邻影响观测、场地沉降观测、裂缝观测、挠度观测和高层建筑的风振测量等。

二、变形观测基本要求

1. 变形测量主要任务

建筑的变形观测是对建筑以及地基所产生的沉降、倾斜、挠度、裂缝、位移等变形现象进行的测量工作。其任务就是周期性地对设置在建筑上的观测点进行重复观测，求得观测点位置的变化量，通过对这些变化量的分析，研究建筑的变形规律和原因，从而为建筑的设计、施工、管理和科学研究提供可靠的资料。

2. 需要进行变形测量的情况

属于下列情况之一者应进行变形测量。

① 地基基础设计等级为甲级的建筑。

② 复合地基或软弱地基上的设计等级为乙级的建筑。

③ 加层、扩建建筑。

④ 受邻近深基坑开挖施工影响或受场地地下水等环境因素变化影响的建筑。

⑤ 需要积累建筑经验或进行设计反分析的工程。

⑥ 因施工、使用或科研要求进行观测的工程。

3. 施工阶段的变形测量

施工阶段的变形测量包括以下几个主要项目。

① 施工建筑及邻近建筑变形测量。

② 邻近地面沉降监测、护坡桩位移监测、重要施工设备的安全监测等。

③ 地基基坑回弹观测和地基土分层沉降观测。

④ 因特殊的科研和管理等需要进行的变形测量。

4. 观测周期的确定

变形测量的观测周期应根据下列因素确定。

① 应能正确反映建筑的变形全过程。

② 建筑的结构特征。

③ 建筑的重要性。

④ 变形的性质、大小与速率。

⑤ 工程地质情况与施工进度。

⑥ 变形对周围建筑和环境的影响。

观测过程中，根据变形量的变化情况，观测周期可适当调整。

5. 变形测量的规定

以下所列几项是变形观测应该满足的内容。

① 在较短的时间内完成。

② 每次观测时宜采用相同的观测网形和观测方法，使用同一仪器和设备，固定观测人

员，在基本相同的环境和条件下观测（俗称"三固定"）。

③ 对所使用的仪器设备，应定期进行检验校正。

④ 每项观测的首次观测应在同期至少进行两次，无异常时取其平均值，以提高初始值的可靠性。

⑤ 周期性观测中，若与上次相比出现异常或测区受到地震、爆破等外界因素影响时，应及时复测或增加观测次数。

⑥ 记录相关的环境因素，包括荷载、温度、降水、水位等。

⑦ 采用统一基准处理数据。

三、变形监测项目

工业与民用建筑变形监测项目，应根据工程需要按表 12-1 选择。

表 12-1　工业与民用建筑变形观测项目

项目			主要检测内容		备注
场地			垂直位移		建筑施工前
基坑	支护边坡	不降水	垂直位移		回填前
			水平位移		
		降水	垂直位移		降水期
			水平位移		
			地下水位		
	地基		基坑回弹		基坑开挖期
			分层地基土沉降		主体施工前、竣工初期
			地下水位		降水期
建筑	基础变形		基础沉降		主体施工前、竣工初期
			基础倾斜		
	主体变形		水平位移		竣工初期
			主体倾斜		
			建筑裂缝		发现裂缝初期
			日照变形		竣工后

四、变形观测的精度要求

变形测量的等级划分及精度要求的具体确定，应根据设计、施工给定的或有关规范规定的建筑变形允许值，并顾及建筑结构类型、地基土的特征等因素进行选择，变形测量的等级划分与精度要求应符合表 12-2 的规定。

表 12-2　变形测量的等级划分与精度要求

变形测量等级	垂直位移		水平位移	适用范围
	变形点高程中误差/mm	变形点高差中误差/mm	变形点点位中误差/mm	
一级	±0.3	±0.1	±1.5	变形特别敏感的高层、高耸建、构筑物，精密高程设施，地下管线等

续表

变形测量等级	垂直位移		水平位移	适用范围
	变形点高程中误差/mm	变形点高差中误差/mm	变形点点位中误差/mm	
二级	±0.5	±0.3	±3.0	变形比较敏感的高层,高耸建、构筑物,精密高程设施,地下管线,隧道拱顶下沉,结构收敛等
三级	±1.0	±0.5	±6.0	一般性高层,高耸建、构筑物,地下管线等
四级	±2.0	±1.0	±12.0	观测精度要求低的构筑物,地下管线等

五、变形观测常见问题及防治措施

变形观测过程中常常会出现水准点布设不正确的现象。

（1）原因分析

① 水准点布设未考虑水准网沿建筑物闭合。

② 水准点布设未考虑现场的特殊性。

（2）防治措施

① 水准点数量应不少于 3 个,并组成水准网。

② 水准点尽量与观测点接近,其距离不应超过 100m,以保证观测的精度。

③ 水准点应布设在受震动区域以外的安全地点,以防止受到震动的影响。

④ 离开公路、铁路、地下管道和滑坡至少 5m,避免埋设在低洼积水处及松软土地带。

⑤ 为防止水准点受到冻胀的影响,水准点的埋置深度至少要在冰冻线以下 0.5m。

⑥ 对水准点要定期进行检测,以保证沉降观测成果的正确性。

第二节　变形观测网点布置

在建筑的施工过程中,随着上部结构的逐渐完成,地基荷载逐步增加,将使建筑产生下沉现象,这就要求应定期地对建筑上设置的沉降观测点进行水准测量,测得其与水准基点之间的高差变化值,分析这些变化值的变化规律,从而确定建筑的下沉量及下沉规律,这就是建筑的沉降观测。

一、变形监测网的网点

变形监测网的网点,宜分为基准点、工作基点和变形观测点,其布设应符合下列要求。

1. 基准点

应选在变形影响区域之外稳固可靠的位置。每个工程至少应有 3 个基准点。大型的工程项目,其水平位移基准点应采用带有强制归心装置的观测墩,垂直位移基准点宜采用双金属标或钢管标。

2. 工作基点

应选在比较稳定且方便使用的位置。设立在大型工程施工区域内的水平位移监测工作基点宜采用带有强制归心装置的观测墩,垂直位移监测工作基点可采用钢管标。对通视条件较好的小型工程,可不设立工作基点,在基准点上直接测定变形观测点。

3. 变形观测点

应设立在能反映监测体变形特征的位置或监测断面上，监测断面一般分为关键断面、重要断面和一般断面。需要时，还应埋设一定数量的应力、应变传感器。

二、水准点布设和水准点的形式及埋设

1. 水准点布设

建筑的沉降观测是根据建筑附近的水准点进行的，所以这些水准点必须坚固稳定。为了对水准点进行相互校核，防止其本身产生变化，水准点的数目应尽量不少于 3 个，以组成水准网。对水准点要定期进行高程检测，以保证沉降观测成果的正确性。在布设水准点时应考虑以下所列几项因素。

① 水准点应尽量与观测点接近，其距离不应超过 100m，以保证观测的精度。

② 水准点必须设置在建筑物或构筑物基础沉降影响范围以外，并且避开交通管线、机械振动区以及容易破坏标石的地方。

③ 离开公路、铁路、地下管道和滑坡至少 5m。避免埋设在低洼易积水处及松软土地带。

④ 为防止水准点受到冻胀的影响，水准点的埋设深度至少要在冰冻线下 0.5m。

 知识拓展

<hr>

水准点的埋设

在一般情况下，可以利用工程施工时使用的水准点，作为沉降观测的水准基点。如果由于施工场地的水准点离建筑较远或条件不好，为了便于进行沉降观测和提高精度，可在建筑附近另行埋设水准基点。

2. 水准点的形式与埋设

沉降观测水准点的形式与埋设要求，一般与三、四等水准点相同，但也应根据现场的具体条件、沉降观测在时间上的要求等确定。

当观测急剧沉降的建筑和构筑物时，若建造水准点已来不及，可在已有房屋或结构物上设置标志作为水准点，但这些房屋或结构物的沉降必须证明已经达到终止。在山区建设中，建筑附近常有基岩，可在岩石上凿一个洞，用水泥砂浆直接将金属标志嵌固于岩层之中，但岩石必须稳固。当场地为砂土或其他不利情况时，应建造深埋水准点或专用水准点。

三、观测点的布设

沉降观测点的布设应能全面反映建筑的地基变形特征，并结合地质情况以及建筑结构特点确定。观测点宜选择在下列位置进行布设。

① 建筑的四角、大转角处及沿外墙每 10～15m 处或每隔 2～3 根柱基上。

② 高低层建筑、新旧建筑、纵横墙等交接处的两侧。

③ 建筑裂缝和沉降缝两侧、基础埋深相差悬殊处、人工地基与天然地基接壤处、不同结构的分解处以及填挖分界处。

④ 宽度大于等于 15m 或小于 15m 而地质复杂以及膨胀土地区的建筑，在承重内隔墙中部设内墙点，在室内地面中心及四周设地面点。

⑤ 邻近堆置重物处、受震动有显著影响的部位及基础下的暗沟处。

⑥ 框架结构建筑的每个或部分柱基上或沿纵横轴线设点。

⑦ 片筏基础、箱形基础底板或接近基础的结构部分的四角处及其中部位置。

⑧ 重型设备基础和动力设备基础的四角、基础形式或埋深改变处以及地质条件变化处两侧。

⑨ 电视塔、烟囱、水塔、油罐、炼油塔、高炉等高耸建筑，沿周边在与基础轴线相交的对称位置上布点，点数不少于 4 个。

四、观测点的形式与埋设

1. 民用建筑沉降

观测点的形式和埋设：民用建筑沉降观测点，一般设置在外墙勒脚处。观测点埋在墙内的部分应大于露出墙外部分的 5～7 倍，以便保持观测点的稳定性。常用观测点如下。

① 预制墙式观测点：混凝土预制，大小为普通黏土砖规格的 1～3 倍，中间嵌以角钢，角钢棱角向上，并在一端露出 50mm。在砌砖墙勒脚时，将预制块砌入墙内，角钢露出端与墙面夹角为 50°～60°，如图 12-1 所示。

② 如图 12-2 所示，利用直径 20mm 的钢筋，一端弯成 90°角，一端制成燕尾形埋入墙内。

③ 如图 12-3 所示，用长 120mm 的角钢，在一端焊一个铆钉头，另一端埋入墙内，并以 1∶2 的水泥砂浆填实。

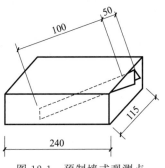

图 12-1 预制墙式观测点

2. 设备基础观测点的形式及埋设

一般利用铆钉或钢筋来制作，然后将其埋入混凝土中，其形式主要有垫板式、弯钩式、燕尾式、U 字式。

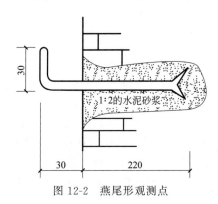

图 12-2 燕尾形观测点

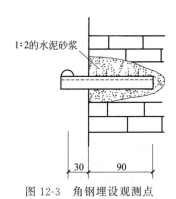

图 12-3 角钢埋设观测点

📚 **知识拓展**

观测点的布置

如观测点使用期长，应埋设有保护盖的永久性观测点。对于一般工程，如因施工紧张而观测点加工不及时，可用直径 20～30mm 的铆钉或钢筋头（上部锉成半球状）埋置于混凝土中作为观测点。

在埋设观测点时应注意下列事项。

① 铆钉或钢筋埋在混凝土中露出的部分，不宜过高或太低，高了易被碰斜撞弯；低了不易寻找，而且水准尺置在观测点上会与混凝土面接触，影响观测质量。

② 观测点应垂直埋设，与基础边缘的间距不得小于 50mm，埋设后将四周混凝土压实，待混凝土凝固后用红油漆编号。

③ 埋点应在基础混凝土将达到设计标高时进行。如混凝土已凝固须增设观测点时，可用钢凿在混凝土面上确定的位置凿一个洞，将标志埋入，再以 1∶2 的水泥砂浆灌实。

3. 柱基础及柱身观测点

柱基础沉降观测点的形式和埋设方法与设备基础相同。但是当柱子安装后进行二次灌浆时，原设置的观测点将被砂浆埋掉，因而必须在二次灌浆前，及时在柱身上设置新的观测点。柱身观测点的形式及设置方法如下。

（1）钢筋混凝土柱

用钢凿在柱子±0.000 标高以上 10～50cm 处凿洞（或在预制时留孔），将直径 20mm 以上的钢筋或铆钉制成弯钩形，平向插入洞内，再以 1∶2 的水泥砂浆填实，如图 12-4（a）所示，也可采用角钢作为标志，埋设时使其与柱面成 50°～60°的倾斜角，如图 12-4（b）所示。

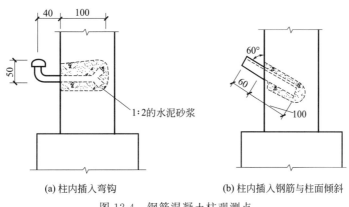

(a) 柱内插入弯钩　　　　　　(b) 柱内插入钢筋与柱面倾斜

图 12-4　钢筋混凝土柱观测点

（2）钢柱

将角钢的一端切成使脊背与柱面成 50°～60°的倾斜角，将此端焊在钢柱上。或者将铆钉弯成钩形，将其一端焊在钢柱上。

在柱子上设置新的观测点时应注意以下事项。

① 新的观测点应在柱子校正后二次灌浆前，将高程引测至新的观测点上，以保持沉降观测的连贯性。

② 新旧观测点的水平距离不应大于 1.5m，以保证新旧点的观测成果的相互联系。新旧观测点的高差不应大于 1.5m，以免由旧点高程引测于新点时，因增加转点而产生误差。

③ 观测点与柱面应有 30～40mm 的空隙，以便于放置水准尺。

④ 在混凝土柱上埋标时，埋入柱内的长度应大于露出的部分，以保证点位的稳定。

五、变形观测网点布置的常见问题及防治措施

变形观测网点布置常常会出现观测点的形式与埋设不合理的现象。

（1）原因分析

施工单位未注意沉降观测工作，观测点制作与埋设不认真。

（2）防治措施

① 观测点制作要求：牢固稳定，确保点位安全，能长期保存，其上部必须为凸出的半球形状或有明显的凸出之处，与柱身或墙身保持一定的距离，要保证在顶上能垂直置尺和良

好的通视条件。

② 一般民用建筑沉降观测点，设置在外墙勒脚处。观测点埋在墙内的部分大于露在墙外部分的 5～7 倍，以保证观测点的稳定性。

③ 设备基础观测点的埋设一般可利用铆钉或钢筋来制作，然后将其预埋在混凝土内。如观测点使用期长，应设有保护盖。埋设观测点时应保证露出的部分，不宜过高或太低，高了易被碰斜撞弯；低了不易寻找，以防水准尺置在点上与混凝土面接触，影响观测质量。

④ 柱基础观测点的形式和埋设方法与设备基础相同，但当柱子安装进行二次浇筑后，原设置的观测点将被埋掉，因而必须及时在柱身上设置新观测点，并及时将高程引测到新的观测点上，以保证沉降观测的连贯性。

第三节　建筑物沉降观测

沉降观测就是定期地测量观测点相对于水准点的高差以求得观测点的高程，并将不同时期所测得的高程加以比较，得出建筑物沉降情况的资料。将不同时期所测得的同一观测点的高程加以比较（有时也需要比较同一时期各观测点之间相对高程），由此得到建筑物或设备基础的沉降量。

一、沉降观测的方法

沉降观测常采用的方法是水准测量。对于中、小型厂房和土工建筑物，采用普通水准测量进行沉降观测；对于高大、重要的混凝土建筑物，采用精密水准测量的方法（要求其沉降观测的中误差不大于 1mm，常采用一、二等水准测量）。

二、沉降观测的基本要求

1. 工作内容和范围

对于沉降测量，根据不同观测对象确定工作内容和范围，应符合下列规定。

① 建筑沉降观测应测定其地基的沉降量、沉降差，并计算沉降速度和建筑的倾斜度。

② 基坑回弹观测应测定在基坑开挖后，由于卸除地基土自重而引起的基坑内外影响范围内相对于开挖前的回弹量。

③ 地基土分层沉降观测应测定地基内部各分层土的沉降量、沉降速度以及有效压缩层的厚度。

④ 建筑场地沉降观测，应分别测定建筑相邻影响范围之内的相邻地基沉降，以及与建筑相邻影响范围之外的场地地面沉降。

2. 沉降周期数

沉降观测的时间和次数，应根据工程性质、工程进度、地基土质情况及基础荷重增加情况等确定。

（1）在施工期间沉降观测次数

① 当埋设的沉降观测点稳固后，在建筑主体开工之前，进行第一次观测。

② 在建筑主体施工过程中，一般每盖 1～2 层观测一次。

③ 施工过程中如暂时停工，在停工时及重新开工时应各观测一次。停工期间，可每隔 2～3 个月观测一次。

④ 较大荷重增加前后，均应进行观测，如基础浇灌、回填土、安装柱子、房架、设备安装、设备运转、工业炉砌筑期间、烟囱每增加 15m 左右等。

⑤ 在观测过程中，如果基础附近地面荷载突然增减、基础四周大量积水、长时间连续降雨等情况，应及时增加观测次数。当建筑突然发生大量沉降、不均匀沉降或严重裂缝时，应立即进行逐日或几天一次的连续观测。

（2）结构封顶至工程竣工

沉降观测周期宜符合下列规定。

① 均匀沉降且连续三个月内平均沉降量不超过 1mm 时，每三个月观测一次。

② 连续两次每三个月平均沉降量不超过 2mm 时，每六个月观测一次。

③ 外界发生剧烈变化时应及时观测。

④ 交工前观测一次。

⑤ 交工后建设单位应每六个月观测一次，直至基本稳定为止。

工业厂房或多层民用建筑的沉降观测总次数，不应少于 5 次。竣工后的观测周期，可根据建筑的稳定情况确定。

3. 测站作业规定

沉降观测要求较高，测站作业应遵守下列规定。

① 观测应在成像清晰、稳定时进行。

② 仪器离前、后视水准尺的距离要用皮尺丈量，或用视距法测量，视距一般不应超过50m。前、后视距应尽可能相等。

③ 前、后视观测最好用同一根水准尺。

④ 前视各点观测完毕以后，应回视后视点，最后应闭合于水准点上。

三、沉降观测的具体措施和精度要求

1. 水准点和观测点的设置

① 水准点的设置。

水准点作为沉降观测的基准，其形式和埋设要求及观测方法均与三、四等水准测量相同。水准点高程应从建筑区永久水准基点引测，其埋设还应符合下列要求。

a. 应布设在沉降影响范围之外，距沉降观测点不超过 100m。

b. 宜设置在基岩上，或设置在压缩性较低的土层上，并避开道路、河岸等处，以保持其稳定性。

c. 为保证水准点高程的正确性和便于相互检核，水准点一般不应少于三个。

d. 在冰冻地区，水准点应埋设在冰冻线以下 0.5m。

② 若施工水准点能满足沉降观测的精度要求，可作为沉降观测水准点之用。

③ 沉降观测点的设置。

设置沉降观测点，应能够反映建（构）筑物变形特征和变形明显的部位标志应稳定、明显、结构合理，不影响建（构）筑物的美观和使用。点位应避开障碍物，便于观测和长期保存。

建（构）筑物的沉降观测点，应按设计图纸埋设，并符合下列要求。

a. 建筑物四角或沿外墙每 10～15m 处或每隔 2～3 根柱基上。

b. 裂缝、沉降缝或伸缩缝的两侧，新旧建筑物或高低建筑物应在纵横墙交接处。

c. 人工地基和天然地基的接界处，建筑物不同结构的分界处。

d. 烟囱、水塔和大型储藏罐等高耸构筑物的基础轴线的对称部位，每一构筑物不得少于 4 个点。

建筑物、构筑物的基础沉降观测点，应埋设于基础底板上。基坑回弹观测时，回弹观测点宜沿基坑纵横轴线或能反映回弹特征的其他位置上设置。回弹观测的标志，应埋入基底面10～20cm。

地基土的分层沉降观测点，应选择在建筑物、构筑物的地基中心附近。观测标志的深度，最浅的应在基础底面 50cm 以下，最深的应超过理论上的压缩层厚度。

建筑场地的沉降点布设范围，宜为建筑物基础深度的 2～3 倍，并应由密到疏布点。

2. 建筑物的沉降观测

（1）沉降观测的时间

沉降观测的时间和次数，应根据工程性质、工程进度、地基的土质情况及基础荷重增加情况决定。

一般建筑物的沉降观测周期为：观测点埋设稳固后，且在建（构）筑物主体开工前，即进行第一次观测；主体施工过程中，荷重增加前后（如基础浇灌、回填土、安装柱子、房架、砖墙每砌筑一层楼，设备安装及运转等）均应进行观测；如施工期间中途停工时间较长，应在停工时和复工前进行观测；当基础附近地面荷重突然增加，周围积水及暴雨后，或周围大量挖方等均应观测。工程竣工后，一般每月观测一次，如果沉降速度减缓，可改为2～3 个月观测一次，直到沉降量 100 天不超过 1mm 时，观测才可停止。

📚 知识拓展

沉降观测的具体措施如下。

① 当水准基点、工作基点和沉降观测点埋设稳定以后（一般 7～10 天）即可进行观测。对于埋设在基础上的观测点，在埋设之后就开始第一次观测，往后随着荷重的逐步增加，重复进行观测。在运行期间重复观测的周期应根据沉降的快慢而定，每月、每季、每半年或每年观测一次，一直到沉降完全停止为止。工业与民用建筑物的沉降观测是将水准工作基点和沉陷观测点组成闭合或符合水准路线。

② 在不同的观测周期中，仪器应安置在同一位置上，使用同一台仪器和同一对标尺，并由固定人员操作，在观测条件变化不大的情况下进行测量，以便削弱系统误差的影响。

基础沉降观测在浇灌底板前和基础浇灌完毕后应至少各进行一次。回弹观测点的高程，宜在基坑开挖前、开挖后及浇灌基础之前，各测定一次。地基土的分层沉降观测，应在基础浇灌前开始。

（2）沉降观测方法

沉降观测法视沉降观测点的精度要求而定，观测的方法有：一、二等水准测量，液体静力水准测量，微水准测量，三角高程测量等。其中最常用的是水准测量方法。

对于多层建筑物的沉降观测，可采用 S_3 水准仪，用普通水准测量方法进行。对于高层建筑物的沉降观测，则应采用 S_1 精密水准仪，用二等水准测量方法进行。为了保证水准测量的精度，每次观测前，对所使用的仪器和设备，应进行检验校正。观测时视线长度一般不得超过 50m，前、后视距离要尽量相等，视线高度应不低于 0.3m。

沉降观测的各项记录，必须注明观测时的气象情况和荷载变化。

（3）沉降观测的工作要求

沉降观测是一项较长期的连续观测工作，为了保证观测成果的正确性，应尽可能做到"四定"，具体内容如下：

① 固定观测人员；

② 使用固定的水准仪和水准尺；

③ 使用固定的水准基点；

④ 按规定的日期、方法及既定的路线、测站进行观测。

3.观测精度要求

对于大型建筑及基础，《工程测量规范》（GB 50026—2007）规定：垂直位移的测量，可视需要按变形点的高程中误差或相邻点高差中误差确定测量等级。例如，变形测量等级为二等的垂直位移测量，主要针对变形比较敏感的高层建筑、高耸构筑物、古建筑、重要工程设施和重要建筑场地的滑坡监测等，要求垂直位移测量变形点高程中误差不超过±0.5mm，相邻变形点高差中误差不超过±0.3mm。

闭合差分配方法：由于在观测各个基础时水准路线往往不是很长，而且闭合差一般不会超过1～2mm，可按平均分配；若观测点之间的距离相差很大，则闭合差可以按距离成比例地分配。

四、沉降观测的成果整理

每次观测结束后，应检查记录中的数据和计算是否准确，精度是否合格，然后把每次观测点的高程，列入沉降观测成果表中，并计算两次观测之间的沉降量和累计沉降量，同时也要注明日期及荷载情况。为了更清楚地表示出沉降、荷载和时间三者之间的关系，可画出各观测点的荷载、时间、沉降量曲线图。

在沉降观测工作中常会遇到一些矛盾现象，需要分析原因，进行合理处理，下面是一些常见问题及其处理方法，见表12-3。

表 12-3　常见问题及处理方法

常见问题	解决方法
曲线在首次观测后即发生回升现象	在第二次观测时发现曲线上升，至第三次后，曲线又逐渐下降。发生此种现象，一般都是由于首次观测成果存在较大误差所引起的。此时，应将第一次观测成果作废，而采用第二次观测成果作为首次观测成果
曲线在中间某点突然回升	发生此种现象的原因，多半是因为水准基点或沉降观测点被碰所致，如水准基点被压低，或沉降观测点被撬高，此时，应仔细检查水准基点和沉降观测点的外观有无损伤。如果众多沉降观测点出现此种现象，则水准基点被压低的可能性很大，此时可改用其他水准点作为水准基点来继续观测，并再埋设新水准点，以保证水准点数量不少于三个。如果只有一个沉降观测点出现此种现象，则多半是该点被撬高，如果观测点被撬后已活动，则需另行埋设新点，若点位尚牢固，则可继续使用，对于该点的沉降计算，则应进行合理处理
曲线自某点起渐渐回升	产生此种现象一般是由于水准基点下沉所致。此时，应根据水准点之间的高差来判断出最稳定的水准点，以此作为新水准基点，将原来下沉的水准基点废除。另外，埋在裙楼上的沉降观测点，由于受主楼的影响，有可能会出现属于正常的逐渐回升现象
曲线的波浪起伏现象	曲线在后期呈现微小波浪起伏现象，其原因是测量误差所造成的。曲线在前期波浪起伏之所以不突出，是因为下沉量大于测量误差之故；但到后期，由于建筑物下沉极微或已接近稳定，因此在曲线上就出现测量误差比较突出的现象。此时，可将波浪曲线改成为水平线，并适当地延长观测的间隔时间

五、建筑物沉降观测的常见问题及防治措施

1.沉降观测次数和时间不当

（1）原因分析

① 施工期间沉降观测次数安排不合理，导致观测结果不能准确反映沉降曲线的细部变化。

② 工程移交后沉降观测时间安排不合理，掌握工程沉降情况不准确、不及时。

（2）防治措施

① 施工期间较大荷重增加前后，如基础浇筑、回填土、安装柱子、结构每完成1层、

设备安装、设备运转、工业炉砌筑期间、烟囱每增加 15m 左右等，均应进行观测。

②如果施工期间中途停工时间较长，应在停工时和复工后分别进行观测。

③当基础附近地面荷重突然增加，周围大量积水及暴雨后，或周围大量挖土方等，均应观测。

④工程投入生产后，应连续进行观测，可根据沉降量大小和速度确定观测时间的间隔，在开始时间隔可短一些，以后随着沉降速度的减慢，可逐渐延长，直至沉降稳定为止。

⑤施工期间，建筑物沉降观测的周期，高层建筑每增加 1～2 层应观测一次，其他建筑的观测总次数不应少于 5 次。竣工后的观测周期，可根据建筑物的稳定情况确定。

2. 沉降观测的线路不正确

（1）原因分析

观测前未到现场进行统筹规划，确定线路和安置仪器的位置，人员不固定，不重视固定观测线路的工作。

（2）防治措施

对观测点较多的建筑物、构筑物进行沉降观测前，应到现场进行勘察规划，确定安置仪器的位置，选定若干较稳定的沉降观测点或其他固定点作为临时水准点（转点），并与永久水准点组成环路，最后根据选定的临时水准点设置仪器的位置以及观测线路，绘制沉降观测线路图，以后每次都按固定的线路观测。在测定临时水准点高程的同时应校核其他沉降观测点。

第四节　建筑物水平位移观测

一、水平位移监测网及精度要求

水平位移监测网可采用建筑基准线、三角网、边角网、导线网等形式，宜采用独立坐标系统，并进行一次布网。

1. 控制点埋设

控制点埋设应符合下列规定。

①基准点应埋设在变形影响范围以外，坚实稳固，便于保存。

②通视良好，便于观测与定期检验。

③宜采用有强制归心装置的观测墩，照准标志宜采用有强制对中装置的觇标。

2. 水平位移变形观测点

水平位移变形观测点应布设在建筑物中的以下部位。

①建筑的主要墙角和柱基上以及建筑沉降缝的顶部与底部。

②当有建筑裂缝时，还应布设在裂缝的两边。

③大型构筑物的顶部、中部和下部。

二、基准线法测定建筑的水平位移

当要测定某大型建筑的水平位移时，可以根据建筑的形状和大小，布设各种形式的控制网进行水平位移观测，当要测定建筑在某一特定方向上的位移量时，这时可以在垂直于待测定的方向上建立一条基准线，定期地测量观测标志偏离基准线的距离，就可以了解建筑的水平位移情况。

建立基准线的方法有视准线法、引张线法和激光准直法。

1. 视准线法

由经纬仪的视准面形成基准面的基准线法，称为视准线法。视准线法又分为直接观测法、角度变化法（即小角法）和移位法（即活动觇标法）三种。

（1）基本要求

采用视准线法进行水平位移观测宜符合下列规定：

① 应在建筑的纵、横轴（或平行纵、横轴）方向线上埋设控制点；

② 视准线上应埋设三个控制点，间距不小于控制点至最近观测点间的距离，且均应在变形区以外；

③ 观测点偏离基准线的距离不应大于20mm；

④ 采用经纬仪、全站仪、电子经纬仪投点法和小角度法时，应对仪器竖轴倾斜进行检验。

（2）直接观测法

可采用 J_2 级经纬仪正倒镜投点的方法直接求出位移值，简单且直接，为常用的方法之一。

（3）小角法

小角法是利用精密光学经纬仪，精确测出基准线与置镜端点到观测点视线之间所夹的角度。由于这些角度很小，观测时只旋转水平微动螺旋即可。

（4）活动觇标法

该法是直接利用安置在观测点上的活动觇标来测定偏离值，其专用仪器设备为精密视准仪、固定觇标和活动觇标。施测步骤如下。

① 将视准仪安置在基准线的端点上，将固定觇标安置在另一端点上。

② 将活动觇标仔细地安置在观测点上，视准仪瞄准固定觇标后，将方向固定下来，然后由观测员指挥观测点上的工作人员移动活动觇标，待觇标的照准标志刚好位于视线方向上时，读取活动觇标上的读数。然后再移动活动觇标从相反方向对准视准线进行第二次读数，每定向一次要观测四次，即完成一个测回的观测。

③ 在第二测回开始时，仪器必须重新定向，其步骤相同，一般对每个观测点需进行往测、返测各2～6个测回。

2. 引张线法

引张线法是在两固定端点之间用拉紧的金属丝作为基准线，用于测定建筑水平位移。引张线的装置由端点、观测点、测线（不锈钢丝）与测线保护管四部分组成。

在引张线法中假定钢丝两端固定不动，则引张线是固定的基准线。由于各观测点上的标尺是与建筑体固定连接的，所以对于不同的观测周期，钢丝在标尺上的读数变化值，就是该观测点的水平位移值。引张线法常用在大坝变形观测中，引张线安置在坝体廊道内，不受旁折射和外界影响，所以观测精度较高，根据生产单位的统计，三测回观测平均值的中误差可达0.03mm。

3. 激光准直法

激光准直法可分为激光束准直法和波带板激光准直系统两类。

（1）基本要求

采用激光准直法进行水平位移观测宜符合下列规定。

① 激光器在使用前，必须进行检验校正，使仪器射出的激光束轴线、发射系统轴线和望远镜视准轴三者共轴，并使观测目标与最小激光斑共焦。

② 对于要求具有 $10^{-5} \sim 10^{-4}$ 量级准直精度时，宜采用 DJ_2 型激光经纬仪；对要求达到 10^{-6} 量级准直精度时，宜采用 DJ_1 型激光经纬仪。

③ 对于较短距离（如数十米）的高精度准直，宜采用衍射式激光准直仪或连续成像衍射板准直仪；对于较长距离（如数百米）的高精度准直，宜采用激光衍射准直系统或衍射频谱成像及投影成像激光准直系统。

⊜ 知识拓展

激光经纬仪准直测量的操作要点：在基准线两端点上分别安置激光经纬仪和光电探测仪，将光电探测仪的读数安置到零上，移动经纬仪激光束的方向，瞄准光电探测仪，使其检流器指针为零，固定经纬仪水平方向不动；依次将望远镜的激光束射到安置于每个观测点的光电探测仪上，移动光电探测仪，使其检流表指针指零，即可读取每个观测点相对于基准面的偏离值；为了提高观测精度，在每个观测点上探测仪探测需进行多次。

（2）激光束准直法

它是通过望远镜发射激光束，在需要准直的观测点上用光电探测器接收。由于这种方法是以可见光束代替望远镜视线，用光电探测器探测激光光斑能量中心，所以常用于施工机械导向的自动化和变形观测。

（3）波带板激光准直系统

波带板是一种特殊设计的屏，它能把一束单色相干光会聚成一个亮点。波带板激光准直系统由激光器点光源、波带板装置和光电探测器或自动数码显示器三部分组成。第二类方法的准直精度高于第一类，可达 $10^{-7} \sim 10^{-6}$ 以上。

三、前方交会法测定建筑物的水平位移

前方交会法测定建筑物位移主要适用于拱坝、曲线桥梁、高层建筑等的位移观测。

1. 前方交会的布设要求

① 对交会角 γ 的要求：为保证纵向和横向误差较差不超过限值，$60° < \gamma < 150°$ 为宜。

② 对测站点之间距离的测定要求：一般不小于交会边的长度。当交会边长在 100m 左右时，用 J_1 经纬仪观测六个测回，则像点位移值测定中误差不超过 1mm，所以对测站点之间距离的测定要求不高。

③ 对测站点本身的要求：稳固可靠。

2. 测站点和观测点的标志结构

① 测站点的标志结构：采用与视准线法端点结构相同的观测墩。

② 观测点的标志结构：应埋设适用于不同方向照准的标志。在设计时应考虑：反差大，一般以反色作底、黑色作图案；图案应对称；美观大方、便于安置。

3. 实际作业中的注意事项

采用 J_1 经纬仪，用全圆方向法进行观测；观测中由同一观测员用同一仪器按同一观测方案进行观测；对仪器、觇标采用强制对中、消除偏心误差。

四、建筑物水平位移观测的常见问题及防治措施

1. 沉降与变形曲线在首次观测后发生回升现象

（1）原因分析

由于第一次观测精度不高，使观察结果存在较大误差。

（2）防治措施

① 使用的仪器必须是经有资质的检验单位检定合格的仪器。

② 观测过程中要"三固定"：仪器固定，人员固定，观测线路固定。

③ 如曲线回升超过 5mm，应将第一次观测结果废除，而采取第二次观测结果为初测结果；如果曲线回升在 5mm 以内，则调整初测标高与第二次观测标高一致。

2. 沉降变形曲线在中间某点突然回升

（1）原因分析

① 沉降观测过程中，水准点被碰松动，出现水准点低于被碰前的标高。

② 沉降观测过程中，观测点被碰，致使观测点被碰后高于被碰前的标高。

（2）防治措施

① 在建筑施工的全过程中，都应注意对观测点和水准点的保护工作，可以采用砌筑黏土砖挡土墙的方法加以保护，高度超过观测点 10cm，在其上用预制盖板覆盖保护，并做出明显警示标识，预防搬运材料时遭到人为碰动。

② 建筑物在交工前应对水准点和观测点，采用与建筑物外观效果相协调的活动装饰板（盒）加以保护，并做到坚固耐久，方便使用。

③ 如果水准点被碰动破坏，应改用其他水准点继续观测。并在其附近重新埋设观测点，通过引测复核计算出该点的相对标高，办理签证记录后，再继续观测。而该点该次沉降量，可选择与该点结构、荷重及地质情况都相同且邻近的另两个沉降观测点，同期的平均值沉降量作为被碰观测点的沉降量。再次设置观测点时，应接受教训，做到方便使用，便于保护。

第五节　建筑物倾斜观测

建筑物倾斜观测的方法有两类：一类是直接测定建筑物的倾斜；另一类是通过测量建筑物基础相对沉降的方法来确定建筑物的倾斜。

一、直接测定建筑物的倾斜

1. 悬吊锤球的方法

根据其偏差值可直接确定出建筑物的倾斜。由于高层建筑物、水塔、烟囱等上面无法固定悬挂锤球，因此只能采用经纬仪投影法和测量水平角的方法来测定它们的倾斜。

2. 经纬仪投影法

如图 12-5 所示，根据建筑物的设计，A 点与 B 点位于同一竖直线上，当建筑物发生倾斜时，则 A 点相对 B 点移动了某一数值 a，则该建筑物的倾斜为

$$I = \tan\alpha = \frac{a}{h}$$

为了确定建筑物的倾斜，必须量出 a 和 h 的数值，其中 h 的数值一般为已知；当 h 为未知时，则可对着建筑物设置一条基线，用三角测量的方法测定。此时经纬仪应设置在离建筑物较远的地方（距离最好在 $1.5h$ 以上），以减少仪器极轴不垂直的影响。

对于 a 值而言，如果 A' 是屋角的标志，可用经纬仪投影 B 点的水平面上面量得。投影时经纬仪要在固定测站上很好地对中，并严格整平，用盘左、盘右两个度盘位置往下投影，取其中点，并量取中点于 B 点在

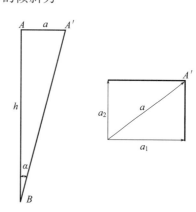

图 12-5　经纬仪投影法

视线方向的偏离值 a_1；再将经纬仪移到与原观测方向约成 90°的方向上，用同样的方法求得与视线垂直方向 a_2 值。然后用矢量相加的方法，即可求得该建筑物的偏歪值 a。

$$a = a_1 + a_2$$

3. 测量水平角的方法

如图 12-6 所示为烟囱倾斜测定。在离烟囱 50～100m 远、互相垂直的方向上标定两个固定标志作为测站（测站1、测站2）。在烟囱上标出作为观测用的标识点1、2、3 和 4，同时选择通视良好的远方不动点 M_1 和 M_2 作为定向方向。

然后从测站1 用经纬仪测量水平角（1）～（4），并计算半合角[（1）+（2）]/2 及[（2）+（3）]/2，它们分别表示烟囱上部中心 a 和烟囱勒脚部分中心 b 的方向。

知道测站1 至烟囱中心的距离，根据 a 与 b 的方向差，可计算分量 a_1。同样在测站2 上观测水平面（5）～（8），重复前述计算，得到另一个相对位移分量 a_2，用矢量相加的办法求得烟囱上部相对于勒脚部分的偏移值 a。最后可求得烟囱的倾斜度。

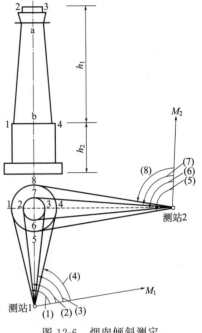

图 12-6　烟囱倾斜测定

二、用测定建筑物基础相对沉降的方法来确定建筑物的倾斜

1. 建筑物基础倾斜是建筑物倾斜的原因

由于建筑物基础各部分的地质条件不同、建筑物本身的结构关系、建筑物各部分的混凝土重量不等以及地基失去原有的平衡条件，这些因素都会使建筑物基础产生不均匀沉降（即基础倾斜），从而使得建筑物产生倾斜。

2. 倾斜观测点的位置设置

布设时应与沉降观测点配合起来进行布置。通过对这些点的相对沉降观测，可获得基础倾斜的资料。

3. 测定基础倾斜常用的方法

① 用水准测量的方法测定两个观测点的相对沉降，由相对沉降与两点间距离之比换算成倾斜角。

② 用液体静力水准测量方法测定倾斜。测设实质：利用液体静力水准仪测定两点的高差，它与两点间距离之比，即为倾斜度。要测定建筑物倾斜度的变化，可进行周期性的观测。这种仪器不受距离限制，并且距离越长，测定倾斜度的精度越高。

③ 气泡式倾斜仪。它是专门为测设倾斜度而设计的专用仪器。这种仪器可以直接安置在需要的位置上，由读数盘上的读数可得出该处的倾斜度。

🔖 知识拓展

气泡式倾斜仪

我国制造的气泡式倾斜仪，灵敏度为 2″，总的观测范围为 1°。气泡式倾斜仪适用于观测较大的倾斜角或量测局部地区的变形。例如测定设备基础和平台的倾斜。

三、建筑物倾斜观测常见问题及防治措施

1. 沉降变形曲线自某点起渐渐回升

（1）原因分析

① 采用设置于建筑物上的水准点，由于建筑物未稳定而下沉。

② 新埋设的水准点，埋设地点不当，时间不长发生下沉现象。

③ 水准点和建筑物同时下沉，初期建筑物沉降量大于水准点沉降量，曲线不回升，到后期建筑物下沉逐渐稳定，而水准点继续下沉。

④ 选择或埋设水准点时，特别是建筑物上设置水准点时，应保证其点位的稳定性，如果查明的确是水准点下沉而使曲线渐渐回升，测出水准点的下沉量，修正观测点的标高。

（2）防治措施

选择或埋设水准点时，特别是建筑物上设置水准点时，应保证其点位的稳定性，如果查明的确是水准点下沉而使曲线渐渐回升，则应测出水准点的下沉量，修正观测点的标高。

2. 沉降变形曲线呈波浪起伏现象

（1）原因分析

建筑物到后期，由于下沉极微或已接近稳定，曲线上出现了测量误差比较突出的现象。

（2）防治措施

应从提高测量精度，减少误差方面着手。如果发生波浪起伏现象，应根据整个情况进行分析，决定自某点起，将波浪线改为水平线。

3. 沉降变形曲线出现中断现象

（1）原因分析

① 沉降观测点开始是埋设在柱基础面上进行观测，在柱基础二次灌浆时没有埋设新点进行观测，而使曲线中断。

② 由于观测点被碰毁，装修要求观察点被隐蔽或造成不通视，后来设置的观测点绝对标高不一致，而使曲线中断。

（2）防治措施

按照"沉降变形曲线在中间某点突然回升"的治理方法将曲线连接起来，估求出停测期间的沉降量，并将新设置的沉降点不计其绝对标高，而取其沉降量，一并加在旧沉降点的累计沉降量中去。

第六节　建筑深基坑变形观测

一、深基坑水平位移监测

基坑工程变形监测的主要指标是沉降或水平位移，其中沉降监测与普通建筑物沉降监测方法相似。

二、用视准线法进行深基坑水平位移监测

在直线的两端设置工作基点 A、B，在基线上沿基坑边线根据需要设置若干监测点。基坑有支撑时，测点宜设置在两根支撑的跨中。

根据现场条件，也可依据小角度法用经纬仪测出各测点的侧向水平位移。

在基坑圈梁、压顶等较易固定的地方设置测点，这样设置方便，不易损坏，而且能真实

反映基坑侧向变形。测量工作基点 *A*、*B* 须设置在基坑一定距离外的稳定地段，对于有支撑的地下连续墙或大孔径灌注桩这类维护结构，基坑角点的水平位移通常较小，这时可将基坑角点设为临时基点 *C*、*D*。在每个工况内还可以用临时的基点监测，交换工况时再用基点 *A*、*B* 测量临时基点 *C*、*D* 的侧向水平位移。最后用此结果对各测点的侧向水平位移值进行校正。这种方法效率很高，又能保证要求的精度。

由于深基坑工程场地一般比较小，施工障碍物多，而且基坑边线也并非都是直线，因此视准线的建立比较困难，在这种情况下可用前方交会法。前方交会法是在距基坑一定距离的稳定地段设置一条交会线，或者设两个或多个工作基点，以此为基准，用交会法测出各测点的位移量。

三、用测斜仪法测量深基坑的水平位移

测斜仪是一种可以精确测量不同深度处土层水平位移的工程测量仪器，可以采用测量单向位移，也可以采用测量双向位移，再由两个方向的位移求出矢量和，得到位移的最大值和方向。加拿大 Roctest 公司生产的 RT-20MU 型测斜仪，其仪器标称精度为 ±6mm/25m，探头工作幅度为 20°，探头测量精度为 ±0.1mm/0.5m，测读器显示读数至 ±0.1mm。

同一位置处不同时刻测得的水平投影量之差，即为该深度上土体的水平位移值。测斜管可以用于测量单向位移，也可以测量互相垂直的两个方向上的位移，然后再求出矢量和，即得水平位移的最大值和方向。

测量坑壁时，首先连接探头和测读仪。检查密封装置，电池充电情况，仪器是否正常读数。任何情况下，当测斜仪电池不足时必须立即充电，否则会损伤仪器。将探头插入斜管，使滚轮卡在导槽上，缓慢下至孔底以上 0.5m 处。

通常，不许把探头降到测斜管的底部，否则有可能会损伤探头。

测量自孔底开始，自上而下，沿导槽全长，每隔 1.0m 测读一次。为了提高测量结果的可靠度，在每个测量步骤中均需要一定的时间延迟，以确保读数系统的稳定。

通常，侧向位移的初始值应取连续三次测量且无明显差异的读数的平均值。当侧向位移的绝对值或水平位移速率有明显加大时，必须加密监测次数。

四、建筑深基坑变形观测常见问题及防治措施

1. 变形观测的基准点、观测点设定时间不当

（1）原因分析

① 操作者未掌握基坑变形观测知识。

② 对沉降和水平位移观测质量不重视。

③ 基准点、观测点受支护结构、降水井和土方开挖施工的扰动。

（2）防治措施

变形观测所用的基准点、观测点应在支护结构或降水井施工完成后，基坑开挖之前设定，使所观测成果更能切合实际。

2. 水平位移观测点、沉降观测点和基准点布设位置不当

（1）原因分析

观测点埋设位置不能真实反映边坡支护结构的变形情况，基准点发生位移，与观测点之间的相对变形值，无法反映实际情况，原因在于操作者未掌握测量的专业知识。

（2）防治措施

① 水平位移观测点应沿支护结构体延伸方向均匀布设。

② 沉降观测点应沿建筑物外墙或柱基、重要管线的延伸方向布设。

③ 变形观测点间距宜为 10～15m。

④ 基准点的位置，应布设在不受基坑边坡变形影响的地方，基准点和变形观测点均应加以保护，防止人为破坏。

3. 变形观测时间不当及频率不足

（1）原因分析

① 建立初始读数的时间不及时，观测成果与实际不符。

② 观测时间间隔无规律，未能配合施工节奏，观测成果不能反映实际变化情况及指导施工。

（2）防治措施

① 变形观测要在基坑开挖或降水当日起实施，建立初读数，并办理复核签证手续。

② 基坑开挖过程中，相邻两次的观测时间间隔不宜超过两天，或以基坑开挖深度确定观测的时间间隔。

③ 基坑开挖结束一个月后，观测时间间隔不宜超过 10d，在出现可能促使变形加快的情况时，要加密观测频数。基坑开挖完毕后且变形已趋稳定时，可适当延长时间间隔。当地下构筑物完工后即可结束观测。

4. 变形观测资料不全

（1）原因分析

① 缺少基准点、观测点的资料。

② 观测时间未记载。

③ 观测值记录不详，或长时间未汇编，记录值丢失。

④ 观测过程中，其他有关单位未能参加或办理签证。

（2）防治措施

① 明确观测基准点和变形观测点的位置及编号。

② 记录变形观测的日期、时间和本次观测值及累积变形值。

③ 及时将观测资料绘制成表或曲线，变形观测结束后，将资料汇总成册，并附有必要的文字说明。

④ 严格按照观测方案实施，及时请有关单位共同进行检查，及时复核观测成果，签证备案。

第十三章

线路施工测量

第一节　中线测量

中线测量之前，首先应熟悉设计图纸，了解管线的用途、管径、走向、埋深，当地地形、建筑物情况，道路的等级、曲线的组成，更要了解沿线城市导线点、三角点、其他控制点和水准点的位置、数量和具体资料。

一、主点测设

两条折线的交叉点是交点，相邻两交点间的距离过长，还应在它们之间增加若干点，这些点称为转点，交点和转点称为线路的主点。按照设计图纸给定的交点与转点的坐标，利用控制点，用极坐标法，先将交点测设在实地，如图 13-1 所示。4~7 为控制点，$B \sim E$ 为线路的交点。交点测设好以后，将经纬仪安置在交点观测左角 β，丈量交点之间的距离。检查转向角 α 和边长是否与设计值相符。转向角分为左转与右转（$\alpha_左$、$\alpha_右$）。

当 $\beta_左 < 180°$ 时为左转。

$$\alpha_左 = 180° - \beta_左$$

当 $\beta_左 > 180°$ 时为右转。

$$\alpha_右 = \beta_左 - 180°$$

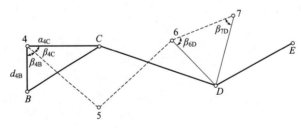

图 13-1　主点测设

当相邻两个交点之间距离较长或有障碍不通视时，则要在交点之间的直线上定出转点。图 13-2 中，C、D 为交点，在 CD 之间需测设转点 K，K 点与 C 和 D 均能通视。首先在 K 点附近的 K' 点安置经纬仪，后视 D 点，用正倒镜观测延长直线，在 D 点附近得 D' 点，D 与 D' 的距离是 m，那么在 K' 处则要在 CD 的垂直方向移动 n，才能得到 K 点。如果 $CK = a$，$DK = b$，则 n 应用下式计算。

$$n = \frac{a}{a+b} m$$

当线路的交点因障碍不能直接测设时，这种情况称为虚交。如图 13-3 所示，交点 JD_4 在水塘中，无法直接测设，可在交点两侧的直线上选择能安置经纬仪的地方 B、P 观测角

度 β_1 和 β_2，再丈量 BP 之间的距离，可以计算得到 JD_4 的转向角 α。

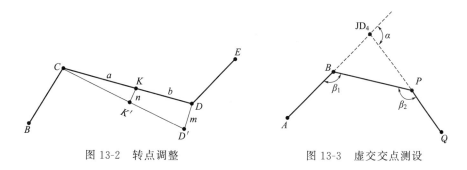

图 13-2　转点调整　　　　　　　　图 13-3　虚交交点测设

B 点和 P 点至交点 JD_4 的距离可通过由 B、P 与 JD_4 组成的三角形解算求得。

如果是架空或埋设在沟槽内，测设点位的精度应不超过 $\pm 10\mathrm{mm}$；如为埋地，则不应超过 $\pm 25\mathrm{mm}$。量距相对误差不大于 1/2000。检查无误后，将交点和转点做好护桩，护桩要设置在施工范围以外，最好将护桩设置在附近的永久性建筑物上，便于将来恢复。

二、中桩测设

用经纬仪和钢尺沿管线或道路从起点每 $20\sim50\mathrm{m}$ 标定桩位，并注明里程桩号，这些桩称为整里程桩。里程桩是线路起点到该点的距离。上水管线是从给水点算起，煤气、热力管线是从供气供热点算起，下水管线是从出水口起计算距离。道路的里程是从起点算起，其他管线应以设计图纸标明的位置作为里程桩号的起始点。

除整里程桩外，还有许多加桩，如地形加桩、地物加桩、曲线加桩和关系加桩等。地形加桩是在地形起伏变化的位置；地物加桩是在线路上有管涵、桥梁、通道、与其他道路交叉及各种设施的位置；曲线加桩是在曲线的起点、圆缓点、曲线中点、缓圆点、曲线终点，竖曲线的起点、终点及顶点位置；关系加桩是在线路的交点和转点位置，这些点位都要用木桩标定，这些里程桩都不是整里程，是整桩以外增加的里程桩，所以称为加桩。

线路上所有的里程桩都用木桩钉在地上，桩顶与地面平齐，在点位上钉一个小钉。而交点、转点、曲线主点、重要的地物点等，还需要在里程桩的旁边钉立指示桩，指示桩上书写桩名和桩号。桩名一般用汉语拼音第一个字母缩写的形式。如交点写为"JD"，直圆点写为"ZY"，缓圆点写为"HY"等。里程桩号是用"K×××＋×××.××"的形式书写，在"＋"之前是千米数，"＋"之后是米数。如某点的里程为 $3485.37\mathrm{m}$，则它的桩号写为"K3＋485.37"。指示桩是板状的木桩，应在点位右侧 $30\sim40\mathrm{cm}$ 处钉立，将桩号露出地面并面向线路的起始方向。

中线测量时，钢尺量距误差应不大于 1/2000，中线的方向应用经纬仪定线，对于要求不太高的管线，在直线段可用花杆定线。

第二节　断面测量

断面测量包括纵断面测量和横断面测量。纵断面测量是对线路上每个里程桩和加桩的地面高程进行观测，并绘制出纵断面图。横断面测量是对线路上每个里程桩和加拼在与线路垂直方向两侧、距中桩一定距离的地面高程进行观测，并绘制出横断面图。在道路施工中，利用断面测量的成果，计算路堑的挖方量和路堤的填方量。在地下管线施工中，计算基槽的挖方量。在隧道和城市地下铁道施工中，确定隧道的埋深，并为这些工程的施工组织设计提供详细的资料。

一、纵断面测量

首先利用甲方或设计单位提供的水准点，沿线布设临时水准点。水准测堵的精度位不低于四等的要求。水准点应在线路沿线的施工范围之外布置，密度约每 150m 一点。水准测量经附合测法合格后将闭合差反号，按与距离或测站数成正比例分配在各测段高差中。

对于纵断面测量，每安置一次水准仪，可以观测许多点，其内容就是测定中线桩的地面高程，如图 13-4 所示。因为在观测时所观测的点都是间视点，无法校核，所以一定要细心，不能出错。一个测站观测完后，一定要与另一个水准点闭合，进行必要的校核。全线测完后要将测量成果绘制成纵断面图，纵断面图如图 13-5 所示。

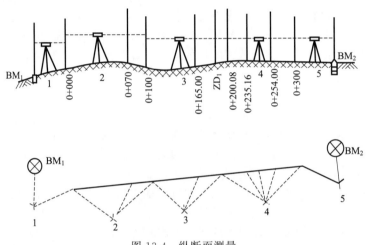

图 13-4　纵断面测量

在纵断面图上，为了能反映地面起伏的情况，高程的比例比距离的比例要大。在纵断面图上能反映出线路各点的原地面高程、管径、埋深、设计管底高程（管底高程是管道下部内壁的高程）距离、桩号以及沿管线周围的地物情况等。如为道路，则还应包括设计坡度、变坡点位置、平曲线和竖曲线的主点里程及曲线要素等内容。在图 13-5 中还有填挖高度以及水准点的位置和高程。

二、横断面测量

📖 **知识拓展**

横断面测量是在每个中线桩处，用水准测量法测定与线路成垂直方向的地面高程。根据管线的直径大小，一般每侧测量的宽度为 15～30m。道路的横断面测量范围视其设计宽度而定，特别是市政道路两侧的构筑物和建筑物都比较多，在施工过程中还要有施工便道占用道路外一部分场地，所以在进行横断面测量时，每侧要测量路边以外 15～20m 宽度。

横断面测量的关键是找出与线路垂直的方向。在直线段上，一般是用自己制作的方向架，如图 13-6 所示。方向架由两根互相垂直的木杆组成，使用时将方向架立在直线段需测量横断面的中线点上，用其中一根木杆瞄准直线上的另一点，另一根木杆所指的方向就是与线路垂直的方向。

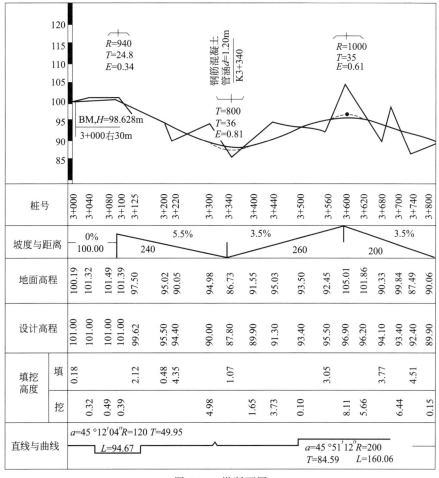

图 13-5 纵断面图

图中标注：
- R=940 T=24.8 E=0.34
- 钢筋混凝土管涵d=1.20m K3+340 T=800 T=36 E=0.81
- R=1000 T=35 E=0.61
- BM,H=98.628m 3+000右30m

桩号	3+000	3+040	3+080	3+100	3+125	3+200	3+220	3+300	3+340	3+400	3+440	3+500	3+560	3+600	3+620	3+680	3+700	3+740	3+800
坡度与距离	0% 100.00				5.5% 240			3.5% 260						3.5% 200					
地面高程	100.19	101.32	101.49	101.39	97.50	95.02	90.05	94.98	86.73	91.55	95.03	93.50	92.45	105.01	101.86	90.33	99.84	87.49	90.06
设计高程	101.00	101.00	101.00	101.00	99.62	95.50	94.40	90.00	87.80	89.90	91.30	93.40	95.50	96.90	96.20	94.10	93.40	92.40	89.90
填挖高度 填	0.18			2.12	0.48	4.35		1.07					3.05			3.77		4.51	
填挖高度 挖	0.32	0.49	0.39				4.98		1.65	3.73	0.10			8.11	5.66		6.44		0.15

直线与曲线：a=45°12'04″ R=120 T=49.95　L=94.67　　a=45°51'12″ R=200 T=84.59 L=160.06

在圆曲线上某一点横断面方向，是圆曲线上这一点切线方向的垂线，即指向圆心的方向。为了方便找出指向圆心的方向，在方向架上除有两根固定且垂直的木杆 mm' 和 nn' 外，还安装一根活动木杆 tt'，如图 13-7 中方框所示。活动木杆的中间有一个蝶形螺母，当活动木杆转动至需要位置时可用蝶形螺母将其固定。

圆曲线上横断面方向的确定如图 13-7 所示。在曲线起点 ZY 上竖立方向架，固定木杆 nn' 对准曲线交点 JD，则另一个固定木杆 mm' 就是横断面方向，即对准圆曲线的圆心 O，转动活动木杆 tt'，使其对准圆曲线上的一点 A，用蝶形螺母将其固定。将方向架竖立在 A 点，使 mm' 对准圆曲线起点 ZY，这时 tt' 的方向就是 A 点横断面的方向，也就是指向圆心 O。要确定圆曲线上 B 点的横断面方向，在 A 点将 mm' 对准圆心 O（即 A 点横断面方向），松开蝶形螺母，让 tt' 对准 B 点并再固定。将方向架再竖立在 B 点，让 mm' 对准 A 点，tt' 就是 B 点的横断面方向。

图 13-6　方向架示意图

缓和曲线上一点横断面方向也是这点切线的垂线方向。因为缓和曲线的计算较为复杂，所以要在缓和曲线上的一点找出切线方向，须用经纬仪。在图 13-8 中，缓和曲线的起点为 ZH，在曲线上有一点 A，ZH 到 A 点的偏角为 δ_A，在 A 点安置经纬仪，后视 ZH 点，把度

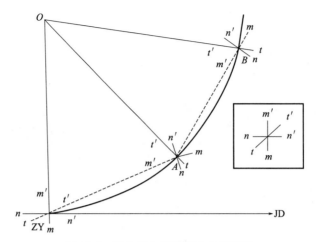

图 13-7　圆曲线上横断面方向的确定

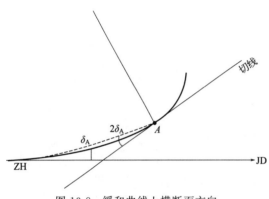

图 13-8　缓和曲线上横断面方向

盘的读数配置为 $2\delta_A$，将望远镜转动至度盘的读数为 $0°00'00''$ 时的方向就是切线方向，当度盘读数为 $90°$ 或 $270°$ 时，就是 A 点的横断面方向。如果在 A 点经纬仪后视的不是 ZH 点，就应查缓和曲线表或另行计算。缓和曲线的计算详见本章第四节道路曲线测设。

在地势比较平坦的地方，可用经纬仪代替水准仪进行横断面测量。要测量某一里程桩的横断面，将经纬仪安置在该桩号上，如为直线，则后视直线上的另一点，转动照准部 $90°$，现将望远镜放置在水平位置（竖盘读数为 $90°$ 或 $270°$）量取仪器高度，即可测量横断面。如果地势起伏较大，则用三角高程测量方法进行观测。在曲线上用经纬仪先确定曲线的法线方向，再进行断面测量。

横断面测量记录见表 13-1，在表中只摘录了 K0+020.00 一个断面的测量结果，表的左侧是线路左侧的记录，右侧是线路右侧的记录。

表 13-1　横断面测量记录

左 $\dfrac{高程}{距中线距离}$	中 $\dfrac{高程}{里程桩号}$	右 $\dfrac{高程}{距中线距离}$
$\dfrac{45.33\ \ 45.21\ \ 45.02\ \ 43.44}{10.82\ \ 8.35\ \ 6.33\ \ 2.24}$	$\dfrac{43.52}{K0+020.00}$	$\dfrac{43.62\ \ 44.98\ \ 45.17}{2.45\ \ 8.04\ \ 10.67}$

绘制横断面图时应选择适当的比例，如图 13-9(a) 所示是雨水管道 K0+100.00 的横断面图。如图 13-9(b) 所示是在 K0+020.00 断面图中绘出开挖的断面。因为开挖断面是一样的，所以可用硬纸或薄的塑料片制成一个模板，在每个断面图上都可以绘出开挖的断面。

横断面图主要用于土方工程量的计算。如在 K0+020.00 开挖断面的面积为 $4.45\mathrm{m}^2$，在 K0+040.00 开挖断面的面积为 $5.21\mathrm{m}^2$，则可把两个横断面之间视为棱柱体，它们的体积是 $(4.45+5.21)\times20\div2=96.6(\mathrm{m}^3)$。

在筑路时，路堤是填方，如果在倾斜的地面上可能有挖方也有填方，相应的挖方和填方

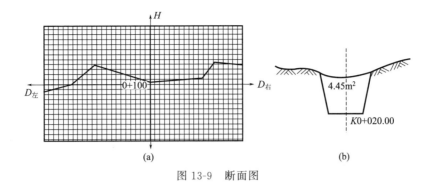

图 13-9　断面图

分别视为棱柱体，可以求得填、挖土方量，将全线各段的填、挖土方量加起来就是总的填、挖土方量。

第三节　管线施工测量

管线施工时，中线及纵横断面测量已有一段时间，所以在开工之前要对丢失和毁坏的主点桩及路线中线桩进行补测，主点护桩也应重新检查和补测。

管线施工测量的内容主要有槽口放线、中线钉和坡度钉的测设。如果管线施工时因条件限制不能开挖基槽，可采用顶管技术。本节对顶管技术的测量方法也作介绍。

一、槽口放线

槽口放线，根据基槽开挖的深度和基槽边坡的坡度来决定。如图 13-10(a) 所示是在平坦地区，开挖深度为 h，基槽底的宽度为 b，边坡的坡度为 $1:m$，则左右两侧坡口线距中点的距离 $D_左$、$D_右$ 为

$$D_左 = D_右 = \frac{b}{2} + mh$$

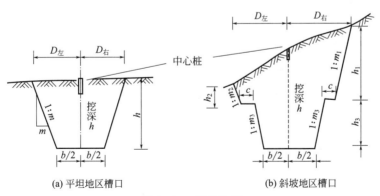

(a) 平坦地区槽口　　　　　(b) 斜坡地区槽口

图 13-10　槽口放线

在图 13-10(b) 中，由于基槽开挖较深，且地势不平坦，边坡的坡度不同，在第一个边坡与第二个边坡之间还增加了一个平台，平台的宽度为 c，这样，左右两边坡口距中线的距离则为

$$D_左 = \frac{b}{2} + m_2 h_2 + m_3 h_3 + c$$

$$D_{右} = \frac{b}{2} + m_1 h_1 + m_3 h_3 + c$$

式中　h_1、h_2、h_3——基槽不同深度开挖的高度；

　　　m_1、m_2、m_3——对应 h_1、h_2、h_3 开挖深度的边坡的坡度；

　　　　　　b——基槽底宽度；

　　　　　　c——平台宽度；

　　　$D_{左}$，$D_{右}$——基槽口左、右侧距中线的距离。

二、中线钉与坡度板的测设

基槽开挖快到基底时，在槽口处每隔 5～10m，埋设一根断面为 70mm×120mm 的方木，其长度应比槽口宽度大，方木断面大的处于垂直位置，横跨基槽，两端埋在基槽两侧，并保证其稳定。用经纬仪将中线标定在方木上，并钉一个小钉，称为中线钉。再用一块小木板，竖着钉在方木上，称为坡度板，如图 13-11 所示。用水准测量测出坡度板的高程，再根据设计高程和"下反数"钉一个小钉，称为坡度钉，如图 13-12 所示。"下反数"应以整分米数为好。在每块方木上要写明里程桩号和"下反数"，便于指导施工。施工时，将每个中线钉用小线连接起来，就是管线的中线，将坡度钉用小线连接起来就是管线的坡度。有时，由于基槽的深度不同，可在不同的地段采用不同的"下反数"，但在变换"下反数"的坡度板上需钉两个坡度钉，标明前后两个不同的"下反数"，而且要有明显的标志，并用书面形式通知施工人员，以防出错。坡度钉测设观测记录如表 13-2 所示。表中改正数为"－"时，表明从观测点向下量取数值再钉坡度钉；为"＋"时，则从观测点向上量取数值后再钉坡度钉。

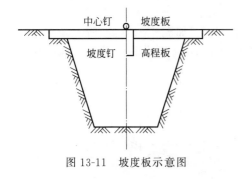

图 13-11　坡度板示意图

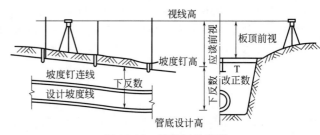

图 13-12　坡度钉示意图

表 13-2　坡度钉测设观测记录

桩号	距离/m	设计坡度	管底设计高程/m	坡度钉下反数/m	坡度钉高程/m	坡度板高程/m	改正数/m
1	2	3	4	5	6＝4＋5	7	8＝6－7
0＋000			28.250		30.150	30.267	－0.117
	10						
0＋010			28.200		30.100	30.205	－0.105
	10						
0＋020		$i=-5‰$	28.150		30.050	30.015	＋0.035
	10			1.900			
0＋030			28.100		30.000	29.987	＋0.013
	10						
0＋040			28.050		29.950	30.006	－0.056
	10						
0＋050			28.000		29.900	29.774	＋0.126

地下管线一般都为直线，检查井则是折线的交点。因开挖基槽时，交点已被挖掉，但可

利用交点的护桩恢复检查井的位置。井口施工时的高程要严格控制。一般检查井多在马路上或人行步道上，如果井口高程有误，将影响以后的交通和行人的行走。

三、顶管施工测量

 知识拓展

当管道铺设遇到路堤等障碍或在交通繁忙的城市道路时，不能明挖，最好的办法是采用顶管技术。顶管方法是在道路一侧开挖一个工作坑，坑内先浇筑混凝土垫层，在垫层上安置导轨，将预制的混凝土管或钢管放在导轨上，从管道内部挖掘，在管子的后部用一组千斤顶将管子顶进，达到穿过障碍的目的。

1. 中线测量

将管道的中心线测设在工作坑两端的地面上，如图 13-13 中的 A、B，然后用经纬仪、觇标就可以很容易地将中线传递至工作坑内，如果有激光经纬仪指导管道的施工则更为方便。在顶管过程中，每顶进 0.5～1.0m 应进行一次中线观测并做好详细记录，发现问题及时解决。

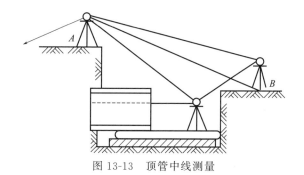

图 13-13 顶管中线测量

2. 导轨安装

工作坑垫层施工时必须考虑管子的壁厚 d 和管子离开垫层的高度 b（图 13-14）。导轨一般用方木或钢轨，钢轨较方木要好，一是强度大、不易变形，二是与管壁之间的摩擦小。设钢轨的高度为 h，两根钢轨内侧的宽度为 A。

$$A=2\sqrt{(D-h+b)(h-b)}$$

式中　A——轨距（两根钢轨内侧距离）；

　　　D——管子外径；

　　　b——管子离垫层的高度；

　　　h——钢轨的高度。

3. 高程测量

管道是有一定坡度的，所以在工作坑内的垫层施工时就得精确地控制它的高程，并与管道的设计坡度一致。如用钢轨作为导轨，应在垫层上预埋钢轨扣件，用以固定钢轨，钢轨的高程也应严格控制。

工作坑内须设置水准点，如图 13-15 所示。管道每顶进 0.5～1.0m，就要测量一次管底高程。因为管径有限，所以在管道内所用水准尺的长度应小于管径，通常是用小钢尺，但在使用时必须使尺子垂直。表 13-3 是某管道在顶管施工时的高程测量记录。

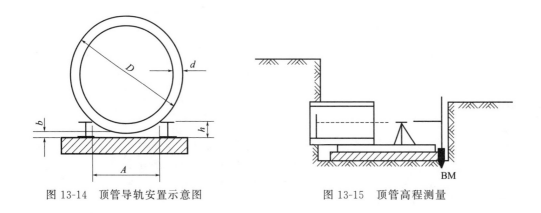

图 13-14　顶管导轨安置示意图　　　　　图 13-15　顶管高程测量

表 13-3　某管道在顶管施工时的高程测量记录

里程桩号	管底设计高程/m	设计坡度/%	后视读数/m	前视读数/m	实测高程/m	高差误差/mm	中心偏差/mm	备注
0+120.0	56.623		1.081	0.875	56.624	+1	右6	
0+121.0	56.663		1.108	0.866	56.660	−3	右4	
0+122.0	56.703	+4	1.087	0.804	56.701	−2	左1	水准点高程 H＝56.418m
+123.0	56.743		1.115	0.789	56.744	+1	左5	
...	...		...	...	...	...	...	
+130.0	57.023		1.097	0.490	57.025	+2	右6	

第四节　道路曲线测设

道路主要是公路、铁路。道路曲线在水平面内的曲线称为平曲线，简称曲线，平曲线有圆曲线、缓和曲线、卵形曲线等。在线路纵向上垂直面内的曲线称为竖曲线，竖曲线有凹形和凸形两种。对各种曲线精确计算和准确测设，是道路线型外观平顺美观和行车安全的关键所在。本节主要介绍各种曲线的计算和测设方法，并对高速公路进行简要叙述。

在施工之前，先要熟悉设计图纸，了解沿线的地形地物，各种桥涵的结构形式、位置及数量。熟悉并了解沿线平面控制点、水准点、线路中线点的具体位置和资料，对控制点进行必要的检测。对已丢失或破坏的点位进行补测，恢复中线桩，引测临时水准点。

市政道路和高速公路以及与之相关的中小桥涵、立交系统是道路建设的主要内容之一。道路的勘测与设计单位，在设计好以后，将道路的主点，如交点、直线上的转点（方向点）、曲线的起点（ZY）、中点（QZ）和终点（YZ），如有缓和曲线，则还应包括直缓点（ZH）、缓圆点（HY）、曲中点（QZ）、圆缓点（YH）和缓直点（HZ）等都要在实地标定出来。与此同时，还要沿线路测设一定数量的导线点和水准点，用以对线路进行控制。施工单位要按设计图纸的要求进行施工。在施工中每段施工之前都要进行主点定位、中线测量。本节主要介绍圆曲线、缓和曲线和竖曲线的测设方法与要点，并对高速公路设计的主要技术要求及测设方法做一简要介绍。

一、圆曲线测设

圆曲线的主点有交点 JD、曲线起点 ZY、曲线中点 QZ 和曲线终点 YZ，这些点除交点外，也分别称为直圆点、曲中点和圆直点。在设计图纸上，给定曲线的半径 R 和转向角 α，而其他的曲线要素则需计算出来。其计算的要素有：切线长 T、曲线长 L、弦长 C、外矢距 E、中央纵距 M 和切曲差 Q（切线长与曲线长之差）。

1. 圆曲线要素计算

如图 13-16 所示为圆曲线，设计给定曲线半径 R 及转向角 α，则其他要素计算公式如下。

$$\left.\begin{array}{l} T = R\tan\dfrac{\alpha}{2} \\[2mm] L = Ra\,\dfrac{\pi}{180°} \\[2mm] C = 2R\sin\dfrac{\alpha}{2} \\[2mm] M = R\left(1-\cos\dfrac{\alpha}{2}\right) \\[2mm] Q = 2T - L \end{array}\right\}$$

计算校核：

$$T = \sqrt{(M+E)^2 + \left(\frac{C}{2}\right)^2}$$

在图 13-16 中，$R=500\text{m}$，$\alpha = 42°53'46''$，则

$$T = R\tan\frac{\alpha}{2} = 500\tan\frac{42°53'46''}{2} = 196.43(\text{m})$$

$$L = Ra\,\frac{\pi}{180°} = 500 \times 42°53'46'' \times \frac{\pi}{180°} = 374.34(\text{m})$$

$$E = R\left(\sec\frac{\alpha}{2} - 1\right) = 500 \times \left(\sec\frac{42°53'46''}{2} - 1\right) = 37.20(\text{m})$$

$$C = 2R\sin\frac{\alpha}{2} = 2 \times 500\sin\frac{42°53'46''}{2} = 365.66(\text{m})$$

$$M = R\left(1-\cos\frac{\alpha}{2}\right) = 500 \times \left(1-\cos\frac{42°53'46''}{2}\right) = 34.63(\text{m})$$

$$Q = 2T - L = 2 \times 196.43 - 374.34 = 18.52(\text{m})$$

校核：

$$T = \sqrt{(M+E)^2 + \left(\frac{C}{2}\right)^2}$$
$$= \sqrt{(34.63+37.20)^2 + \left(\frac{365.66}{2}\right)^2}$$
$$= 196.43\ (\text{m})$$

2. 曲线里程桩号计算

在设计中，一般只给定曲线交点的里程桩号，而其他曲线主点的里程桩号，则需要进行计算并校核。在计算完曲线要素后就可进行曲线里程桩号的计算。

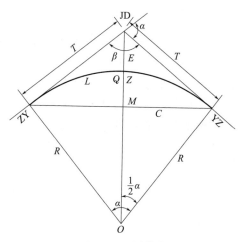

$$ZY \text{ 点桩号} = JD \text{ 点桩号} - T$$

$$QZ \text{ 点桩号} = ZY \text{ 点桩号} + \frac{L}{2}$$

$$YZ \text{ 点桩号} = QZ \text{ 点桩号} + \frac{L}{2}$$

校核计算

$$YZ \text{ 点桩号} = JD \text{ 桩号} + T - Q$$

在计算里程桩号时必须注意不要将桩号里的"+"当成计算符号，它只是表示的是将千米数和米数分开。

图 13-16 中，JD 的桩号为 K33+456.84，则

$$ZY \text{ 的里程} = JD \text{ 里程} - T = (K33+456.84) - 196.43 = (K33+260.41)$$

$$QZ \text{ 的里程} = ZY \text{ 里程} + \frac{L}{2} = (K33+260.41) + \frac{374.34}{2} = (K33+447.58)$$

$$YZ \text{ 的里程} = QZ \text{ 的里程} + \frac{L}{2} = (K33+447.58) + \frac{374.34}{2} = (K33+634.75)$$

校核

$$YZ \text{ 的里程} = ZY \text{ 的里程} + 2T - Q = (K33+260.41) + 2 \times 196.43 - 18.52 = (K33+634.75)$$

通过校核说明计算无误。

3. 圆曲线主点测设

在曲线交点 JD 安置经纬仪，观测前后相邻的两个交点或直线上的转点，检测转向角是否与设计值一致，然后按检测后的方向用钢尺或测距仪测定出曲线的起点 ZY 和终点 YZ。再后视其中任一直线方向，旋转 $(180° - \alpha)/2$ 的角度，向曲线内侧量取外矢距 E 定出曲中点 QZ。主点测设完毕后，应进行检查，将经纬仪安置在 ZY 点，观测交点 JD 与曲中点 QZ 的夹角为 $\alpha/4$，交点 JD 与曲终点 YZ 的夹角为 $\alpha/2$。对于角度检测，也可以将经纬仪安置在曲线的终点 YZ 进行。如果曲线较小，或有测距仪，可量取曲线的弦长以便进行校核。

4. 圆曲线辅点的测设

圆曲线辅点的测设方法很多，但常用的方法有偏角法、切线支距法和中央纵距法。

（1）偏角法

偏角法测设圆曲线辅点的要点就是利用弦切角是圆心角一半的几何性质和弦长能方便求出的特点进行圆曲线的测设。

曲线的起点和终点一般都不是整桩号，所以在测设之前，先在曲线的首尾选择两个整桩号，计算这两个整桩号距曲线起点和终点的两段弧长 L_A、L_B，再将曲线中间均分弧长为 L_0 的若干段，如图 13-17 所示。这样，L_A、L_B 和 L_0 所对的圆心角分别为 φ_A、φ_B 和 φ_0，所对的弦长（图中未画出）分别为 C_A、C_B、C_0。在曲线上就有 1、2、3…n 个点。每个点所对的偏角则为 δ_1、δ_2、δ_3…δ_n，依据弦切角是圆心角一半的性质则有

图 13-16　圆曲线

$$\delta_1 = \frac{\varphi_A}{2}$$

$$\delta_2 = \frac{\varphi_A + \varphi_0}{2}$$

$$\delta_3 = \frac{\varphi_A + 2\varphi_0}{2}$$

$$\cdots$$

$$\delta_n = \frac{\varphi_A + (n-1)\varphi_0}{2}$$

$$YZ \text{ 的总偏角} \delta_B = \frac{\varphi_A + (n-1)\varphi_0 + \varphi_B}{2}$$

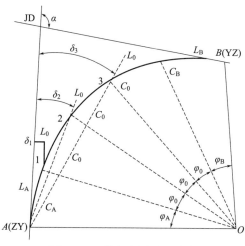

图 13-17　偏角法测设圆曲线

式中

$$\varphi_A = \frac{L_A 180°}{\pi R}$$

$$\varphi_B = \frac{L_B 180°}{\pi R}$$

$$\varphi_0 = \frac{L_0 180°}{\pi R}$$

L_A、L_B、L_C 所对的弦长为 C_A、C_B、C_0 分别为

$$C_A = 2R \sin \frac{\varphi_A}{2}$$

$$C_B = 2R \sin \frac{\varphi_B}{2}$$

$$C_0 = 2R \sin \frac{\varphi_0}{2}$$

仍以计算里程桩号为例，在曲线上辅点的里程均为 20m 的整数，由 ZY 和 YZ 的里程可

计算出：$L_A = 19.59\text{m}$，$L_B = 14.75\text{m}$，$L_0 = 20.00\text{m}$。

根据上述式子可计算弧所对的圆心角：$\varphi_A = 2°14'41.5''$，$\varphi_B = 1°41'24.8''$，$\varphi_0 = 2°17'30.6''$。

根据上述公式可计算弧所对的弦长：$C_A = 19.59\text{m}$，$C_B = 14.75\text{m}$，$C_0 = 20.00\text{m}$。

根据以上计算结果可将弧长、弦长和偏角列一张表格，以便现场用偏角法测设圆曲线。表 13-4 是偏角法测设圆曲线。

表 13-4　偏角法测设圆曲线

点名	桩号	弧长/m	弦长/m	偏角 δ (°′″)	备注
ZY	$K33+260.41$	0.00		0　00　00	
	$K33+280.00$	19.59	19.59	1　07　20.7	
	$K33+300.00$	39.59	20.00	2　16　06.0	
	$K33+320.00$	59.59	20.00	3　24　51.3	
	...	...		...	
	$K33+620.00$	359.59		20　36　10.7	
YZ	$K33+634.75$	374.34	14.75	21　26　53.0	

测设时将经纬仪安置在曲线起点（ZY），后视交点（JD），度盘配置为 $0°00'00''$，再转动照准部，使度盘读数为 $1°07'20.7''$，从 ZY 点用钢尺量距 19.59m 钉木桩，先在木桩上标定方向，再丈量距离，在视线方向上钉小钉，为 K33+280.00 的桩号。

如果 ZY 和 K33+320.00 不通视，可将经纬仪移至 K33+300.00，盘右后视 ZY 点，将度盘配置为测站点 K33+300.00 的偏角，即 $2°16'06.0''$，纵转望远镜，再用表 13-4 中各点的偏角继续向前测设。

（2）切线支距法

切线支距法测设圆曲线是将曲线起点（ZY）作为坐标原点，指向交点（JD）为 x 轴，指向圆心方向为 y 轴，计算曲线上各点的坐标，用坐标法进行测设。在图 13-18 中，设曲线起点（ZY）至 1 点的弧长为 L_1，至 2 点的弧长为 L_2…至 n 点的弧长为 L_n，从图中可知：

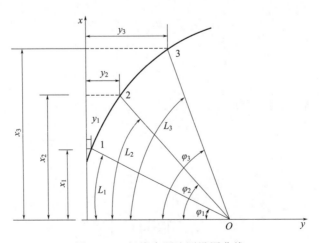

图 13-18　切线支距法测设圆曲线

$$x_i = R\sin\varphi_i = R\sin\left(\frac{L_i \times 180°}{\pi R}\right)$$

$$y_i = R(1-\cos\varphi_i) = R\left(1-\cos\frac{L_i 180°}{\pi R}\right)$$

式中　R——曲线半径；

　　　φ——弧所对的圆心角；

$i = 1$、2、$3\cdots n$。

同样用前述圆曲线的数据，可计算出切线支距的数值，计算结果见表 13-5。

表 13-5　切线支距法坐标计算

点名	里程	弧长 L/m	x/m	y/m	备注
ZY	K33+260.41	0.00	0.000	0.000	
	K33+280.00	19.59	19.585	0.384	
	K33+300.00	39.59	39.548	1.567	
	K33+320.00	29.59	59.449	3.547	
...	...	...	...	...	...

用切线支距法测设圆曲线。一般只计算曲线的一半，另一半则从圆曲线的终点（YZ）用同样数据和方法测设，并在曲中点（QZ）校核。

如果将切线支距法计算的坐标用坐标转换至测量坐标系，用全站仪在现场测设也是十分方便的。

（3）中央纵距法（图 13-19）

对于一个圆曲线，转向角 α，半径为 R，点是曲中点（QZ），根据圆曲线要素的计算公式可知

$$M_1 = R\left(1-\cos\frac{\alpha}{2^1}\right)$$

$$C_1 = 2R\sin\frac{\alpha}{2^1}$$

1 点将曲线分为 $2^1 = 2$ 等分，测设时在 C_1 弦的中点垂直量 M_1，即可得到 1 点。再以剩余的一半求它的弦和中央纵距。

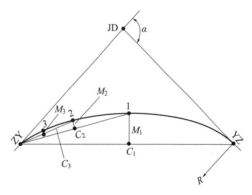

图 13-19　中央纵距法

$$M_2 = R\left(1-\cos\frac{\alpha}{2^2}\right)$$

$$C_2 = 2R\sin\frac{\alpha}{2^2}$$

2 点将圆曲线分为 $2^2 = 4$ 等分，测设时在 C_2 的中点量 M_2，得到 2 点。

以此类推，可得 n 点，它将曲线分为 2^n 等分。

$$M_n = R\left(1-\cos\frac{\alpha}{2^n}\right)$$

$$C_n = 2R\sin\frac{\alpha}{2^n}$$

$$n = 1、2、3\cdots$$

n 将圆曲线分为 2^n 等分。直至 M_n 为 $1\sim2mm$ 为止，即弦与弧十分接近，将弦代替弧。

📚 知识拓展

当地势平坦且距离可量时，宜用切线支距法。当曲线较小时，宜用中央纵距法测设曲线，不需太多的次数可将曲线测设完毕。当曲线较长时，用偏角法则较为方便。

二、缓和曲线测设

1. 缓和曲线概述

火车和汽车在曲线上行驶，必然产生向外的离心力，如果不采取必要的措施，车辆就有倾覆的危险，在铁道上要用外轨超高，在公路上曲线外侧也应超高，这样可使车辆的自重与离心力的合力正好与轨顶的连线或路面垂直。铁道外轨超高的数值可依据下式计算。

$$h_0 = 7.6\frac{v_{max}^2}{R}$$

式中 h_0——外轨超高值，mm；

  v_{max}——设计最高时速，km/h；

  R——曲线半径，m。

当最高车速为150km/h、半径为1500m时，外轨超高 $h=114mm$。

另外，火车的轮距是固定的，在直线上正常行驶没有问题，可是在曲线上行驶时车辆要转向，车轴与曲线的直径方向不一致，轮距与轨距不符合，所以要增大轨距，即内侧钢轨要向内移，称为内轨加宽。在公路上，汽车在弯道上行驶，后轮比前轮的轨迹要向内移，所以公路的内侧也要加宽。由于以上原因，为了行车的舒适与安全，为了外轨的超高和内轨的加宽，所以在直线与圆曲线之间需加设一段缓和曲线。超高和加宽都在缓和曲线内逐渐实施。

缓和曲线可用螺旋线或三次抛物线来实施，我们国家采用螺旋线作为缓和曲线。有缓和曲线的圆曲线的主点有：直缓点（ZH）、缓圆点（HY）、曲线中点（QZ）、圆缓点（YH）和缓直点（HZ）。在直缓点，缓和曲线的半径是无穷大，随着缓和曲线的长度增加，它的半径则减小，某点的曲线长度为 l，则它相应的半径是 R'；当在缓圆点，曲线长度就是缓和曲线的长度 L_s，则曲线半径就是圆曲线的半径 R。从上述可看出，在缓和曲线上，半径的大小与曲线长度成反比。设有一个常数 C，则

$$R' = \frac{C}{l}$$

当在缓圆点，$l=L_s$，则 $R'=C/L_s=R$，则

$$C = RL_s$$

C 称为缓和曲线常数，有时也用 C 的开方值 $A=\sqrt{C}=\sqrt{RL_s}$，式中，A 称为缓和曲线的模数。

2. 缓和曲线要素计算

图 13-20 的左侧是一个圆曲线，右侧是增加了缓和曲线的圆曲线。增加缓和曲线的方法是沿直圆点（ZY）的半径方向，向曲线内侧将圆曲线移动 p 值，保持原曲线半径不变，将直圆点（ZH）沿切线方向，向直线内移动 m 值，使其成为直缓点（ZH），将圆曲线在原来长度的基础上缩短，圆曲线的圆心角减小 β，原来的直圆点（ZY）变为缓圆点（HY），圆曲线另一端也照此处理，如图 13-20 所示，从图中可得以下公式。

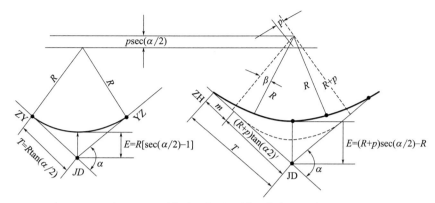

图 13-20 圆曲线和加设了缓和曲线的圆曲线

$$
\left.\begin{aligned}
T &= m + (R+p)\tan\frac{\alpha}{2} \\
L &= \frac{\pi R(\alpha - 2\beta)}{180°} + 2L_s \\
E &= (R+p)\sec\frac{\alpha}{2} - R \\
Q &= 2T - L
\end{aligned}\right\}
$$

式中　α——曲线转向角；

　　　R——圆曲线半径；

　　　L_s——缓和曲线长度；

　　　T——切线长度；

　　　L——曲线全长：

　　　E——外矢距；

　　　Q——切曲差；

m，p，β——缓和曲线参数。

$$
\left.\begin{aligned}
m &= \frac{L_s}{2} - \frac{L_s^3}{240R^2} \\
p &= \frac{L_s^2}{24R} - \frac{L_s^4}{2688R^3} \\
\beta &= \frac{L_s}{2R}\rho
\end{aligned}\right\}
$$

式中　m——加设缓和曲线后使切线增加的长度；

　　　p——加设缓和曲线后使圆曲线对切线的内移量：

　　　β——HY 点（或 YH 点）的缓和曲线角度。

以 $R=1000\mathrm{m}$、$L_s=60\mathrm{m}$、$\alpha=15°44'24''$ 为例计算缓和曲线要素。

$$
m = \frac{L_s}{2} - \frac{L_s^3}{240R^2} = \frac{60}{2} - \frac{60}{240 \times 1000^2} = 29.999 \text{（m）}
$$

$$
p = \frac{L_s^2}{24R} = \frac{60^2}{24 \times 1000} = 0.150 \text{（m）}
$$

$$
\beta = \frac{L_s}{2R}\rho = \frac{60}{2 \times 1000} \times \frac{180°}{\pi} = 1°43'07.9''
$$

$$T = m + (R+p) \tan \frac{\alpha}{2}$$

$$= 29.999 + (1000+0.150) \times \tan \frac{15°44'24''}{2}$$

$$= 168.248 \text{ （m）}$$

$$L = \frac{\pi R (\alpha - 2\beta)}{180°} + 2L_s = \frac{1000\pi (15°44'24'' - 2 \times 1°43'07.9'')}{180°} + 2 \times 60$$

$$= 334.715 \text{ （m）}$$

$$E = (R+p) \sec \frac{\alpha}{2} - R = (1000+0.150) \times \frac{15°44'24''}{2} - 1000 = 9.660 \text{ （m）}$$

$$Q = 2T - L = 2 \times 168.248 - 334.715 = 1.781 \text{ （m）}$$

3. 直角坐标法测设缓和曲线

在图 13-21 中，K 是缓和曲线上的一点，它在以 ZH 点为坐标原点，指向 JD 为 x 轴，与切线垂直的方向为 y 轴的坐标系中的坐标值 x、y。从 ZH 点至 x 点的曲线长为 l。缓和曲线角为 β，K 点的曲线半径为 R'。当曲线长度增加 $\mathrm{d}l$，K 点的坐标增加 d_x 和 d_y。从图 13-21 可以看出

$$\left. \begin{array}{l} x = \displaystyle\int_0^t \cos\beta \mathrm{d}l \\ y = \displaystyle\int_0^t \sin\beta \mathrm{d}l \end{array} \right\}$$

因为

$$\mathrm{d}\beta = \frac{\mathrm{d}l}{R'}$$

$$R' = \frac{C}{l}$$

$$\mathrm{d}\beta = \frac{l\,\mathrm{d}l}{C}$$

对上式进行定积分得

$$\beta = \frac{l^2}{2C}$$

有缓和曲线的圆曲线，也可以用计算方法求得圆曲线上在图 13-21 中坐标系中的坐标值。如图 13-22 所示，在圆曲线上有一点 K，从 ZH 点至 K 点的弧长为 l_K，缓和曲线长 l_S，缓和曲线角 β_0，则 K 点的坐标为

$$\left. \begin{array}{l} x = R\sin\alpha_K + m \\ y = R(1 - \cos\alpha_K) + p \end{array} \right\}$$

式中 R——圆曲线半径；

m, p——同前。

$$\alpha_K = \frac{180°}{\pi R}(l_K - l_S) + \beta_0$$

能计算出曲线上各点的坐标，就能用直角坐标法测设缓和曲线及圆曲线。同样将这些独立坐标转换为测量坐标，也能用全站仪的坐标放样功能测设曲线。

4. 偏角法测设缓和曲线

如图 13-23 所示是用偏角法测设缓和曲线，首先将缓和曲线分成 n 个等分，每个等分点为 1、2、3…$n-1$，ZH 点至每个点的曲线长为 l_1、l_2、l_3…l_{n-1}、l_S，以切线方向为零方向，从 ZH 点起，每个等分点与切线的夹角为 δ_1、δ_2、δ_3…δ_{n-1}、δ，经证明可知

$$\delta = \frac{\beta_0}{3} = \frac{l_s}{6R} \times \frac{180°}{\pi} = \frac{30L_s}{\pi R}$$

$$\delta_1 = \frac{\delta}{n^2} \times 1^2 = \frac{30l_s}{n^2 \pi R} \times 1^2$$

$$\delta_2 = \frac{\delta}{n^2} \times 2^2 = \frac{30l_s}{n^2 \pi R} \times 2^2$$

$$\delta_3 = \frac{\delta}{n^2} \times 3^2 = \frac{30l_s}{n^2 \pi R} \times 3^2$$

$$\cdots$$

$$\delta_n = \frac{\delta}{n^2} n^2 = \delta$$

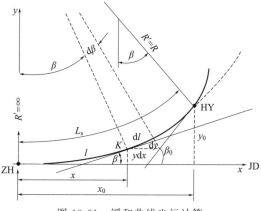

图 13-21 缓和曲线坐标计算

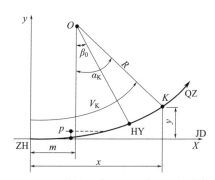

图 13-22 有缓和曲线的圆曲线坐标计算

因曲线半径大,在缓和曲线上弦长和弧长基本相同。也可通过下式计算从 ZH 点至各测设点的弦长 C_i。

$$C_i = l_i - \frac{l_i^5}{90C^2}$$

式中,$C = Rl_s$;$i = 1$、2、3$\cdots n$。

有时受地形和地物的限制,在 ZH 点不能将缓和曲线测设完,这时就要将经纬仪安置在已经测设好的点上继续进行测设。如图 13-24 所示,K 点为已测设好的一点,在 K 点安置经纬仪,测设 M 点和 N 点。设 K、M、N 到 ZH 点的曲线长分别为 l_K、l_M、l_N。

令 $\delta_0 = \delta/l_s^2$,则由 K 点后视 M 点的偏角值为

$$\delta_M = \delta_0 (l_M - l_K)(l_M + 2l_K)$$

由 K 点前视 N 点的偏角值为

$$\delta_N = \delta_0 (l_K - l_N)(l_N + 2l_K)$$

为方便测设,在测设前将缓和曲线分为 n 个等分,再将每点上分别安置经纬仪的偏角都计算出来并列表,在现场测设就很方便了。

以上公式所计算的偏角都是在 K 点上与曲线切线的夹角,所以用此方法的关键问题就是如何找到 K 点的切线方向。根据缓和曲线的性质,K 点切线与曲线切线的交角为 $\beta_K = 3\delta_K$,δ_K 已由上述式求得,由三角形的几何性质可知,在 K 点切线与由直缓点至 K 点弦线的交角为 $2\delta_K$。在 K 点用经纬仪瞄准 ZH 点,盘左将水平度盘的读数配置为 $2\delta_K$ 的值,将

照准部旋转至度盘读数为 $0°00'00''$ 时，望远镜所指的方向就是 K 点的切线方向。

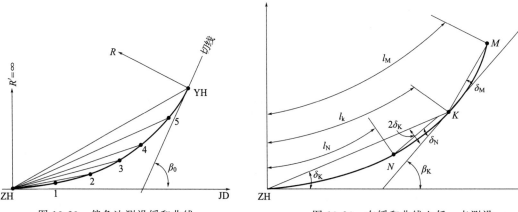

图 13-23　偏角法测设缓和曲线　　　　图 13-24　在缓和曲线上任一点测设

如有一个缓和曲线 ZH 的里程桩号是 K2+10.24，$l_s=60\text{m}$，$R=1200\text{m}$。将缓和曲线分为 6 等分，各点的偏角计算如表 13-6。

表 13-6　缓和曲线偏角

项目	K2+143.24	K2+153.24	K2+163.24	K2+173.24	K2+183.24	K2+193.24	K2+203.24
K2+143.24	置仪	$0°01'35''$	$0°06'22''$	$0°14'19''$	$0°25'28''$	$0°39'17''$	$0°57'18''$
K2+153.24	$0°00'48''$	置仪	$0°03'59''$	$0°11'08''$	$0°21'29''$	$0°35'01''$	$0°51'44''$
K2+163.24	$0°03'11''$	$0°03'11''$	置仪	$0°06'22''$	$0°15'55''$	$0°28'39''$	$0°44'34''$
K2+173.24	$0°07'10''$	$0°07'57''$	$0°05'34''$	置仪	$0°08'45''$	$0°20'41''$	$0°35'49''$
K2+183.24	$0°12'14''$	$0°14'19''$	$0°12'44''$	$0°07'57''$	置仪	$0°11'08''$	$0°25'28''$
K2+193.24	$0°19'54''$	$0°22'17''$	$0°21'29''$	$0°17'30''$	$0°10'21''$	置仪	$0°13'32''$
K2+203.24	$0°28'39''$	$0°31'50''$	$0°31'50''$	$0°28'39''$	$0°22'17''$	$0°12'44''$	置仪

在用表 13-6 时应使用纵行，表中"置仪"是安置经纬仪的点位。有了此表格，在现场缓和曲线上任一点都能进行缓和曲线的测设。

5. 卵形曲线计算

如图 13-25 所示，用一段缓和曲线连接半径分别为 R_1 和 R_2 的两个圆曲线，且 $R_1>R_2$，缓和曲线的长度为 l_{12}，连接点在 M、N。根据缓和曲线的特性，它的半径变化率为

$$C=\frac{l_{12}R_1R_2}{R_1-R_2}=l_1R_1=(l_1+l_{12})R_2$$

如果将缓和曲线延长到原来的起点 O，则 M 点到 O 点的曲线长为 l_1。设在缓和曲线上有一点 P，M 至 P 的弧长为 l，在 M 点作曲线的切线 T_1，T_1 的方向为 x 轴，指向圆心的方向为 y 轴，可用下式求得缓和曲线。

P 点对于这个坐标系的直角坐标为

$$x=\int_0^l\cos(\Delta\beta)\mathrm{d}l$$

$$y=\int_0^l\sin(\Delta\beta)\mathrm{d}l$$

式中关键问题是求 $\Delta\beta$ 的值。

M 点的缓和曲线角为 $$\beta_M = \frac{l_1^2}{2C}$$

P 点的缓和曲线角为 $$\beta_P = \frac{(l_1+l)^2}{2C}$$

$$\Delta\beta = \beta_P - \beta_M = \frac{(l_1+l)^2 - l_1^2}{2C} = \frac{ll_1}{C} + \frac{l^2}{2C}$$

顾及 $l_1 = \dfrac{C}{R_1}$，故

$$\Delta\beta = \frac{l}{R_1} + \frac{l^2}{2C}$$

将 $\Delta\beta = \dfrac{l}{R_1} + \dfrac{l^2}{2C}$ 代入得

$$x = \int_0^l \cos\left(\frac{l}{R_1} + \frac{l^2}{2C}\right) \mathrm{d}l$$

$$y = \int_0^l \sin\left(\frac{l}{R_1} + \frac{l^2}{2C}\right) \mathrm{d}l$$

上述公式是由半径大的至半径小的方向进行的曲线计算。有时为了方便也可以由半径小的至半径大的方向进行计算。如图 13-25 中由 N 点向 M 点计算，设曲线上有一点 Q，N 至 Q 点的曲线长度也为 l。根据以上方法也可求得以 N 点为原点，以 N 点的切线相反的方向为 x 轴，以 R_2 的方向为 y 轴的直角坐标。公式为

$$x = \int_0^l \cos\left(\frac{l}{R_2} - \frac{l^2}{2C}\right) \mathrm{d}l$$

$$y = \int_0^l \sin\left(\frac{l}{R_2} - \frac{l^2}{2C}\right) \mathrm{d}l$$

同样，用计算器进行积分计算时，角度应为弧度的模式才有效。如有必要可将所求得的坐标用坐标转换的方法计算至测量坐标。

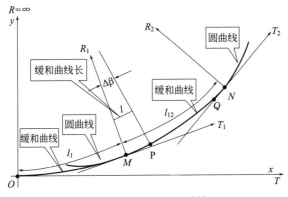

图 13-25　卵形曲线计算

三、竖曲线测设

道路在纵剖面上是由平坡、上坡和下坡组成，在坡度变化的地方，则要设计竖曲线。竖曲线有凸形和凹形两种。凹形是由平坡变上坡，由坡度小的上坡变为坡度大的上坡，由下坡变为上坡，要用凹形竖曲线；凸形是由平坡变下坡，由坡度小的下坡变为坡度大的下坡，由

上坡变为下坡，要用凸形竖曲线。

竖曲线见图 13-26。竖曲线都是垂直于水平面的圆曲线。

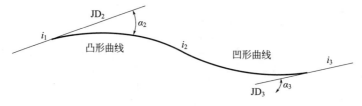

图 13-26　竖曲线

如图 13-27 所示为竖曲线要素计算。相邻两个坡度 i_1 和 i_2 之差为 α，切线长为 T，曲线长为 L，外矢距为 E。在设计中只给定 R，与圆曲线一样，可计算出 T、E 和 L，即

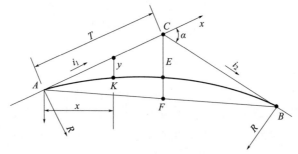

图 13-27　竖曲线要素计算

$$
\left.\begin{aligned}
T &= R \tan \frac{\alpha}{2} \\
L &= T \frac{\alpha}{\rho''} \\
E &= R \left(\sec \frac{\alpha}{2} - 1 \right)
\end{aligned}\right\}
$$

在上式中，$\alpha = (i_1 - i_2)\rho$。由于 α 角度很小，且 $AC \approx AF = T$，上式可以简化为

$$
\left.\begin{aligned}
T &= \frac{1}{2} R(i_1 - i_2) \\
L &= R(i_1 - i_2) \\
E &= \frac{AC \times AF}{2R} = \frac{T^2}{2R}
\end{aligned}\right\}
$$

也是由于 α 角度很小，水平方向认为是 x 轴，垂直方向认为是 y 轴，x 值是从竖曲线起点到某一点的距离，y 为竖曲线的改正数。改正值可用下式求得。

$$
y = \pm \frac{x^2}{2R}
$$

式中当竖曲线是凸形时用"－"号，是凹形时用"＋"号。如在图 13-27 中，$i_1 = +0.02$，$i_2 = -0.03$，$R = 5000\text{m}$，用上述公式求得 $T = 125.00\text{m}$，$E = 1.562\text{m}$，$L = 250.00\text{m}$。又有一个 K 点距 A 点的水平距离为 13.5m，用上述公式可求得该点的 $y = -0.018\text{m}$。因为该竖曲线为凸形，所以用"－"值。

四、高速公路测设特点

高速公路是指设计标准高于国家等级公路，双向不少于四车道，全封闭，与其他线路全立交，且各种服务设施齐全的高速交通系统。高速公路对国民经济发展、人员、科技、物资的快速流通以及国防建设都有非常重要的意义。

1. 高速公路的形式

高速公路在形式上有地面的、高架的，有的还经过桥梁和隧道等，而在平面上则有以下主要几种。

① 基本形。由直线-缓和曲线-圆曲线-缓和曲线-直线，或直线-圆曲线-直线构成，如图 13-28(a)，这种形式多用于平原和微丘地区。

② 凸形。由缓和曲线-缓和曲线组成，在两个缓和曲线连接处可以是相同的半径，也可以是不同的半径，但这两个半径不能相差悬殊，如图 13-28(b) 所示，这种形式多用于山区的弯道。

③ S形。由圆曲线-缓和曲线-圆曲线组成，两个圆曲线是反向的，中间的缓和曲线也可以是直线，如图 13-28(c) 所示，用于连接两个转向不同的弯道。

④ 卵形。由圆曲线-缓和曲线-圆曲线组成，形状如卵形，如图 13-28(d) 所示，多用于立交系统的匝道部分。

⑤ 复合形。由缓和曲线-缓和曲线-缓和曲线组成，如图 13-28(e) 所示，多用于立交系统的匝道部分和山区。

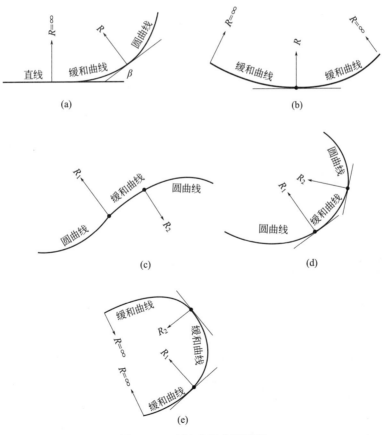

图 13-28　高速公路主要线形

2. 高速公路几项主要标准

高速公路在勘测、设计、施工及运营管理时应以表13-7为依据。

表 13-7　高速公路几项主要技术标准

项目		地形			
		平原	微丘	重丘	山区
计算行车速度/(km/h)		120	100	80	60
平曲线	极限最小半径/m	650	400	250	120
	一般最小半径/m	1000	700	400	200
	不设超高最小半径/m	5500	4000	2500	1500
缓和曲线最小长度/m		100	85	70	50
最大坡度/%		3	4	5	5
竖曲线	凸形 极限最小半径/m	11000	6500	3000	1400
	凸形 一般最小半径/m	17000	10000	4500	2000
	凹形 极限最小半径/m	4000	3000	2000	1000
	凹形 一般最小半径/m	6000	4500	3000	1500
	最小长度/m	100	85	70	50

📚 知识拓展

高速公路的平面线型应是流畅的自由曲线。直线和圆曲线直接连接不是十分平顺。有专家认为，圆曲线应占2/3，缓和曲线占1/3，没有直线。平曲线和竖曲线应一一对应，竖曲线的顶点基本应在平曲线的中间，而且竖曲线比平曲线要短，这样才能保证行车的舒适与安全。

第五节　道路施工测量

一、测设施工控制桩

中线测量结束后，就进入道路施工阶段的测量工作。线路上的中线桩在施工过程中都要挖掉或掩埋，所以在道路两侧各钉一系列的指示桩，标明施工的边线位置，而这些桩位还要离开施工边线一定的距离，防止破坏，如图13-29所示。

施工控制桩就是按照路面的宽度和边坡的

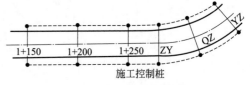

图 13-29　施工控制桩

坡度及两侧排水沟的宽度，与线路成垂直的方向，在线路中线两侧各钉一个木桩。

路面的形式，可分为路堤、路堑和半堤半堑三种情况，如图 13-30～图 13-32 所示。

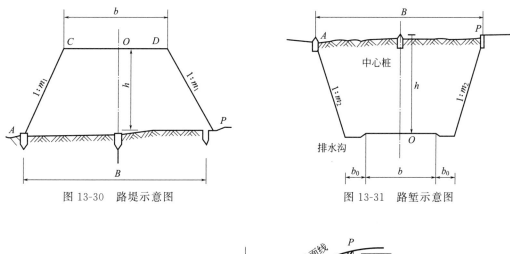

图 13-30　路堤示意图　　　　　　　图 13-31　路堑示意图

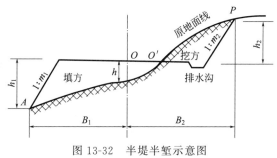

图 13-32　半堤半堑示意图

1. 路堤放线

在图 13-30 中，路面的宽度为 b，边坡的坡度为 $1:m_1$，路堤比地面高 h，路堤下口的宽度为 B，则

$$B=b+2m_1 h$$

$$\frac{B}{2}=\frac{b}{2}+m_1 h$$

2. 路堑放线

在图 13-31 中，路面的宽度为 b，路堑边坡的坡度为 $1:m_2$，度为 $b_口$，路堑开挖深度为 h，路堑上口宽度为 B，则

$$B=b+2b_口+2m_2 h$$

$$\frac{B}{2}=\frac{b}{2}+b_口+m_2 h$$

3. 半堤半堑放线

在图 13-32 中，由于半堤半堑是在山坡上修筑，填挖的高度并不能用线路中间的高度去计算，必须用坡口实际填挖的高度 h_1 和 h_2 分别计算，路堤边坡的坡度为 $1:m_1$，路堑边坡的坡度为 $1:m_2$，路堤下口距中线的距离为 B_1，路堑上口距中线的距离为 B_2，排水沟宽度为 b_0，路面宽度为 b，则

$$B_1 = \frac{b}{2} + m_1 h_1$$

$$B_2 = \frac{b}{2} + b_0 + m_2 h_2$$

在填筑路堤时，要比设计的宽度稍大一点，而挖路堑时则要适当欠挖一点，最后再做进一步的修整。修整时可做一个角是直角的坡度板，斜边的坡度是路堤或路堑的设计坡度 $1:m$，如图 13-33 所示，现场用坡度板和一个垂球，就能帮助将边坡修整得整齐美观。

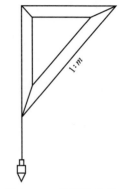

图 13-33 坡度板示意图

二、中小型构筑物定位

线路上有许多中小型的涵洞、通道，它们的轴线往往不与线路的方向垂直，而是有一定的交角。构筑物与线路的交角是指构筑物轴线与线路前进方向在线路右侧的交角 α_1，如图 13-34（a）所示。如果是曲线则是曲线上交点的切线与构筑物轴线在右前方向的交角 α_2，如图 13-34（b）所示。

构筑物定位时，首先在线路的中线上定出交点，然后在交点安置经纬仪，按设计的交角定出轴线方向，并在施工范围之外定护桩，如图 13-34 中的 $A \sim D$。这些护桩应量出它们至中线的距离并有明显的标志。

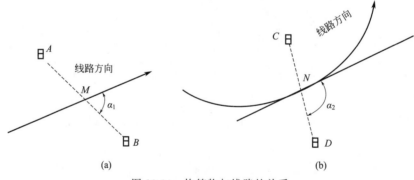

图 13-34 构筑物与线路的关系

知识拓展

为防止护桩丢失，在线路每一条直线上最好设置两个护桩。在构筑物结构施工时依据这些护桩再测设其他所需要的点位。

［1］　GB 50026—2020，工程测量规范［S］.北京：中国计划出版社，2008.

［2］　JGJ8—2016，建筑变形测量规范［S］.北京：中国建筑工业出版社，2008.

［3］　合肥工业大学，重庆建筑大学，天津大学等.测量学［M］.北京：中国建筑工业出版社，2005.

［4］　卢满堂，甄红锋.建筑工程测量［M］.北京：中国水利水电出版社，2007.

［5］　边境.测量放线工初级技能［M］.北京：金盾出版社，2010.

［6］　王欣龙.测量放线工必备技能［M］.北京：化学工业出版社，2012.